"十三五"普通高等教育系列教材

# 土木工程 CAD 二维绘图教程

王莹 张华 合编
常伏德 主审

## 内 容 提 要

本书系统介绍了 AutoCAD 2014 的二维基本操作及利用 AutoCAD 绘制土木工程专业图的方法。主要内容包括 AutoCAD 2014 的基础知识、基本绘图环境的设置、精确绘图辅助工具、图形显示与信息查询、绘制二维图形、图形对象的修改、文本与表格、块与属性、尺寸标注、专业图的绘制、图形的布局与打印。

本书叙述清晰，案例丰富，可作为建筑学、土木工程、建筑管理工程、城市地下空间工程等相关专业的教材和教学参考书，也可供从事相关专业的工程技术人员参考。

**图书在版编目(CIP)数据**

土木工程 CAD 二维绘图教程/王莹，张华合编．—北京：中国电力出版社，2017.1（2021.5 重印）

“十三五”普通高等教育规划教材

ISBN 978-7-5198-0141-0

Ⅰ.①土… Ⅱ.①王… ②张… Ⅲ.①土木工程—建筑制图—计算机制图—AutoCAD 软件—高等学校—教材 Ⅳ.①TU204-39

中国版本图书馆 CIP 数据核字（2016）第 301778 号

中国电力出版社出版、发行

（北京市东城区北京站西街 19 号 100005 http：//www.cepp.sgcc.com.cn）

三河市航远印刷有限公司印刷

各地新华书店经售

*

2017 年 1 月第一版 2021 年 5 月北京第七次印刷

787 毫米×1092 毫米 16 开本 15 印张 365 千字

定价 **45.00** 元

# 前　言

随着计算机技术在各行各业的普及，计算机绘图技术在工程界得到了广泛的应用，掌握计算机绘图技术是现代工程技术人员必备的技能。AutoCAD 软件作为普及的绘图系列化软件，是 CAD 技术的基础，以其简便灵活、精确高效的特点和绝对的主导地位，受到广泛的欢迎，谁能熟练地掌握它，谁就拥有了更强的竞争力。

本书以 AutoCAD 2014 为基础，针对土木工程专业主要是二维绘图的特点而编写的一本较为系统的教材。该教材以工程应用型人才应掌握扎实的基础知识，培养应用设计能力为原则，精心组织内容，通过对该教材的学习，使读者能够快速掌握使用 AutoCAD 绘制土木工程专业图的方法。

本书的编者均是多年从事 AutoCAD 教学、讲授土木工程专业课程、具有丰富教学经验的专业课教师，能根据学生学习规律组织内容，对复杂难懂的地方，深入浅出，易于学生接受。同时，本书编者参加过工程设计，能熟练应用 AutoCAD 绘制工程图纸，并能结合工程实例讲述命令的应用及技巧的使用，可使初学者能很快明确学习目的、方向和方法，快速掌握使用 AutoCAD 绘制土木工程专业图的方法。本书各章节后有与理论教学内容相呼应的上机练习题，可有效提高学习效果。

本书的第一、三、四、六、七、十章和第二章的第一节、第五章的第二～四节由长春工程学院王莹编写，第八、九、十一章和第二章的第二～六节、第五章第一节由长春工程学院张华编写。本书由长春工程学院常伏德教授主审。

由于技术的发展，加之编者水平有限，疏漏之处在所难免，恳请读者批评指正。

编　者

2016 年 12 月

# 前言

[illegible]

[illegible]

[illegible]

[illegible]

[illegible]

编者

[illegible]

# 目　录

# 第一章　AutoCAD 2014 的基础知识

## 第一节　AutoCAD 2014 简介

### 一、AutoCAD 2014 的新增功能

随着计算机技术、人工智能技术、网络技术和计算机模拟技术等的不断发展，AutoCAD 已由早期的替代手工绘图功能发展成为当前的随机化、个性化、立体化、标准化、网络化、可以异地协同设计的高智能产品。AutoCAD 自 1982 年问世以来，为适应计算机技术的不断发展及用户的需要，陆续进行了多次升级，功能逐渐强大，且日趋完善。AutoCAD 2014 是当前 AutoCAD 软件的最新版本，与以前的版本相比，有以下新增功能：

（1）即时交流社会化合作设计功能。

（2）命令行增强功能，可以提供更智能、更高效的访问命令和系统变量。

（3）增加“文件”选项卡按钮，方便文件间的切换。

（4）注释增强功能。

（5）实景地图、现实场景建模功能。

（6）合并图层功能，方便图层操作。

### 二、AutoCAD 2014 的安装方法

安装 AutoCAD 2014 的具体操作步骤如下：

（1）运行光盘安装程序或者双击光盘图标，进入 AutoCAD 2014 的“安装初始化”界面进行安装准备操作，如图 1-1 所示。

（2）初始化完成之后，安装界面如图 1-2 所示，单击“安装”按钮，继续进行安装。

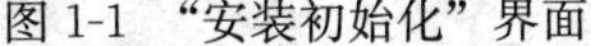

图 1-1　“安装初始化”界面

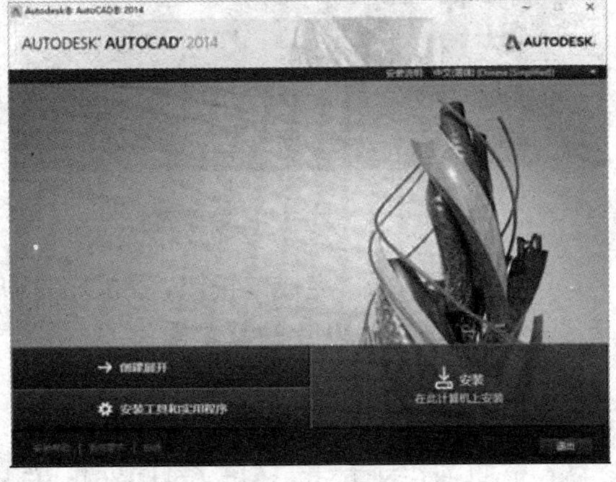


图 1-2　进行安装

（3）安装初始化完成之后，进入许可协议界面，在“国家和地区”里选择“China”选项，如图 1-3 所示，并选中安装协议下面的“我接受”单选按钮，单击“下一步”按钮。

（4）进入产品信息界面，在“许可类型”选项组里选中“单机”单选按钮，再在“产品信息”选项组中选中“我有我的产品信息”单选按钮，输入序列号和产品密钥，如图 1-4 所示，单击“下一步”按钮。

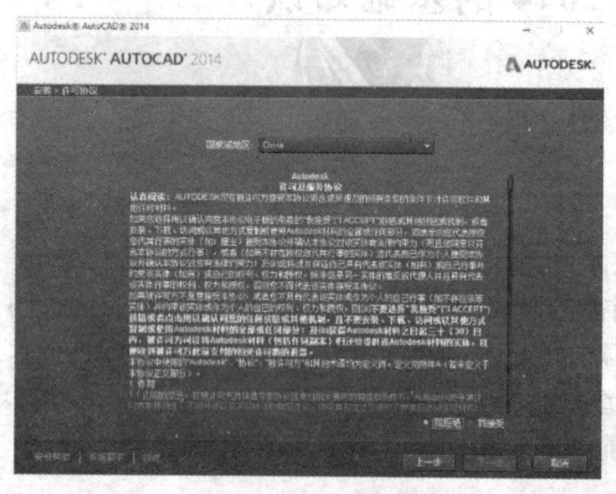


图 1-3　选择国家和地区

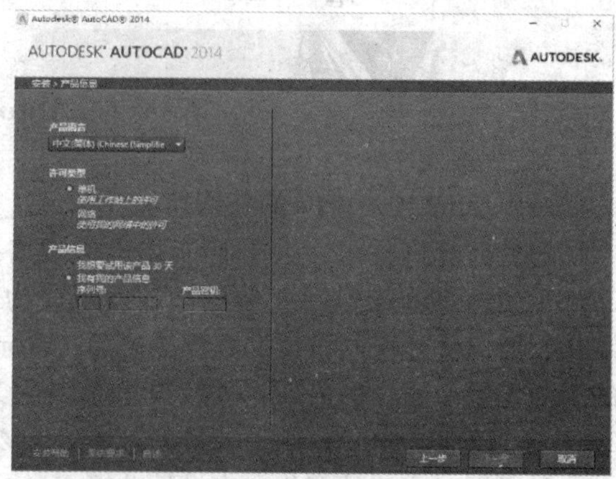


图 1-4　设置许可类型和产品信息

（5）选择产品安装组件之后的界面如图 1-5 所示，单击“安装路径”文本框按钮，进行安装位置的设置。

（6）设置完成后，单击“开始”按钮进行安装。安装进程如图 1-6 所示。

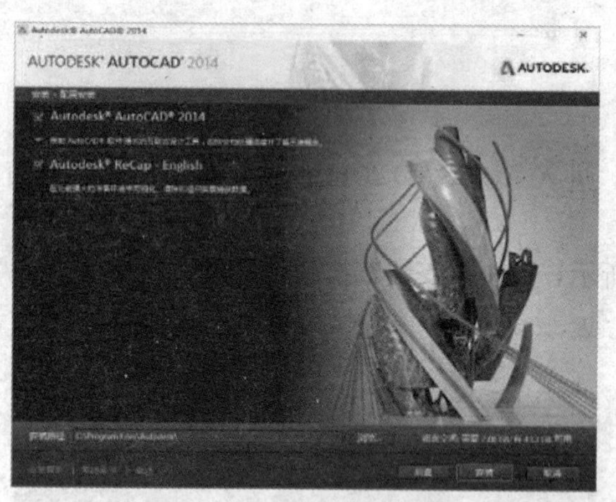

图 1-5　完成安装配置界面

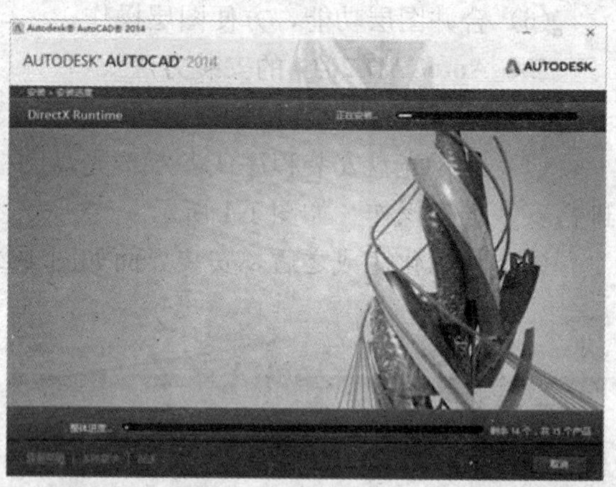


图 1-6　安装进程

（7）最后单击“完成”按钮，如图 1-7 所示，程序即安装完毕。

**三、AutoCAD 2014 的基本操作**

1. AutoCAD 2014 的启动

启动 AutoCAD 常用的方式有三种：

（1）桌面快捷方式。AutoCAD 2014 安装完毕后，在 Windows 桌面上将添加一个快捷方式，双击快捷方式图标即可启动 AutoCAD 2014。

（2）“开始”菜单方式。AutoCAD 2014 安装完毕后，Windows 系统“开始”菜单的“所有程序”项里将创建一个名为“AutoCAD 2014”的程序组，见图 1-8，单击“AutoCAD

2014”即可启动 AutoCAD 2014。

图 1-7　安装完成　　　　图 1-8　AutoCAD 2014 程序组

(3) 打开 DWG 类型文件方式。在已安装 AutoCAD 2014 软件的情况下，通过双击已建立的 AutoCAD 图形文件（＊.dwg）即可启动 AutoCAD 2014 并打开该文件，如图 1-9 所示。

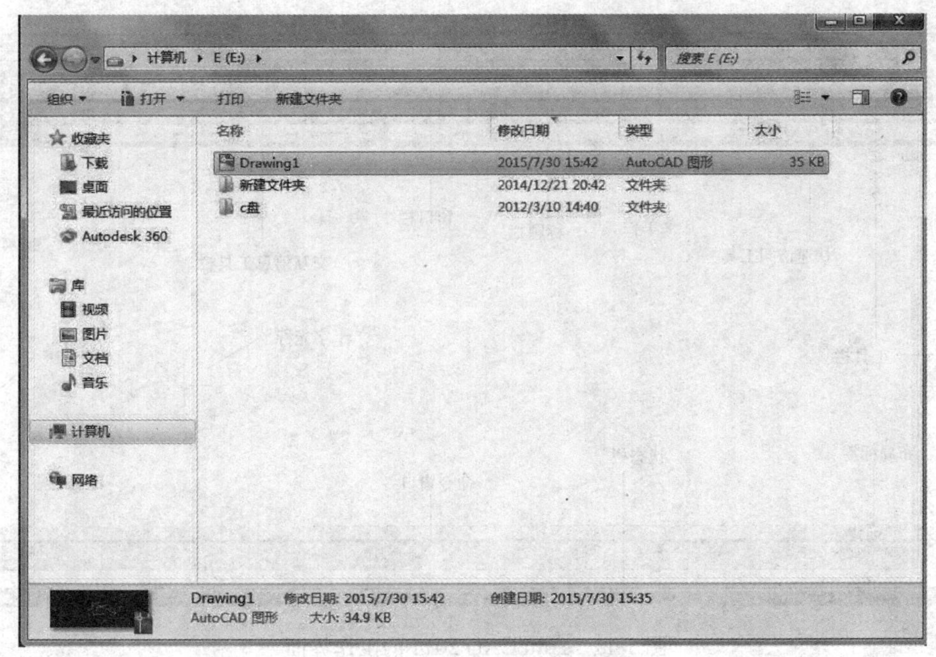


图 1-9　打开 dwg 类型文件

2. AutoCAD 2014 的退出

退出 AutoCAD 常用的两种方式：

(1) 单击 AutoCAD 界面标题右边的 ☒（关闭）按钮。

(2) 单击 AutoCAD 界面上端的下拉菜单“文件”→“退出”命令。

## 四、AutoCAD 2014 的工作界面

中文版 AutoCAD 2014 为用户提供了“草图与注释”“三维基础”“三维建模”“AutoCAD 经典”4 种工作界面形式。可以通过右下角的“切换工作空间”按钮⚙和顶端的“快速访问工具栏”转换，见图 1-10。其中“AutoCAD 经典”界面使用广泛，在此采用 AutoCAD 经典界面介绍。AutoCAD 2014 经典工作界面主要由标题栏、菜单栏、工具栏、绘图区、命令窗口、状态栏、布局标签等部分组成，见图 1-11。

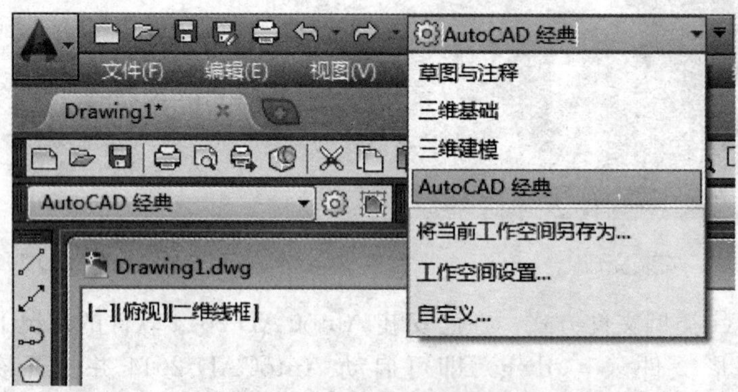


图 1-10　工作界面转换

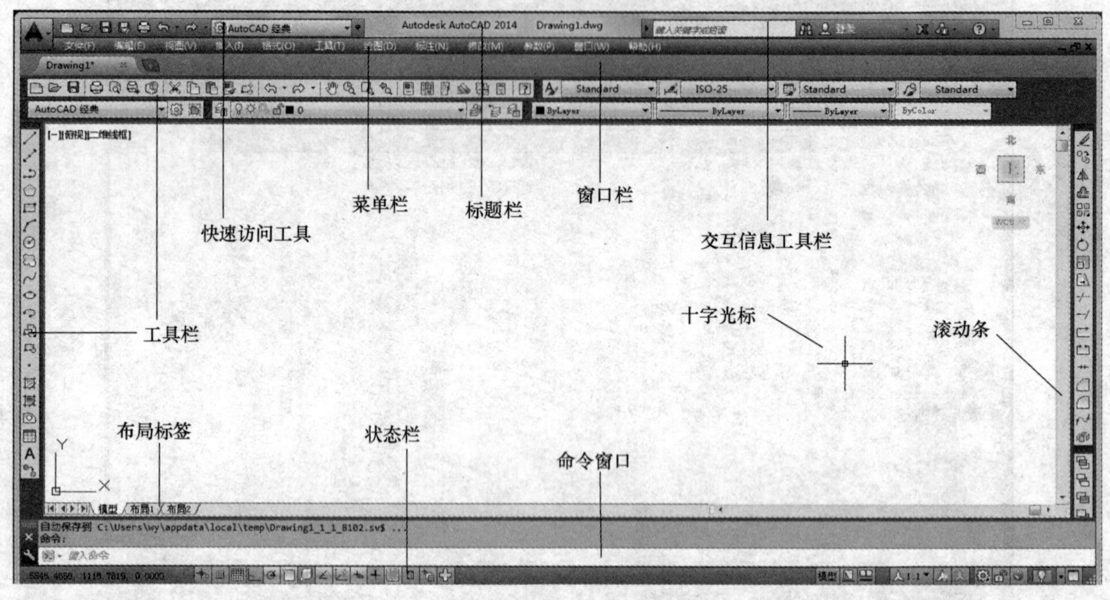


图 1-11　AutoCAD 2014 的工作界面

1. 标题栏

标题栏位于屏幕的最上端，用来显示软件的名称及当前所操作的图形文件名称，如果没有打开任何图形文件或刚刚启动 AutoCAD，图形文件名称则显示为 Drawing1。标题栏的最右边有“最小化”/“最大化”和“还原”“关闭”程序 3 个按钮。标题栏相当于图纸档案名称。

2. 菜单栏

菜单是 Windows 程序的标准用户界面元素，它用于启动命令或设置程序选项，Auto-

CAD 2014 的菜单包括下拉菜单、屏幕菜单和光标菜单。

(1) 下拉菜单。下拉菜单位于标题栏下方，由“文件”“编辑”“视图”“插入”等 12 项主菜单构成，每个主菜单下又包含子菜单（又称级联菜单），有些子菜单还包含下一级菜单。菜单栏几乎包含了 AutoCAD 2014 所有命令，“绘图”下拉菜单如图 1-12 所示。

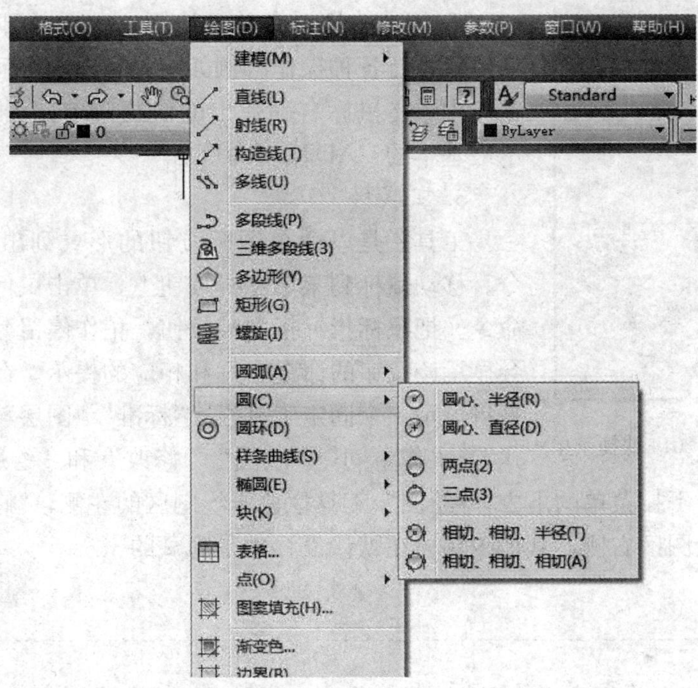


图 1-12　“绘图”下拉菜单

**注意**

菜单命令后跟有“…”符号，表示执行该命令可打开一个对话框。

菜单命令后跟有“▶”符号，表示该命令包含下一级子菜单。

菜单命令呈现灰色，表示该命令在当前状态下不能使用。

用户可以通过下面 3 种方式选择下拉菜单中的命令，来绘制所需要的图形。

1) 鼠标操作。将光标移动到所需的菜单命令上，然后单击鼠标左键即可执行该命令。

2) 热键操作。热键就是在菜单名称和命令名称右侧括弧中的字母，如 视图(V) 下拉菜单中的“V”。在保持菜单打开的状态下，可直接键入命令的相应热键字母即可执行该命令，例如，打开“视图”下拉菜单，键入“Z”即可执行“缩放”命令。在不打开下拉菜单的情况下，用户可在按住 Alt 键的同时键入相应热键字母即可执行该命令，如按下组合键“Alt+V”即可打开“视图”下拉菜单。热键字母不区分大小写。

3) 快捷键操作。快捷键就是菜单中相应命令后边的组合键，表示用户可以在不打开菜单的状态下，按下该组合键即可执行该命令。例如按下“Ctrl+C”可执行“编辑”下拉菜单中的“复制”命令。

打开下拉菜单后，用鼠标单击 AutoCAD 2014 窗口的其他部分，或者按 Esc 键，可关闭

图 1-13　AutoCAD 2014 快捷菜单

下拉菜单返回到绘图状态。

（2）快捷菜单。快捷菜单又称光标菜单、右键菜单。在绘图区、工具栏、状态栏、模型与布局选项卡及一些对话框上单击鼠标右键，将弹出快捷菜单，该菜单中的命令与 AutoCAD 的当前状态有关。使用这种菜单可以帮助用户方便快捷地进行各种操作。例如在没有选中任何实体时，在绘图窗口中单击鼠标右键弹出的快捷菜单如图 1-13 所示，其显示最基本的 CAD 编辑命令。

3. 工具栏

工具栏是以命令图标按钮的形式列出用户最常用的命令。移动鼠标到某个图标按钮上，单击鼠标左键即可执行该命令。把鼠标指针指向某按钮，稍作停留，在按钮右下方还会显示该按钮的命令名称和相应的提示。在默认情况下，屏幕将显示 8 个固定工具栏："标准""图层""对象特性""样式""工作空间""绘图""修改"和"绘图次序"工具栏，前五个工具栏位于下拉菜单的下方，"绘图"工具栏位于绘图区的左侧，"修改"和"绘图次序"工具栏位于绘图区右侧，其他工具栏在默认设置中是隐藏的。

如果需要显示当前隐藏的工具栏，可以采用以下两种方式：

一是在任意一个工具栏上单击鼠标右键，弹出如图 1-14 所示的"工具栏"快捷菜单，单击需要显示的工具栏的名称，名称前面出现一个"√"即可。

二是通过下拉菜单"工具"→"工具栏"也可打开如图 1-14 所示的"工具栏"快捷菜单。

如果将鼠标左键按住工具栏边框并拖动，可以将工具栏拖到其他地方，称为浮动工具栏。如果某工具栏的命令按钮的右下角有一个黑三角形标记，单击该按钮并按住左键不放，可以弹出新的工具栏，称为弹出式工具栏，见图 1-15。

4. 绘图窗口

绘图窗口是用户绘图的工作区域，所有的绘图结果都反映在这个窗口中。绘图区没有边界，利用视图窗口的缩放功能，可使绘图区无限放大或缩小，绘图区的右边和下边分别有两个滚动条，可使视窗上下、左右移动，便于观察。因此，无论多么大的图形，都可以置于其中，这也正是 AutoCAD 的方便之处。

若滚动条在绘图区不显示，可以打开"工具"下拉菜单中"选项"对话框，选择"显示"中的"在图形窗口显示滚动条"选项打开见图 1-16。另外，在绘图区中还显示坐标系图标、"十"字光标，以及"模型"和"布局"选项卡。

5. 命令窗口

命令窗口位于绘图窗口的底部，用于接受用户输入的命令并显示 AutoCAD 有关的信息与提示。在默认情况下，AutoCAD 在窗口中保留最后 3 行所执行的命令或提示信息。命令窗口可拖放为浮动窗口，也可如同改变 Windows 窗口那样来改变其大小。

此外，通过选择下拉菜单“视图”→“显示”→“文本窗口”命令，或者执行“Textscr”命令或按 F2 键可打开 AutoCAD 文本窗口，如图 1-17 所示。AutoCAD 文本窗口是记录 AutoCAD 命令的窗口，也是放大的命令窗口，用户可在该窗口与剪贴板之间进行剪切、复制和粘贴操作。

6. 状态栏

状态栏位于屏幕的最下方，左端显示绘图区当前光标所处位置的坐标值［见图 1-18（a）］，向右依次为状态栏［见图 1-18（b）］、快速查看及导航［见图 1-18（c）］、注释比例状态栏［见图 1-18（d）］、状态栏托盘［见图 1-18（e）］。每个状态栏都包含多个功能开关按钮，通过单击相应的按钮，来控制功能按钮的打开与关闭。另外，也可鼠标右键单击按钮，打开快捷菜单，如图 1-19 所示，通过“显示”级联菜单，选中或者清除复选标记来显示或隐藏对应的工具。

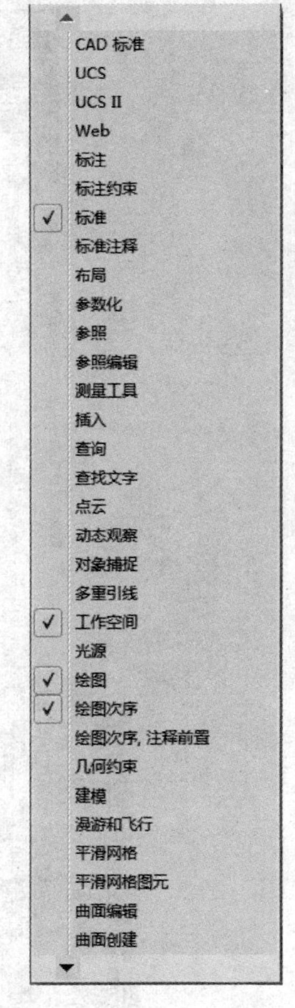


图 1-14　“工具栏”快捷菜单

7. 布局标签

AutoCAD 系统默认一个“模型空间”布局标签和“布局 1”“布局 2”和两个图纸空间布局标签。用户一般是在模型空间设计图纸，然后进入图纸空间进行设置打印布局。用户在图纸空间可以通过创建“浮动视口”的区域，以不同视图

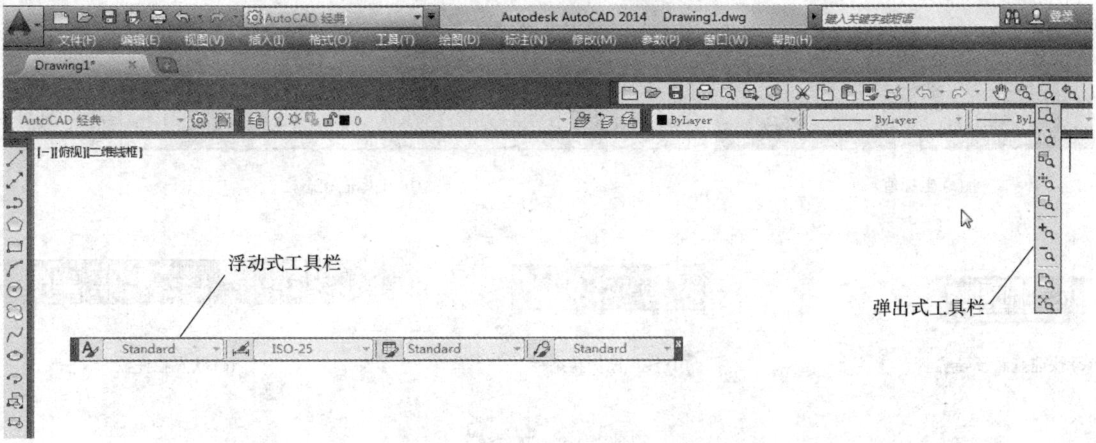

图 1-15　浮动式工具栏和弹出式工具栏

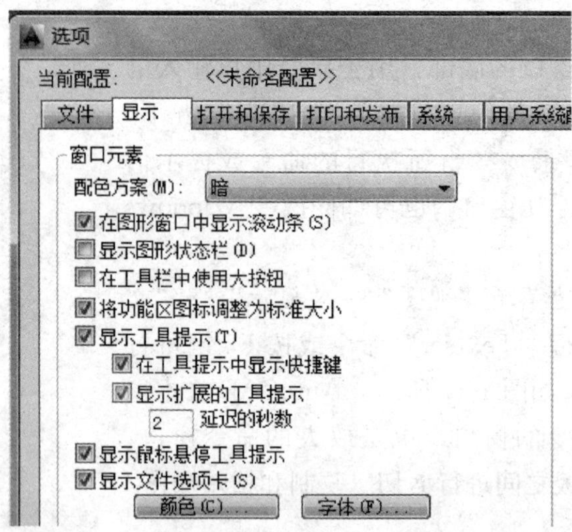


图 1-16　图形窗口显示滚动条

```
AutoCAD 文本窗口 - Drawing1.dwg
编辑(E)
指定下一点或 [闭合(C)/放弃(U)]:
指定下一点或 [闭合(C)/放弃(U)]:
指定下一点或 [闭合(C)/放弃(U)]:
指定下一点或 [闭合(C)/放弃(U)]:

命令:
命令:
命令: _rectang
指定第一个角点或 [倒角(C)/标高(E)/圆角(F)/厚度(T)/宽度(W)]: *取消*

命令: *取消*

命令:
命令:
命令: _rectang
指定第一个角点或 [倒角(C)/标高(E)/圆角(F)/厚度(T)/宽度(W)]:
指定另一个角点或 [面积(A)/尺寸(D)/旋转(R)]:
命令: '_zoom
指定窗口的角点，输入比例因子 (nX 或 nXP)，或者
[全部(A)/中心(C)/动态(D)/范围(E)/上一个(P)/比例(S)/窗口(W)/对象(O)] <实时>: _
指定第一个角点: 指定对角点:
命令:

命令:
```

图 1-17　AutoCAD 文本窗口

(a) 坐标值　　(b) 坐标值状态栏

1:1

(c) 快速查看及导航　　(d) 注释比例状态栏　　(e) 状态栏托盘

图 1-18　状态栏

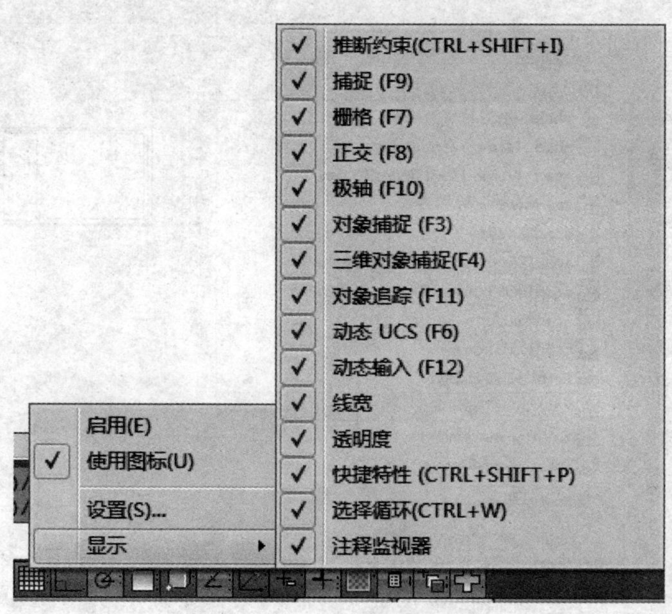


图 1-19　状态栏快捷菜单

显示所绘图形，可以打印多个视图和任意布局的视图。AUtoCAD 2014 系统默认打开模型空间，用户可以通过“模型”选项卡访问模型空间，图纸空间可以从“布局”选项卡访问。

## 第二节　AutoCAD 2014 文件操作

本节重点介绍 AutoCAD 图形文件的管理功能，包括新建、存储、打开和关闭文件等内容。

### 一、新建文件

1. 命令调用

● 输入命令：New（Qnew）

● 下拉菜单：文件→新建

● 工具栏：“标准”工具栏中的按钮

2. 操作及提示说明

采用以上方式启动“New”命令后，弹出“选择样板”对话框，如图 1-20 所示。AutoCAD 给出样板文件列表（*.dwt），选择其中一个样板文件，然后单击“打开”按钮，即可以创建一个样板文件。样板文件中通常包含与绘图相关的一些通用设置，如图框、图层、线型、文字样式等，利用样板创建新的图形文件不仅可以提高绘图效率，而且还能保证图形的一致。

### 二、打开文件

在绘图过程中，用户常常需要打开一个已经存在的图形文件进行编辑。

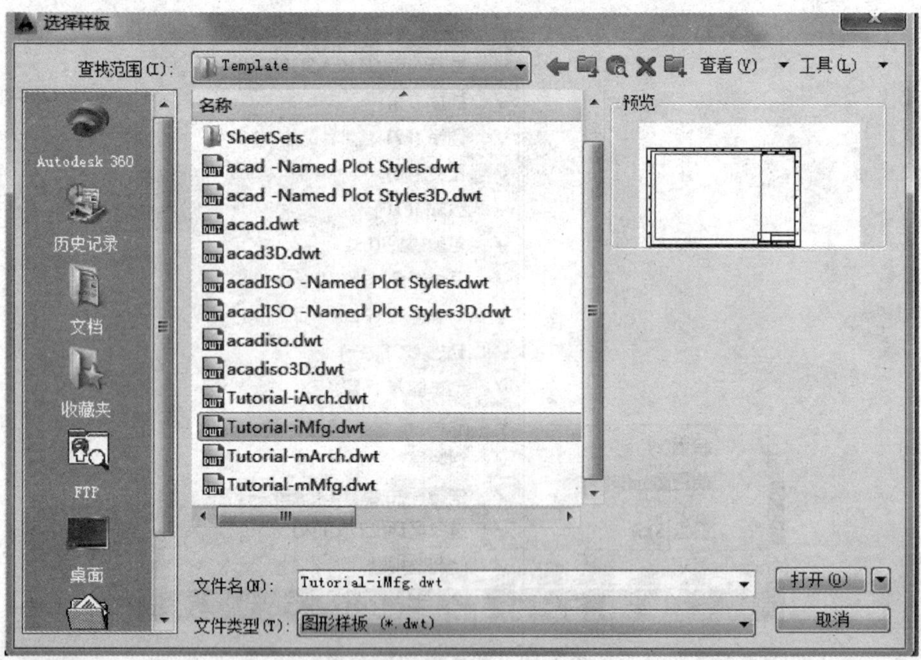


图 1-20　“选择样板”对话框

1. 命令调用

- 输入命令：Open
- 下拉菜单：文件→打开
- 工具栏：“标准”工具栏中的 按钮

2. 操作及提示说明

启动“Open”命令后，弹出“选择文件”对话框，如图 1-21 所示。单击对话框中的

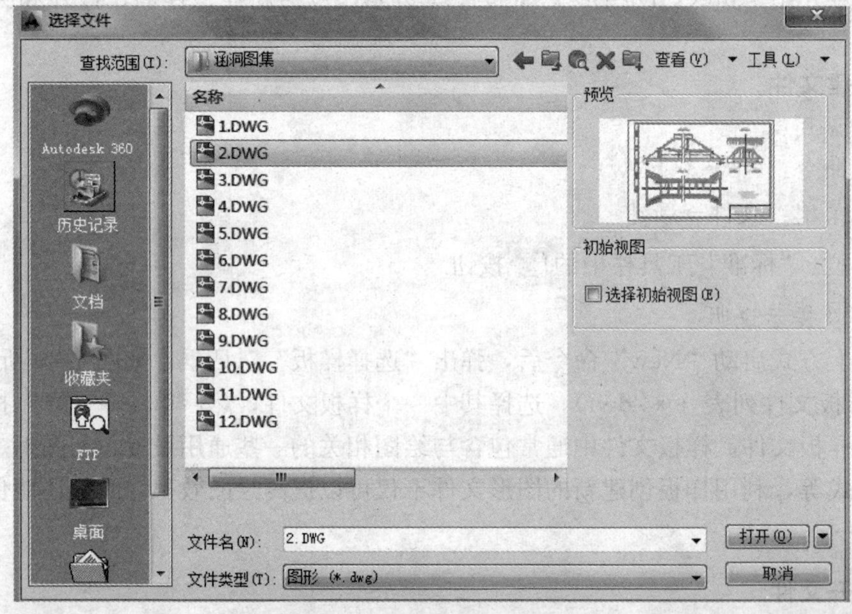


图 1-21　“选择文件”对话框

打开(O) ▼按钮，系统弹出如图 1-22 所示的“打开”下拉菜单，用户可以通过“打开”“以只读方式打开”“局部打开”“以只读方式局部打开”4 种方式打开图形文件，每种方式都对图形文件进行了不同限制。

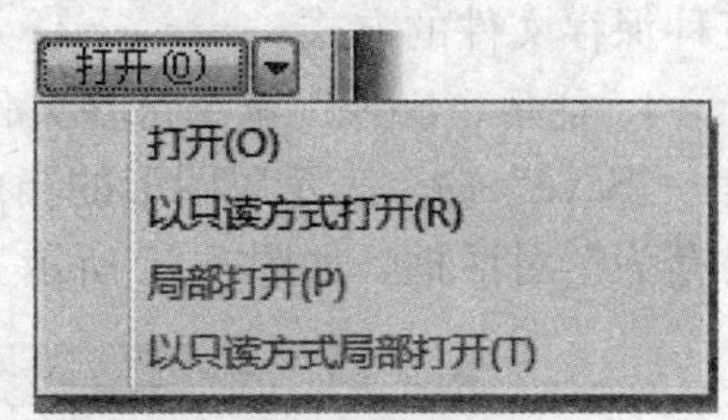


图 1-22 “打开”下拉菜单

（1）在“查找范围”下拉列表框中选择要打开文件所在的文件夹，然后在“名称”列表框中选择要打开的图形文件双击或者选中该文件后，单击“打开”按钮，则打开该图形文件。在默认的状态下，打开图形文件的格式为“. dwg”格式。

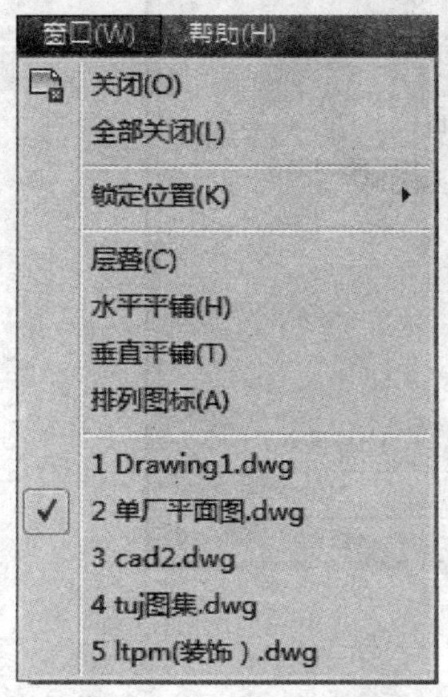


图 1-23 “窗口”下拉菜单

从 2000 版本开始，AutoCAD 支持多文档功能，用户可以使用 Windows 中相同的操作方法，同时按住 Ctrl 键或 Shift 键选择多个文件同时打开，但只有一个图形处于激活状态。用户可以从“窗口”下拉菜单中选择要激活的图形文件名称，被激活的图形文件前面带☑，见图 1-23，或在文档窗口中的任意位置单击，即可激活图形文件。也可按 Ctrl+Tab 组合键，在打开的图形文件中进行切换。

（2）“以只读方式打开”文件。选择该项打开的图形文件可以进行编辑修改，但只能另存为其他文件名，这样可以有效保护图形文件被意外改动。

（3）“局部打开”图形。当打开复杂的 AutoCAD 图形时，可仅打开局部以提高 AutoCAD 的运行性能，提高绘图效率。选择“局部打开”选项后，弹出“局部打开”对话框，见图 1-24，按视图或图层选定要打开的部分即可。

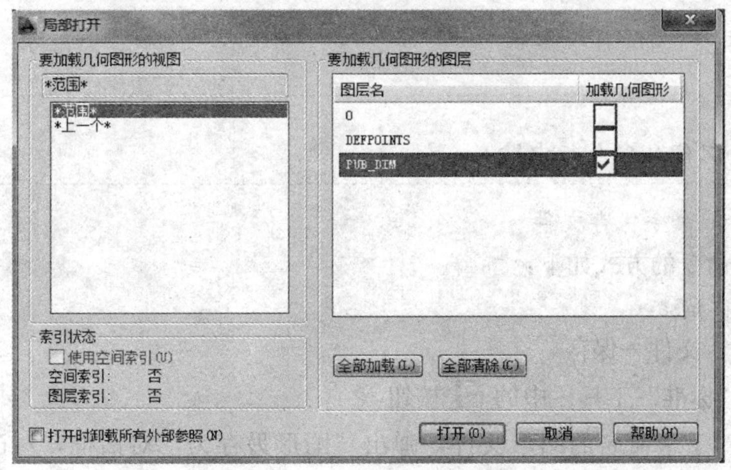


图 1-24 “局部打开”对话框

## 三、存储文件

图形绘制完成后，需要将其保存在磁盘上。AutoCAD 提供了 Save、Qsave 和 Save as

三种保存文件的方式。

1. 使用“Save”命令保存文件

“Save”命令表示以图形的当前文件名或新文件名保存图形，每次执行，均显示“图形另存为”对话框，如图 1-25 所示。

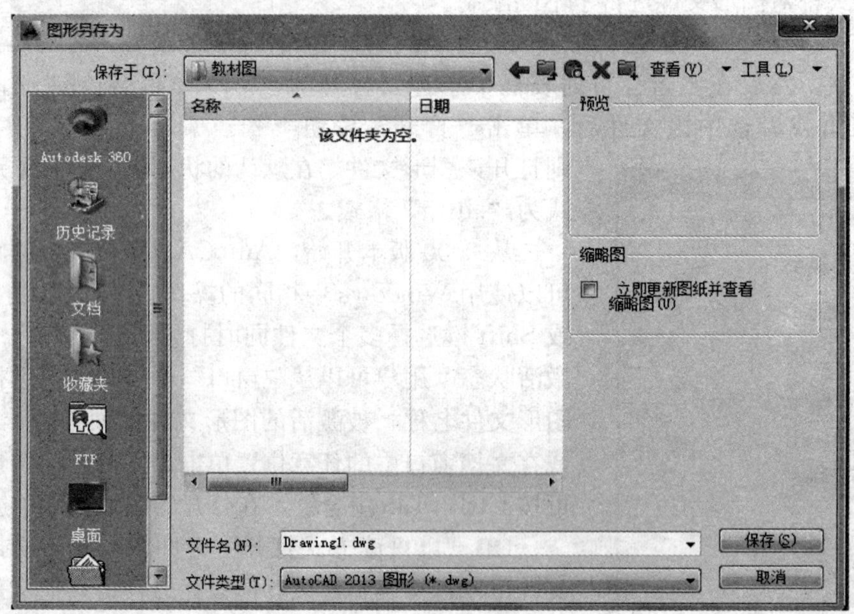


图 1-25 “图形另存为”对话框

可以在“图形另存为”对话框中的“文件名”编辑框中输入要保存的文件名，默认状况下，文件以“DrawingN. dwg”的文件名保存。在“文件类型”下拉列表框中选择文件的保存格式，可以将文件保存为“AutoCAD 2013 图形”“AutoCAD 2010/LT2010 图形”等类型的文件。

“Save”命令只能从命令行中键入。

2. 使用 Qsave 命令保存文件

使用 Qsave 命令的方式如下：

- 输入命令：Qsave
- 下拉菜单：文件→保存
- 工具栏：“标准”工具栏中的 按钮

Qsave 命令对于未命名的图形文件，弹出“图形另存为”对话框，对已命名的图形文件，则以当前的图形文件名直接保存图形。

3. 使用 Save as 命令保存文件

使用 Save as 命令的方式如下：

- 输入命令：Save as

● 下拉菜单：文件→另存为

Save as 命令的功能与 Save 命令类似，使用该命令，可用新文件名保存当前图形的副本。

AutoCAD 本身提供了自动保存功能，默认间隔是 10min，扩展名为“.sv＄”，文件名由系统自动命名。其位置在 Windows 的临时文件夹中，用户可以通过“查找文件”命令进行查询。

为确保图形数据的安全，从 AutoCAD 2004 版本起新增了文件密码保护的功能。在“图形另存为”对话框中，单击“工具”按钮，弹出如图 1-26 所示的下拉菜单，选择“安全选项”，打开“安全选项”对话框，如图 1-27 所示，在“密码”选项卡的文本框中输入密码，即可完成文件的加密设置。

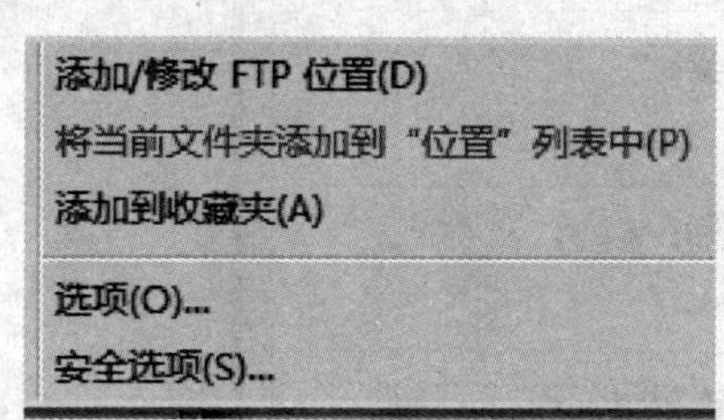


图 1-26 “工具”下拉菜单

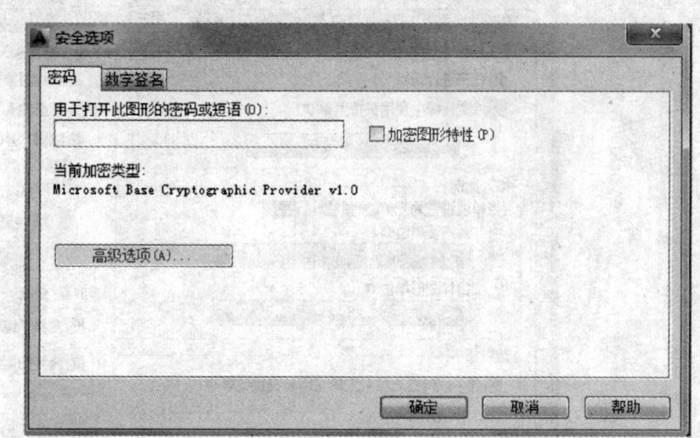


图 1-27 “安全选项”对话框

## 第三节　AutoCAD 2014 的命令操作

使用 AutoCAD 进行设计工作，主要是通过驱动 AutoCAD 命令进行。AutoCAD 执行的每一个功能都需要命令来启动，命令指示 AutoCAD 要执行何种操作，然后 AutoCAD 响应命令并给出提示信息。本节主要介绍命令的类型和命令的输入方式等。

### 一、命令的类型

AutoCAD 命令分为两类：普通命令和透明命令。

普通命令是必须在命令窗口中“命令：”或“Command：”提示符下单独使用的命令，AutoCAD 的大部分命令均为普通命令。透明命令是指在不中断某一正在执行的命令，而可以插入执行的命令，如用于更改图形设置或显示选项。要执行透明命令必须在透明命令的前面加一个单撇号（'），执行该透明命令后，此时在透明命令的提示信息前出现双尖括号（≫）提示符。透明命令执行完成后，将恢复执行原命令。

常用的透明命令有 Help（帮助）、Redraw（重画）、Zoom（视图缩放）、Pan（平移图形）、Ddrmodes（绘图设置对话框）、Limits（图形界限）等。

### 二、命令的输入方式

AutoCAD 命令主要采用鼠标选取和键盘输入两种方式。

1. 鼠标选取命令

使用鼠标选择一个菜单项或单击工具栏上的按钮，AutoCAD 就执行相应的命令。利用

AutoCAD 绘图时，多数情况下，用户是通过鼠标发出命令的，鼠标各按钮含义如下：

（1）鼠标左键：一般作为拾取键，用于单击工具栏、选取菜单选项以发出命令，也可在绘图过程中指定点、选择图形对象等。

（2）鼠标右键：一般可代替键盘的回车键使用。命令执行完成后，常单击右键来结束命令。在有些情况下，单击鼠标右键将弹出快捷菜单或重复执行上一个命令，这种右键功能可以通过“工具”下拉菜单中的“选项”对话框中的“用户系统配置”选项卡中 自定义右键单击(I)... 设定，如图 1-28 所示。

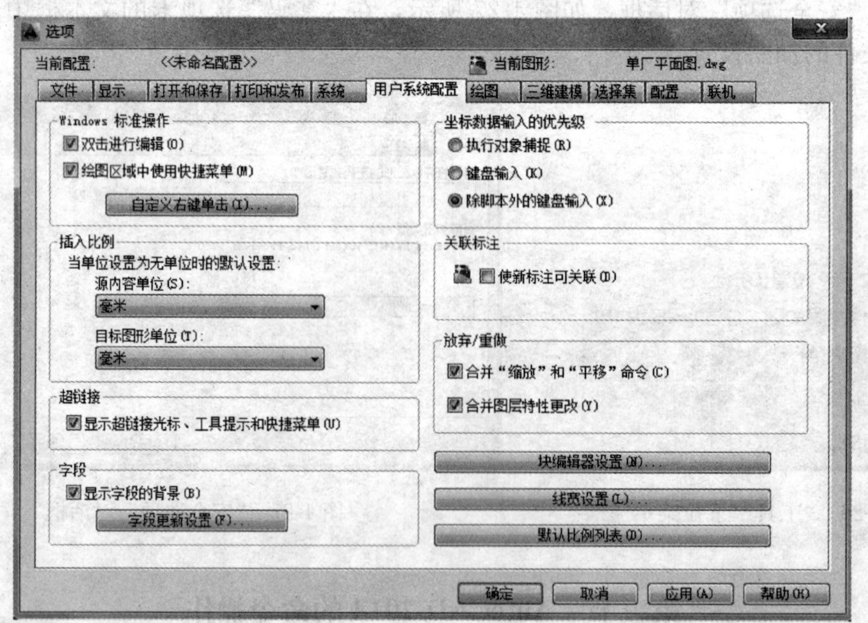


图 1-28 “选项”对话框

（3）鼠标中间键（滚轮）：实时缩放功能，用于放大或缩小图形。

2. 键盘输入命令

所有的命令均可以通过键盘来输入，且不区分大小写。输入时，必须在命令行的“命令:”提示符下，输入相应命令的全称或缩写字母，如直线命令“Line”或“L”，然后按回车键或空格键即可。

对于有多个选项的命令，在激活其相关选项后将罗列在命令提示行的方括弧（[ ]）中，选项间以斜杠（/）分开。要选择其中某个选项，需要输入选项后圆括号（ ）中的相应字母，然后按回车键或空格键即可。尖括号（< >）中的内容是当前默认值，若使用该默认值，则直接按回车即可。

例如：Scale（比例缩放）命令操作步骤如下：

命令：_ scale
选择对象：找到 1 个
选择对象：
指定基点：
指定比例因子或 [复制 (C)/参照 (R)] <1.0000>：

若选择参照方式，键入 R 后回车即可。“<1.0000>”是默认比例因子为“1”，用户若认可该值直接按回车键即可。

**三、撤销和重复命令**

一条命令正常完成后会自动结束，但若要在执行命令的过程中结束命令，可以按 Esc 键或 Ctrl+C 键取消命令。

绘图过程中，经常需要重复执行刚刚完成的命令，只需在“命令：”提示符下直接按回车键、空格键，或者在绘图区单击鼠标右键弹出快捷菜单并选择菜单中的“重复”选项即可。

另外为了绘图方便，AutoCAD 还提供了多重放弃和多重重做命令，命令的调用可以通过以下两种方式：

工具栏：

- 标准工具栏→
- 输入命令：Undo 和 Mredo

Undo 命令可以将最近的操作一一放弃，然后在不执行其他命令的前提下，马上执行 Mredo 命令可以将放弃的操作一一回复。例如，如果用户依次执行了画直线、圆、矩形命令，点取图标依次 → ，可以放弃矩形、圆和直线的操作，然后再点取可以恢复画直线、圆、矩形的操作。

利用按钮下拉列表可以直接选取放弃直线命令，如图 1-29（a）所示，则其后执行的画圆、矩形命令均放弃。而如果放弃后要恢复矩形命令，则在恢复同时圆和直线命令也将恢复，如图 1-29（b）所示。

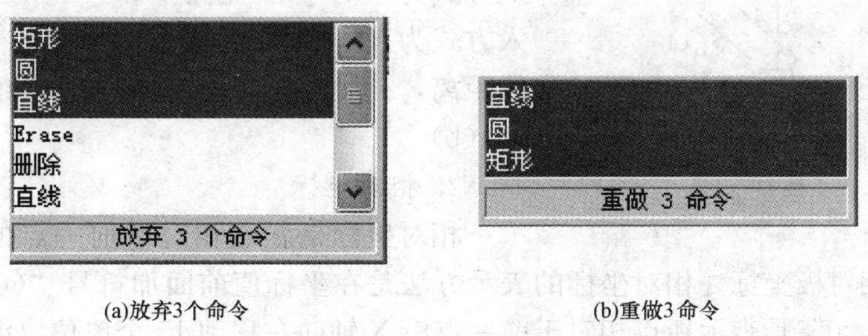


(a)放弃3个命令　(b)重做3命令

图 1-29　撤销和重复命令操作

## 第四节　AutoCAD 2014 的坐标系统

绘图过程中可以利用坐标系统确定图形对象的位置，提高绘图的速度和精度。AutoCAD 的坐标系统主要包括世界坐标系（WCS）和用户坐标系（UCS）。

**一、世界坐标系（WCS）**

世界坐标系是 AutoCAD 的默认坐标系，它包括 X 轴和 Y 轴，若在三维空间工作则还有一个 Z 轴，三轴相互垂直且相交于一点，X 轴水平向右为正，Y 轴垂直向上为正，Z 轴垂直屏幕指向用户为正。三轴的交点称为原点（0，0，0），图形中的任一点，都可以用相对于原点的距离表示，如图 1-30 所示圆心坐标（84，64）。

**二、用户坐标系（UCS）**

用户在绘图过程中可以建立自己的坐标系 UCS，根据需要不断地改变原点位置和坐标轴方向，大大提高绘图效率。如图 1-31 所示相对于用户坐标系的十字光标交点的坐标为（39，27）。

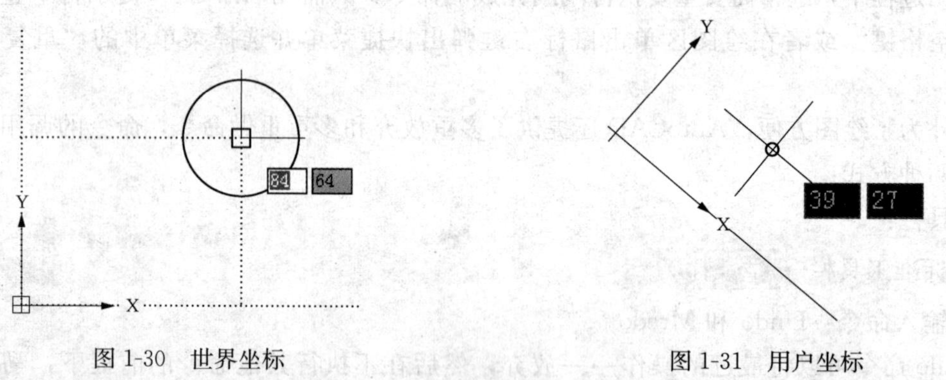


图 1-30 世界坐标　　图 1-31 用户坐标

**三、坐标的表示方法**

在绘图时，经常需要通过输入点的坐标值确定点的位置。在 AutoCAD 中，坐标有绝对坐标和相对坐标两种表示方法。

1. 绝对坐标

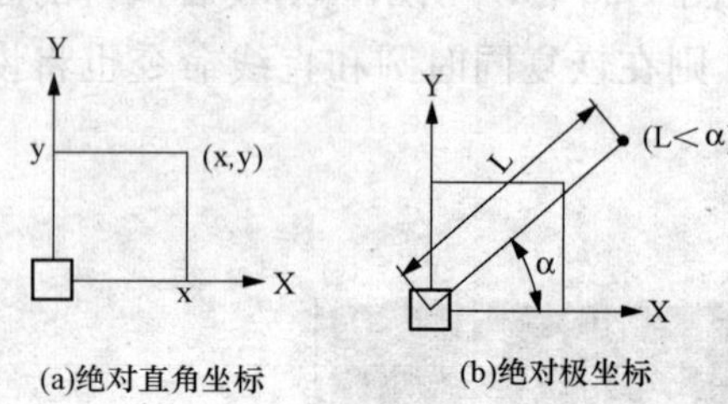


图 1-32 绝对坐标

绝对坐标是相对于当前坐标系原点的坐标，包括绝对直角坐标和绝对极坐标。绝对直角坐标的输入方式为（x，y），见图 1-32（a），绝对极坐标的输入方式为（L<α），其中 L 为所定的点到原点(0，0)的距离，α 为该点到原点连线与 X 轴的夹角，见图 1-32（b）。

2. 相对坐标

相对坐标是新点相对于前一点的坐标，包括相对直角坐标和相对极坐标。相对坐标的表示方法是在坐标值前面加符号“@”，如相对直角坐标“@15，－20”是表示新点相对于前一点沿 X 轴向右移动 15 个单位，沿 Y 轴向下移动 20 个单位；相对极坐标“@15<30”是表示新点相对于前一点的位移为 15 个单位，而新点与前一点的连线与 X 轴的夹角为 30°。

**【例 1-1】** 利用相对直角坐标绘制边长为 100 和 50 的矩形。

操作如下：

命令：
命令：_Line 指定第一点：(用鼠标在屏幕上任意拾取一点 A)
指定下一点或［放弃（U）]：@100，0
指定下一点或［放弃（U）]：@0，50
指定下一点或［闭合（C）/放弃（U）]：@－100，0
指定下一点或［闭合（C）/放弃（U）]：@0，－50

指定下一点或［闭合（C）/放弃（U）］：回车

完成后的图如图 1-33 所示。

**【例 1-2】** 利用相对极坐标绘制边长为 50 的等边三角形。

操作如下：

命令：
命令：_ Line 指定第一点：（用鼠标在屏幕上任意拾取一点 A）
指定下一点或［放弃（U）］：@50<0
指定下一点或［放弃（U）］：@50<120
指定下一点或［闭合（C）/放弃（U）］：@50<－120
指定下一点或［闭合（C）/放弃（U）］：回车

完成后的图如图 1-34 所示。

图 1-33　相对直角坐标绘制矩形

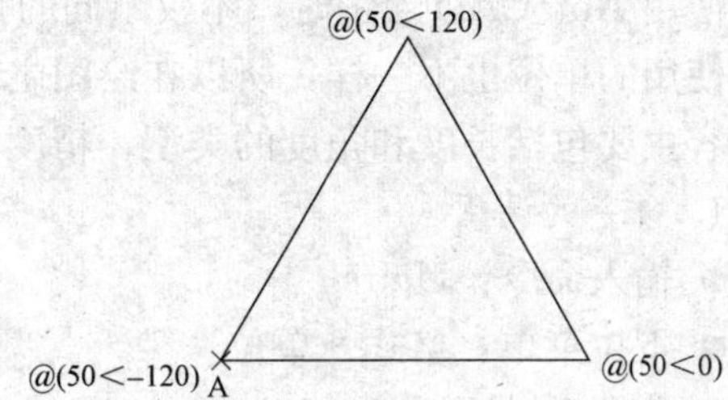


图 1-34　相对极坐标绘制等边三角形

## 课后练习

利用坐标输入法绘制图 1-35 所示五角星。

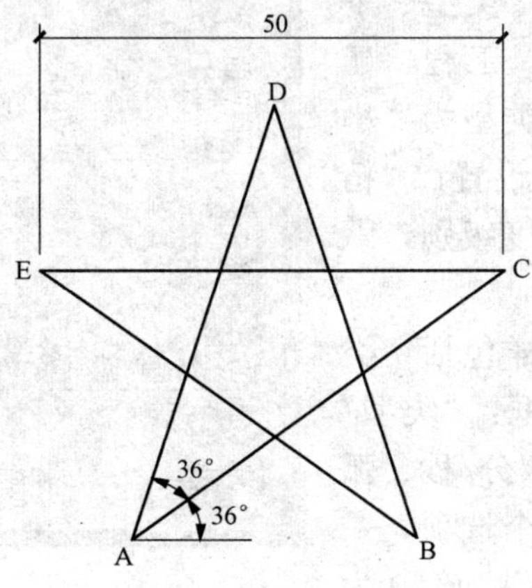


图 1-35

# 第二章　基本绘图环境的设置

手工绘图时，设计工程师在正式绘图之前，需要进行一些准备工作，例如选择图纸大小、确定绘图单位等。使用 AutoCAD 进行设计绘图时，同样也需要进行这些工作。

## 第一节　设置绘图单位和图形界限

### 一、设置图形单位

使用 AutoCAD 绘图时，不仅不同的行业对图形要求的度量单位不同，而且不同的国家习惯使用的单位也不一样，所以在绘图之前应设置好图形单位后再绘制图形。图形单位设置的内容主要包括长度和角度的类型、精度及角度的起始方向。

1. 命令的调用

- 输入命令：Units
- 下拉菜单：格式→单位

2. 操作及选项说明

启动“Units”命令后，系统弹出如图 2-1 所示的“图形单位”对话框。

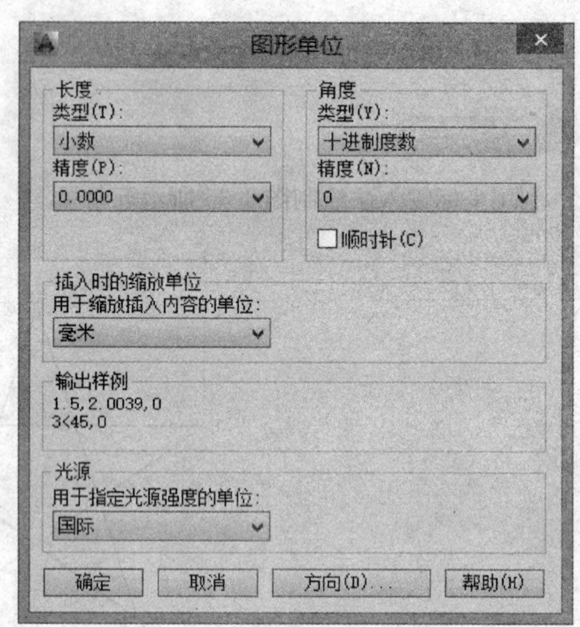


图 2-1 “图形单位”对话框

对话框中的各选项说明如下：

(1) “长度”选项组。包括“类型”和“精度”两个下拉列表框：“类型”下拉列表框中包括小数、分数、工程、建筑、科学五个选项，一般选择类型为“小数”，该项为 AutoCAD 的默认设置；“精度”下拉列表框中包括九个精度级别，默认选项为“0.0000”。

(2) “角度”选项组。同样包括“类型”和“精度”两个下拉列表框：“类型”下拉列表框中包括百分度、度/分/秒、弧度、勘测单位、十进制度数五个选项，一般选择类型为“十进制度数”，该项为 AutoCAD 的默认设置；“精度”下拉列表框中包括 9 个精度级别，默认选项为“0”。

(3) “顺时针”复选框。在默认情况下，角度测量方向以逆时针为正。如果选中“顺时针”复选框，则以顺时针为正。

(4) “插入时的缩放单位”选项组。用于设置直接从工具选项板和设计中心窗口插入块时所使用的图形单位。其中，“用于缩放插入内容的单位”下拉列表框中提供了厘米、毫米、英寸等 21 种单位，一般采用默认设置“毫米”。

（5）“方向”按钮。单击该按钮，将打开如图 2-2 所示的“方向控制”对话框。该对话框主要用于设置基准角度的方向，即零角度的方向。在默认情况下，正东方向为零角度的方向，即 X 轴正向。用户也可以选择“北”“西”“南”方向为零角度方向。

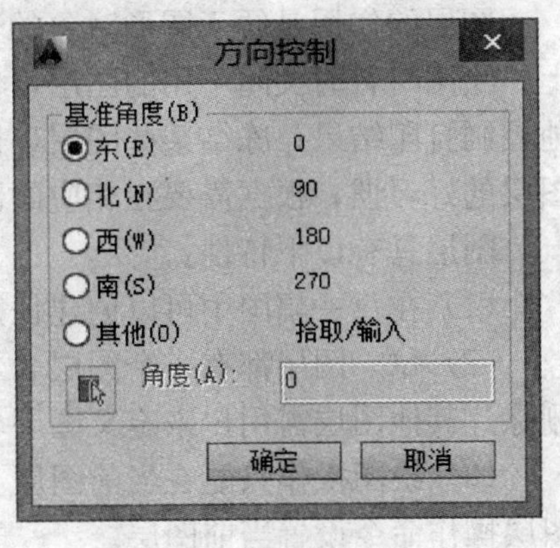


图 2-2 “方向控制”对话框

## 二、设置图形界限

图形界限是指有效的矩形绘图区域，相当于用户选择图纸的大小，设置的目的是避免绘制的图形超过该区域。

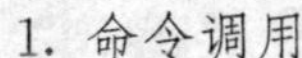

1. 命令调用

- 输入命令：Limits。
- 下拉菜单：格式→图形界限。

2. 操作步骤

启动 Limits 命令后，AutoCAD 提示如下：

```
命令：'_Limits
重新设置模型空间界限：
指定左下角点或［开（ON）/关（OFF）］<0.0000，0.000>：
指定右上角点<420.0000，297.0000>：
```

3. 选项说明

（1）指定左下角点：矩形绘图区域通过给定左下角点和右上角点的坐标确定。系统默认的左下角点的坐标为（0，0），这也是习惯选用的坐标值，所以直接按回车键即可。随后要求指定右上角点，右上角点的绝对坐标值即可决定当前图幅的大小。

（2）开（ON）：打开图形界限检查功能，此时，禁止图形绘制在图形界限之外。

（3）关（OFF）：关闭图形界限检查功能，此时，允许在图形界限之外绘图，这是默认设置。

**注 意**

设定图形界限后，应使用“视图”→“缩放”→“全部”命令，使所设定的图形界限全部显示出来。

# 第二节　设　置　图　层

一幅图由许多对象组成，为了便于管理图形的各种对象，AutoCAD 提出了图层的概念。在一幅图形中设置若干图层，将不同颜色、不同线型等属性赋予到不同的图层，并将同类型的对象放到同一图层中，将这些图层叠放在一起就构成了一幅完整的图形。

图层的作用是便于图形对象的分类管理和综合控制。将各种图形对象绘制在不同的图层上，绘图时暂时关闭不用的图层，使图形看起来比较清晰；冻结不需要打印的图层，能灵活地控制打印结果；冻结某些图层，使其不参与运算，可节省绘图时间。绘图时，要养成创建图层的好习惯，根据需要在相应的图层上作图。

图层具有以下特性：

（1）在每一幅图中可以创建任意数量的图层，每一图层上的对象数不受限制。

（2）每一图层都有一个图层名，以便加以区别。0 图层是 AutoCAD 的默认图层，不可删除。其他图层需用户来定义图层名称。

（3）绘图操作只能在当前图层上进行。对于有多个图层的图形，在绘制对象之前要通过图层操作命令设置当前图层。

（4）各图层具有相同的坐标系、绘图界限、显示时的缩放倍数，对于不同图层上的对象可同时进行编辑操作。

1. 命令调用

图层的设置与管理是通过“图层特性管理器”对话框来完成的，可以通过以下方式调出该对话框：

- 输入命令：Layer
- 下拉菜单：格式→图层
- 工具栏：“图层”工具栏中的按钮

2. 操作及选项说明

激活该命令后，弹出如图 2-3 所示的“图层特性管理器”对话框。

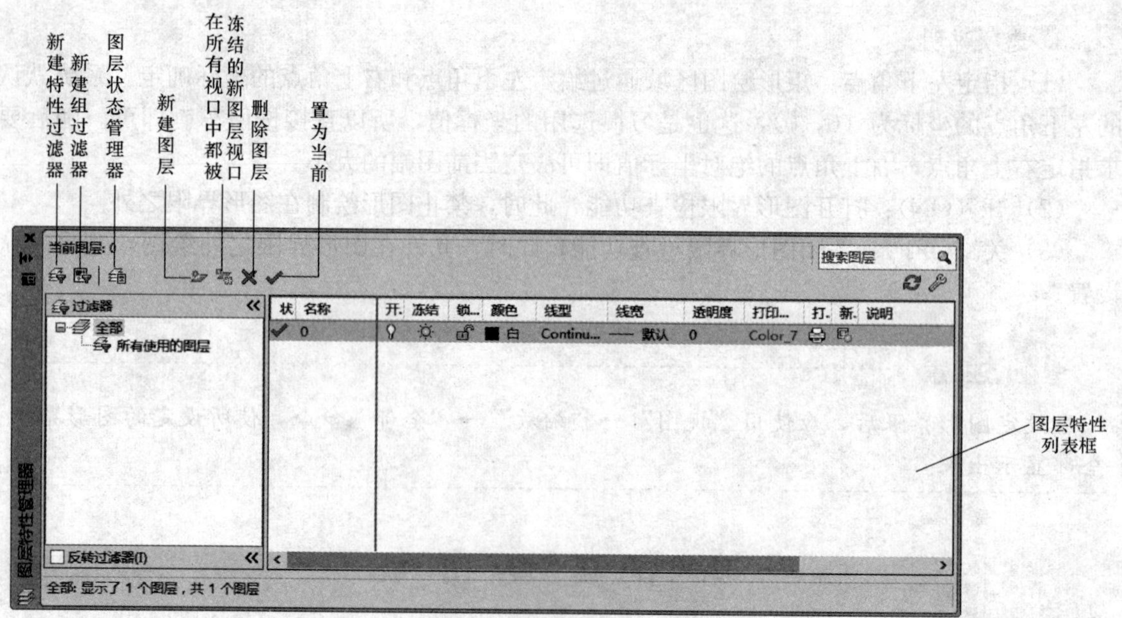


图 2-3 “图层特性管理器”对话框

对话框中主要包括新建特性过滤器、新建组过滤器、图层状态管理器、新建图层、在所有视口中都被冻结的新图层视口、删除图层、置为当前等按钮，见图 2-3。左侧的树状图显示所有定义的图层组及过滤器，右边的图层特性列表框显示当前组或过滤器中的所有图层。在树状图中选定“全部”后，列表框中将显示图形中的所有图层。

图层的主要操作如下：

(1) 创建新图层。默认情况下，AutoCAD 只有一个图层即 0 层，用户要使用多个图层去组织自己的图形，需要先创建新图层。

1) 单击“图层特性管理器”对话框中的“新建”按钮，则在图层列表框中显示“图层 1”新图层，如图 2-4 所示。此时可在显示图层名的编辑框中对图层重新命名，但注意不能对 0 层重新命名。

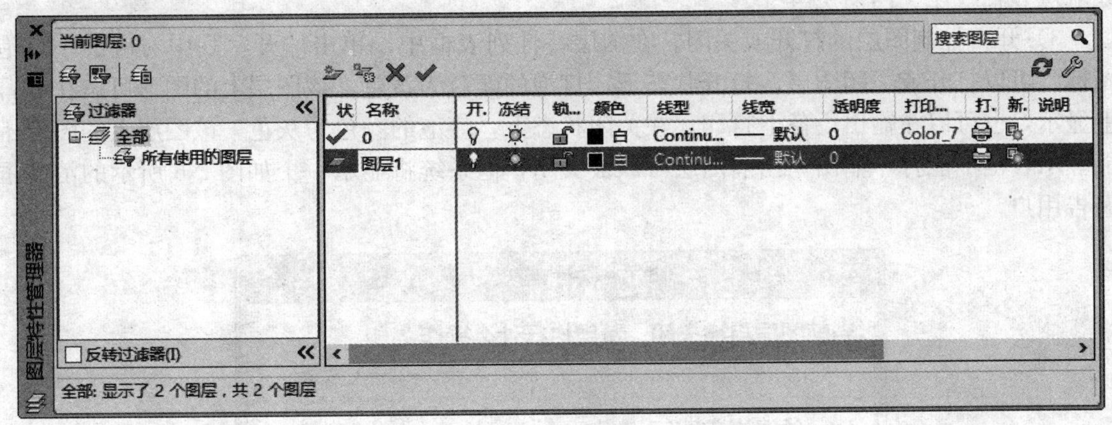


图 2-4　新建图层

2) 若需要再建新图层，继续以上操作即可。

(2) 删除图层。对于已有的图层，如果不需要，可以将其删除，只要先在图层列表框中选择要删除的图层，然后单击“删除”按钮即可。

要删除的图层必须是空层，即该图层上没有图形对象。此外，0 图层、Defpoints 图层、当前图层和依赖外部参照的图层都是不能删除的。

(3) 设置当前图层。设置当前图层是将某一图层设置为当前的图层，绘图时只能在当前图层绘制。要将图层置为当前图层，只要在“图层特性管理器”对话框中选中要置为当前的图层，然后单击对话框的“置为当前”按钮即可。被置为当前的图层前面出现一个✔标记。设置当前图层的另一个简便方法是通过“图层”工具栏的下拉列表框来实现，如图 2-5 所示。该下拉列表框列出了当前图形的所有图层，包括各个图层的状态，在要设置为当前的图层上单击鼠标左键即可。

(4) 图层特性。每个图层都有一些基本特性，如状态、名称、开关状态、冻结状态、锁定状态和颜色等，可以通过图 2-3 所示的“图层特性管理器”设置这些特性。

1) 状态：显示图层的状态。如当前图层的状态图标为✔。

2) 名称：即图层的名字，它是图层的唯一标识，默认情况下，图层的名称按图层 1、

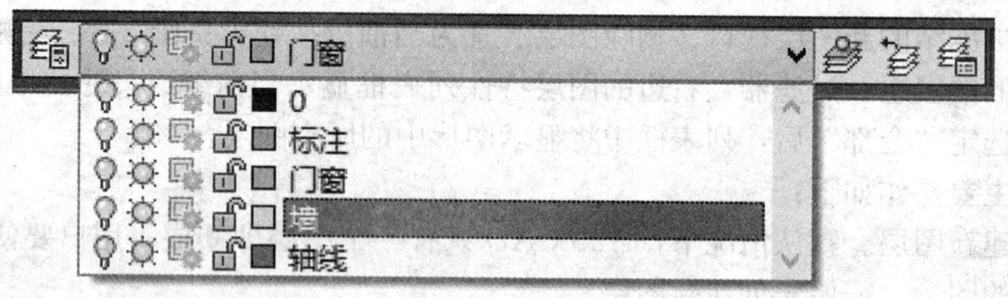


图 2-5 “图层”工具栏下拉列表框

图层 2、图层 3 等编号依次递增。用户可以根据需要为图层创建能够表达其用途的新名称，如墙层、轴线层、门窗层等。

3）开：控制图层的打开或关闭。在图层特性列表框中，单击“开”列中对应的小灯泡图标，可以打开或关闭图层。打开状态下，灯泡的颜色为黄色，该图层上的图形可以在屏幕上显示，也可以在输出设备上打印；在关闭状态下，灯泡的颜色为灰色，该图层上的图形不能显示，也不能打印输出。当前图层可以被关闭，但系统将显示一个如图 2-6 所示的消息框警告用户。

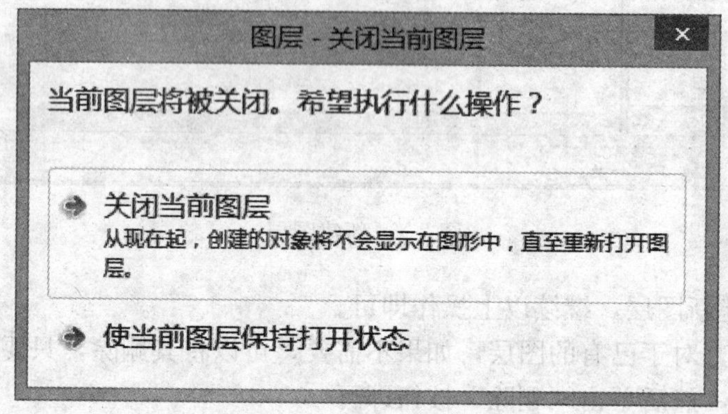


图 2-6 关闭图层警示框

4）冻结：用于控制在所有视口中图层的冻结与解冻。“冻结”列中的图标为太阳，表示该图层没有被冻结，单击该图标变成雪花，表示该图层被冻结。单击图标可实现图层冻结与解冻的切换。如果图层被冻结，则该图层上的图形对象不能被显示出来，也不能打印输出，而且不参与图形之间的操作。图层被冻结与关闭后，其图层上的图形都是不可见的。但冻结的图层不参与处理过程中的运算，关闭的图层则要参加运算。所以在复杂的图形中冻结不需要的图层可以加快系统重新生成图形的速度。

当前图层不能被冻结。

5）锁定：控制图层的锁定与解锁状态。小锁头的图标打开时，表示该图层没有被锁定，此时单击该图标则关闭小锁，该图层被锁定。单击图标可以完成解锁与锁定的切换。被锁定的图层上的图形仍然显示，但是这些图形对象不能被编辑。如果锁定的是当前图层，仍可在该层上作图。

6）颜色：设置图层的颜色。如果要改变某一图层的颜色，可单击该层的颜色图标，将会弹出如图 2-7 所示的“选择颜色”对话框，从中选择一种颜色，单击“确定”按钮退出该对话框即可。

7）线型：设置图层的线型。如果要改变某一图层的线型，单击该图层的线型名称，将弹出如图 2-8 所示的“选择线型”对话框，从中选择所需线型即可。如果没有需要的线型，单击该对话框的“加载”按钮，弹出“加载或重载线型”对话框，如图 2-9 所示。用户可以从中选择一种或多种线型加载。

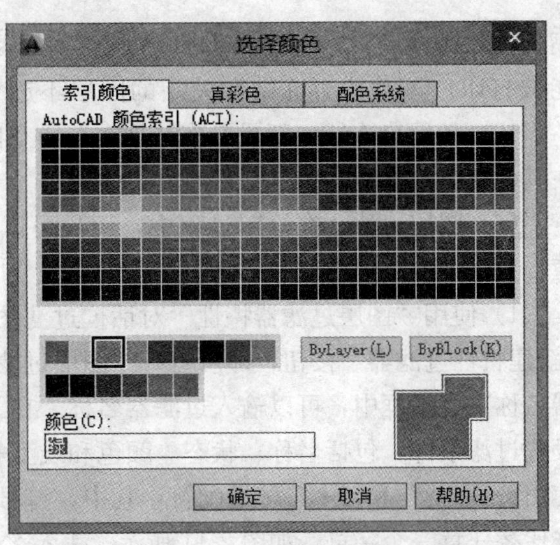


图 2-7　“选择颜色”对话框

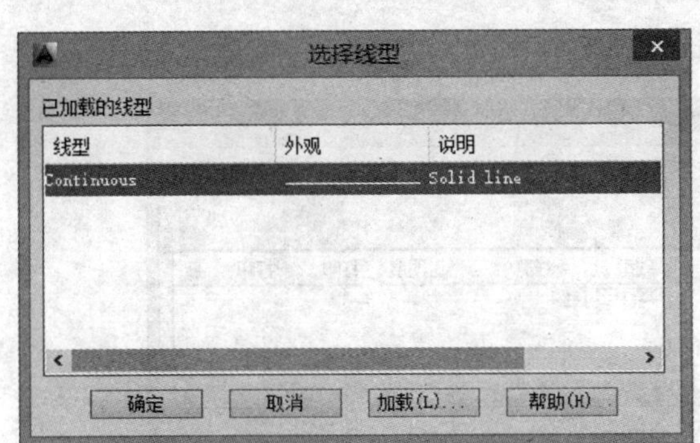


图 2-8　“选择线型”对话框

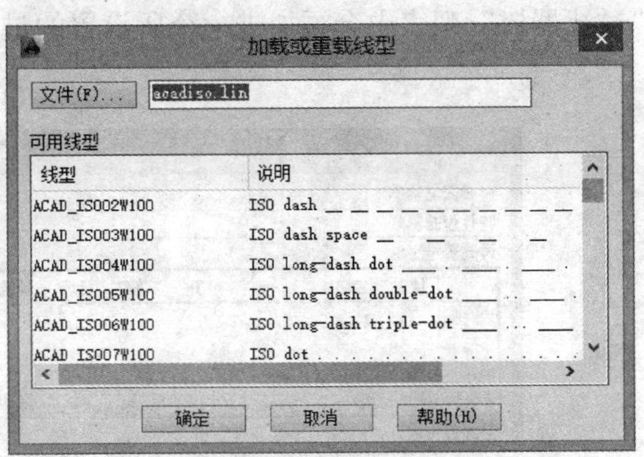


图 2-9　“加载或重载线型”对话框

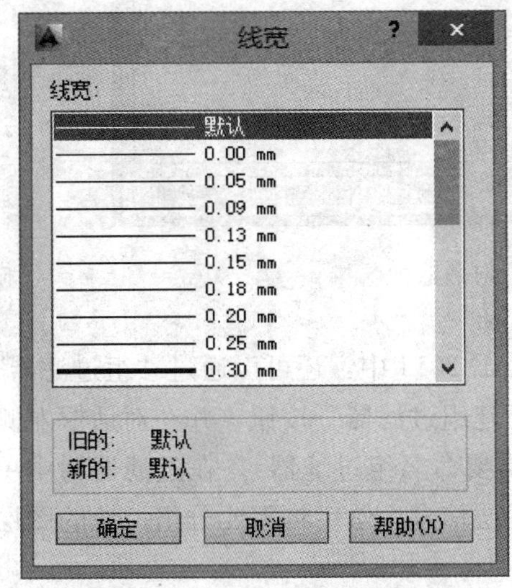


图 2-10　“线宽”对话框

8）线宽：显示该图层的线宽。线宽是指线型的粗细。线宽单位可以是公制或者英制，默认单位为公制毫米。线宽默认值为 0.25mm。如果要改变某一图层的线宽，单击该图层的线宽名称，将弹出如图 2-10 所示的“线宽”对话框，从中选择适当的线宽值。

9）透明度：更改整个图形的透明度。

10）打印样式：更改与选定图层关联的打印样式。如果正在使用颜色相关打印样式，则无法更改与图层关联的打印样式。

11）打印：设置在打印输出图形时是否打印该层。若打印图标显示为🖨，表明该图层为打印状态，其为默认状态。单击打印图标，图标显示为，表明该图层处于打印关闭状态。关闭状态的图层只能显示该层的图形，但不能被打印。该功能对冻结和关闭的图层不起作用。

12）新视口冻结：新视口冻结是在布局空间里用的，图层在新创建的视口中会被冻结，在其他视口不会被冻结。

（5）图层过滤。在绘图过程中，用户可以使用图层过滤的方法，将不需要的图层过滤掉，只显示需要的图层。

1）使用“图层过滤器特性”对话框过滤图层。在“图层特性管理器”对话框中，单击“新建特性过滤器”按钮，即可打开“图层过滤器特性”对话框，如图 2-11 所示。在“过滤器名称”文本框中，可以输入过滤器名称。在“过滤器定义”列表框中，可以根据图层特性设置过滤条件，包括名称、状态、颜色和线型等过滤条件。当指定过滤器的图层名称时，可使用符号“?”和“＊”等通配符，其中，符号“＊”用来代替任意多个字符，符号“?”用来代替任意一个字符。如图 2-11 所示，表示名称为“特性过滤器 1”的过滤器，将过滤图层线型为 CENTER 的所有图层。过滤器设置完成后，在“图层特性管理器”对话框左侧的“过滤器树”列表中会添加进一个所设置的过滤器名称。

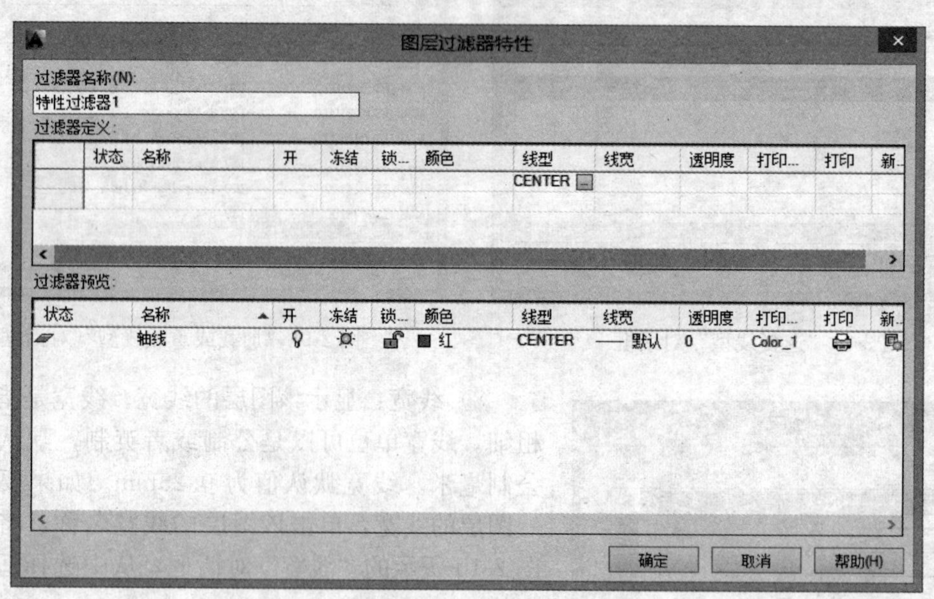


图 2-11 “图层过滤器特性”对话框

2）使用“使用新组过滤器”过滤图层。在 AutoCAD 2014 中，还可以通过“组过滤器”过滤图层。可在“图层特性管理器”对话框中单击“新建组过滤器”按钮，并在对话框左侧过滤器树列表中添加一个“组过滤器 1”（也可以根据需要命名组过滤器）。在过滤器树中单击“所使用的图层”节点或其他过滤器，显示对应的图层信息，然后将需要分组过滤的图层拖动到创建的“组过滤器 1”上即可，如图 2-12 所示。

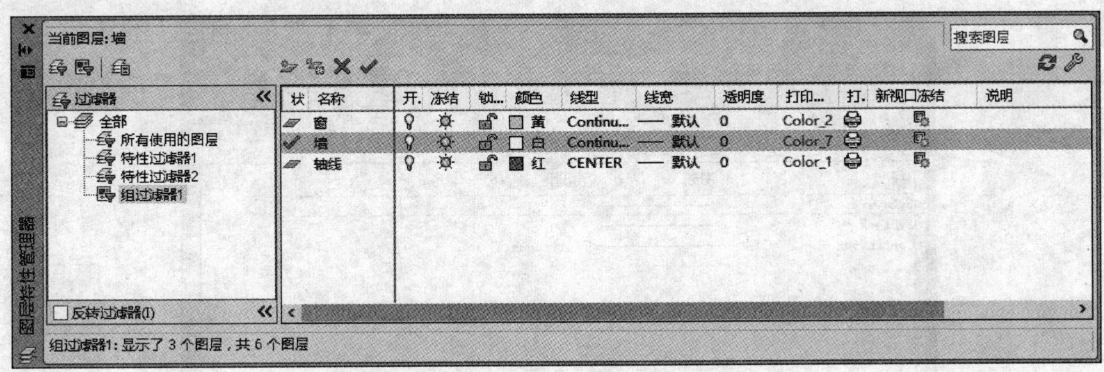


图 2-12　使用“新组过滤器”过滤图层

## 第三节　设　置　线　型

线型是点、线段和空格等元素按一定规律重复出现而形成的图案，复杂线型还可以包含各种符号。每种线型都有一个名称和定义，如果为图形对象指定某种线型，则对象将根据此线型的设置进行显示和打印。用户可以使用 AutoCAD 2014 提供的标准线型，也可使用自己创建的线型。

“线型”命令与“图层”命令中的线型设置选项有所不同，“图层”命令中的线型控制的是图层默认的线型，而“线型”命令是控制对象线型的命令，相当于定义了后续所绘对象所用的线型。

### 一、线型命令

AutoCAD 提供了“线型”命令，用于加载、建立及设置线型。

命令调用如下：

- 输入命令：Linetype
- 下拉菜单：格式→线型

### 二、操作及选项说明

激活该命令后，弹出如图 2-13 所示的“线型管理器”对话框。

“线型管理器”对话框主要操作如下：

（1）设置当前线型。首先从线型列表中选择所需线型，然后单击“当前”按钮，则选中的线型成为当前线型，所有新绘制的图形对象都用这种线型。

（2）线型列表。在线型列表中显示线型的名称、外观及对线型的文字说明。选择时可以有 3 种响应方式：

1）ByLayer（随层）：在该层上所绘出对象的线型始终与所在层的线型一致，保证同一层上的实体线型相同。新图开始时使用 ByLayer 方式。

2）ByBlock（随块）：此时线型为 Continuous，用这样的对象作为块的一部分插入到其他图中，保证插入后的线型与当前线型一致。

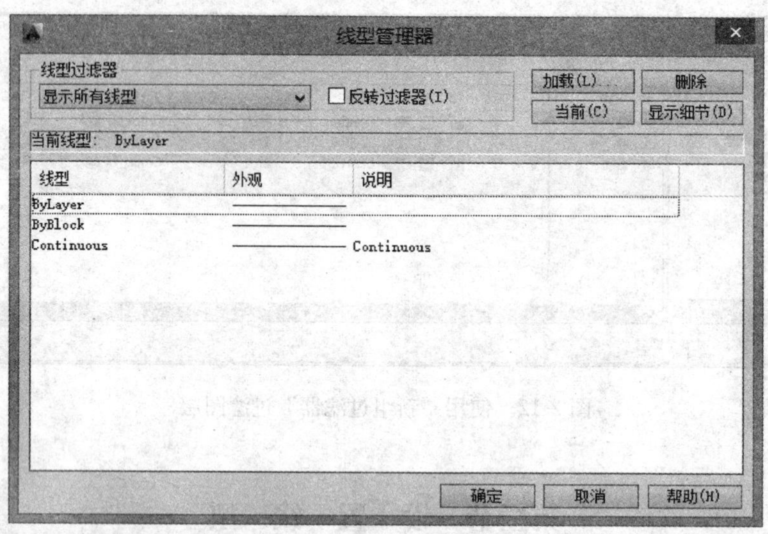


图 2-13 “线型管理器”对话框

3）某一具体线型：为图形对象指定一种具体线型（如 Center、Dashed、Continuous 等）来替代图层本身设定的线型。完成此设置后所绘制的图形对象的线型将不受图层的线型控制。

（3）加载线型。AutoCAD 提供了很多线型，这些线型都存放在 ACAD. LIN 和 ACADISO. LIN 文件中。如果需要使用当前线型列表中没有的线型，必须先把它加载到线型列表中。操作步骤如下：在“线型管理器”对话框中，单击“加载”按钮，出现如图 2-9 所示的“加载或重载线型”对话框。在此对话框中选择所要加载的线型，再单击“确定”按钮。这样，在“线型管理器”对话框的“线型列表”中，就可以看到刚才已加载的线型。

（4）删除线型。在“线型管理器”对话框的列表框中，选择想要删除的一种或多种线型名称，单击“删除”按钮即可。

注 意

ByLayer、ByBlock、当前线型和外部参照的线型不能被删除。

**三、线型比例（Ltscale）**

在绘图时，常常会发现按照某种线型（如点划线、虚线）绘制的对象，打印和显示的却是实线，究其原因，往往是线型比例设置不当引起的。

在 AutoCAD 中使用各种线型绘图时，除了 Continuous 线型外，每一种线型都是由实线段、空白段、点、文字或形所组成的序列，在线型定义文件中已定义了这些小段的标准长度。显示在屏幕上的每一小段长度与显示时的缩放倍数和线型比例成正比，而输出到打印机或绘图仪的每一小段长度又与输出比例和线型比例成正比。当显示或者打印出的线型不合适时，可以通过改变线型比例系统变量的方法，来放大或缩小所有线型的每一小段的长度。

大多数的线型有三种子类，如 CENTER、CENTER2、CENTERX2 和 DASHED、DASHED2、DASHEDX2 等，在这三种形式中，一般第一种线型是标准形式，第二种线型的比例是第一种线型的 1/2，第三种线型的比例是第一种线型的 2 倍。如果所绘制的线条太短（非实线），以至于不能够画出线型所具有的点线特征，AutoCAD 就会在两个端点之间显示一条连续的实线。当线型比例设置较小，图形显示为连续线；当线型比例设置较大，可视范围内显示线型中的一段线段，也是连续线。因此，绘图时要试设比例，以显示合适为宜。

线型比例分为全局比例因子和当前对象的缩放比例两种。全局比例因子控制所有图形对象的线型比例。当前对象的缩放比例只控制新建图形对象的线型比例。

1. 使用全局比例因子设置线型比例

（1）命令调用：

- 输入命令：Ltscale
- 下拉菜单：格式→线型

（2）利用对话框设置全局比例。单击“格式”下拉菜单“线型”选项，打开“线型管理器”对话框，单击“显示细节”按钮，打开细节区，见图 2-14。可以在“全局比例因子”文本框中输入线型比例值。

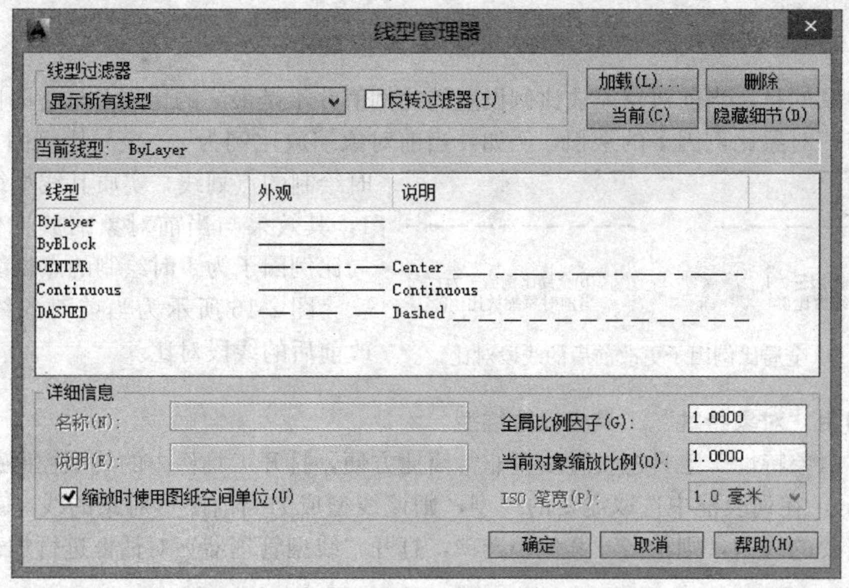


图 2-14　显示“线型管理器”对话框中细节区

（3）利用 Ltscale 命令设置全局比例。输入“Ltscale”命令后回车，则出现以下提示：

命令：Ltscale

输入新线型比例因子<1.0000>：（输入比例值后回车）

全局比例因子的值越小，每个绘图单位中画出的重复图案就越多。在默认情况下，全局比例因子为 1.0。图 2-15 所示为全局比例因子大小不同的线段对比。

CENTER

DASHED

(a)全局比例因子为1　　(b)全局比例因子为2

图 2-15　全局比例因子更改前后的线段对比

更改线型比例后，AutoCAD 会自动重新生成图形。

2. 使用当前对象缩放比例设置线型比例

（1）命令调用。

- 输入命令：Celtscale
- 下拉菜单：格式→线型

（2）利用对话框设置当前对象缩放比例。单击“格式”下拉菜单“线型”选项，打开“线型管理器”对话框，单击“显示细节”按钮，打开细节区，见图 2-14。可以在“当前对象缩放比例”文本框中输入比例值。

（3）利用 Celtscale 命令设置。在命令行下输入“Celtscale”命令后回车，则出现以下提示：

命令：Celtscale
输入 Celtscale 的新值 <1.0000>：(输入比例值后回车)

需要注意的是，当前对象缩放比例设置的比例值并不是最终的比例，最终的比例是全局比例因子与该对象比例因子的乘积，例如，当前对象缩放比例为 2、全局比例因子设为 0.5 时绘制的点划线，实质其线型缩放比例为 1，其效果与当前对象缩放比例为 1、全局比例因子为 1 时绘制的点划线时相同。

(a)全局比例因子为1
当前对象缩放比例1

(b)全局比例因子为1
当前对象缩放比例0.5

图 2-16　全局比例因子更改前后的线段对比

图 2-16 所示为当前对象缩放比例更改前后的线段对比。

## 四、利用“对象特性”工具栏设置线型

利用“对象特性”工具栏设置线型非常简捷方便，打开工具栏中的线型控制列表框，如图 2-17 所示，在列表框中选取需要的线型，则该线型成为当前图形对象的线型。若列表框中没有所需要的线型，则单击“其他”选项，打开“线型管理器”对话框进行加载。

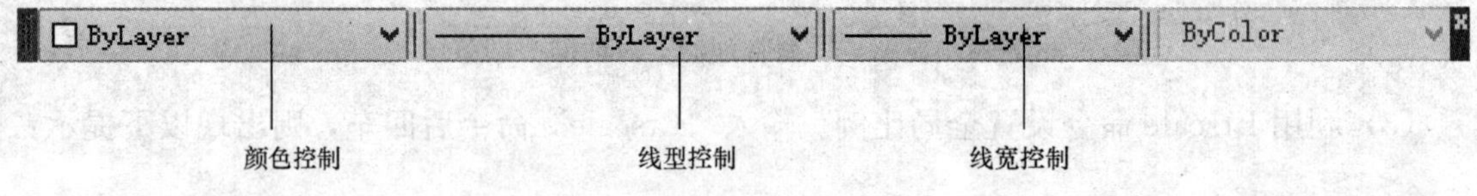


图 2-17　“对象特性”工具栏

# 第四节　设 置 颜 色

AutoCAD 可以为每一对象赋予颜色，其默认颜色与图层所设定的颜色相同（ByLayer），也可单独定义其颜色。不同的颜色可以明确区分图形中的不同对象。

1. 命令调用

- 输入命令：Color

● 下拉菜单：格式→颜色

● 工具栏："对象特性"工具栏中的"颜色控制"列表框，如图 2-17 所示。

2. 操作及选项说明

执行上面的操作后，弹出"选择颜色"对话框，见图 2-7。"选择颜色"对话框中的"索引颜色"选项卡中对于颜色的选择有下列三种方式：

(1) 从 AutoCAD 颜色索引中指定颜色：将光标悬停在调色板的某一色块上，该颜色的编号及其红、绿、蓝值将显示在调色板下面。单击选中的颜色或在"颜色"框里输入该颜色的编号或名称，然后单击"确定"按钮。

新定义对象的颜色是独立于对象所在层的颜色，除非再定义其他颜色或定义 ByLayer，后续绘制对象颜色始终为定义的具体颜色。

(2) ByLayer（随层）：输入对象的颜色与所在层的颜色一致。由于层的颜色是唯一的，在此层上对象的颜色随层而定，保证同一层上的对象颜色相同。

(3) ByBlock（随块）：此时新对象的颜色为默认颜色（白色或黑色，取决于背景色），用这样的对象作为块的一部分插入到其他图中，保证插入后的颜色与当前颜色一致。

颜色用自然数为代号，1～7 号为标准颜色，分别是：1-红（Red）、2-黄（Yellow）、3-绿（Green）、4-青（Cyan）、5-蓝（Blue）、6-品红（Magenta）、7-白/黑（White/Black）。在绘图区底色为白色时，默认 7 号颜色为黑色；在绘图区底色为黑色时，默认 7 号颜色为白色。

3. 利用"对象特性"工具栏选择颜色

在图 2-17 所示"对象特性"工具栏中，打开颜色控制列表框，在列表框中选取需要的颜色，则该颜色成为当前图形对象的颜色。若列表框中所列颜色不满足需要，则单击"选择颜色"选项，打开"选择颜色"对话框重新选择。

## 第五节　设 置 线 宽

在绘图过程中常常需要带有一定宽度的粗线表现图形对象，以提高图形的表达能力和可读性。

1. 命令调用

● 输入命令：Lweight

● 下拉菜单：格式→线宽

2. 操作及选项说明

执行上面的操作后，弹出如图 2-18 所示的"线宽设置"对话框。

(1)"线宽"列表框。用于选择线条的宽度，同样也有三种方式：

1) ByLayer（随层）：输入对象的线宽始终与所在层的线宽一致，保证同一层上的实体线宽相同。新图开始时使用 ByLayer 方式。

2) ByBlock（随块）：此时线宽为默认值，用这样的对象作为块的一部分插入到其他图中，保证插入后的对象线宽与当前线宽一致。

3) 某一具体线宽：新定义对象的线宽独立于对象所在层的线型，它不随层的变化而变化。

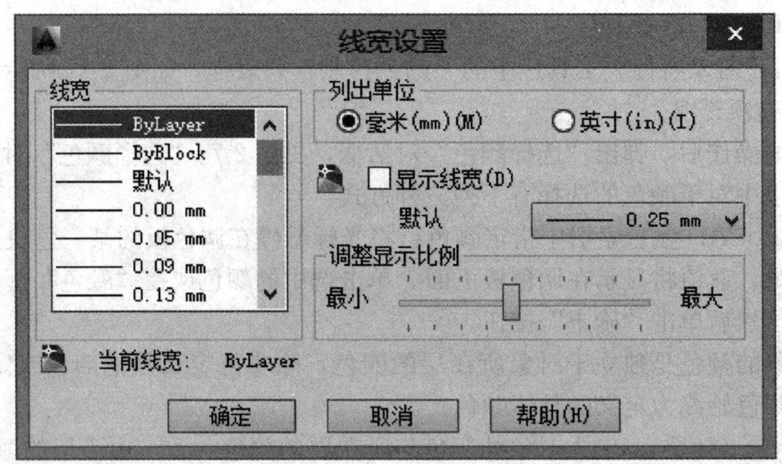


图 2-18 “线宽设置”对话框

在列表框中选择需要的线条的宽度，然后单击“确定”按钮，则所绘对象按照选定的线宽绘制。

(2)“列出单位”选项区域。用于设置线宽的单位，可以选择毫米或英寸。

(3)“显示线宽”复选框。控制是否按照所设的线宽显示图形。另外，通过单击状态栏上的“线宽”按钮也可实现线宽显示与不显示的切换。

(4)“默认”下拉列表框。用来设置默认线宽值，即关闭显示线宽后所显示的线宽。

(5)“调整显示比例”选项区域。移动其中的滑块，可以控制线宽的显示比例，但线的实际宽度不会改变。

3. 利用“对象特性”工具栏设置线宽

打开图 2-17 所示的“对象特性”工具栏中的“线宽控制”列表框，在列表框中选取需要的线宽，则图形按所选择的线宽绘制。

## 第六节 快捷命令的使用

所谓的快捷命令，是 AutoCAD 为了提高绘图速度定义的快捷方式，它用一个或几个简单的字符来代替常用的命令，而不用去记忆和输入命令全名，也不必为了执行一个命令在菜单和工具栏上寻找。如要画一条直线，只需要在命令行里输入字母“L”即可，而不必输入完整的命令“Line”。

### 一、快捷命令存储文件

以 WIN7 及 WIN8 系统为例，AutoCAD 2008 以前的版本，定义的快捷命令保存在 AutoCAD 安装目录下 SUPPORT 子目录中的 ACAD. PGP 文件中，而 AutoCAD 2008 版及以后的版本（含 AutoCAD 2014 版）均保存在系统安装盘的“\ Users \ Administrator \ AppData \ Roaming \ Autodesk \ AutoCAD 2014 \ R19. 1 \ chs \ Support”目录下的 ACAD. PGP 文件中。可以通过修改该文件的内容来定义自己常用的快捷命令，也可以在 AutoCAD 界面的“工具”下拉菜单中选择“自定义”“编辑程序参数 ACAD. PGP”，直接修改该文件。

每次打开或新建一个 AutoCAD 绘图文件时，CAD 本身会自动搜索并读入 ACAD. PGP 文件。当 AutoCAD 正在运行时，可以通过命令行的方式，用 ACAD. PGP 文件里定义的快捷命令来完成一个操作。

## 二、快捷命令的命名规律

快捷命令通常是该命令英文单词的第一个或前面两个字母，有的是前三个字母。比如，直线（Line）的快捷命令是“L”；复制（Copy）的快捷命令是“CO”；线型比例（Ltscale）的快捷命令是“LTS”。

在使用过程中，试着用命令的第一个字母，不行就用前两个字母，最多用前三个字母。也就是说，AutoCAD 的快捷命令一般不会超过三个字母。建议编辑 ACAD. PGP 文件，按自己的习惯对常用命令的快捷命令命名进行统一修改，不熟练时可以打印出来，绘图时参照使用。在重装系统或者更换 CAD 版本时，可以备份定义好的符合自己习惯的 ACAD. PGP 文件，并复制到相应的目录下以避免重复定义。

另外一类的快捷命令通常是由“Ctrl＋一个字母”组成的，或者用功能键 F1～F8 来定义。比如 Ctrl＋N、Ctrl＋O、Ctrl＋S、Ctrl＋P 分别表示新建、打开、保存、打印文件；F3 表示对象捕捉。

如果命令的第一个字母都相同，那么最常用的命令取第一个字母，其他命令可用前面两个或三个字母表示，也可重复第一个字母以简化输入。比如“R”表示 Redraw，“RA”表示 Redrawall；比如“L”表示 Line，“LT”表示 LineType，“LTS”表示 Ltscale。

## 三、快捷命令的定义

前面已经提到，AutoCAD 所有定义的快捷命令都保存 ACAD. PGP 文件中。ACAD. PGP 是一个纯文本文件，用户可以使用文本编辑器进行编辑。用户可以修改原文件定义的快捷命令，也可添加 Auto CAD 命令的快捷方式到该文件中。

通常，快捷命令使用一个或两个易于记忆的字母，并用它来取代命令全名。快捷命令定义格式为“快捷命令名称，＊命令全名”，即键入快捷命令名称后，再键入一个逗号和前面带“＊”的快捷命令所替代的命令全称。如 COPY 命令的快捷命令格式：

C，＊COPY。

建议将常用的快捷命令全部定义为左手手指能够覆盖的按键组合，以便右手操作鼠标，左右完成全部命令的输入，而无需移动左手在键盘上的相对位置，如用 V 替代 Move，G 替代 Line 等。

单字母用完时，对常见命令可采用重复的单字母，如用 AA 替代 MAtchprop，GG 替代 PLine 等。数字键也可作为快捷命令，对左手单独完成命令输入的操作也能起到很好的辅助作用。

快捷命令名称重复时，系统会忽略掉前边定义的命令，改用最后定义的有效命令。

## 课后练习

1. 完成图 2-19 所示花窗的绘制，并将相同线型的图形设置在同一层，并设置不同的颜色。

2. 线型、线宽练习。完成图 2-20 所示图形的绘制，要求相同的线型采用不同的线型比例和线宽。

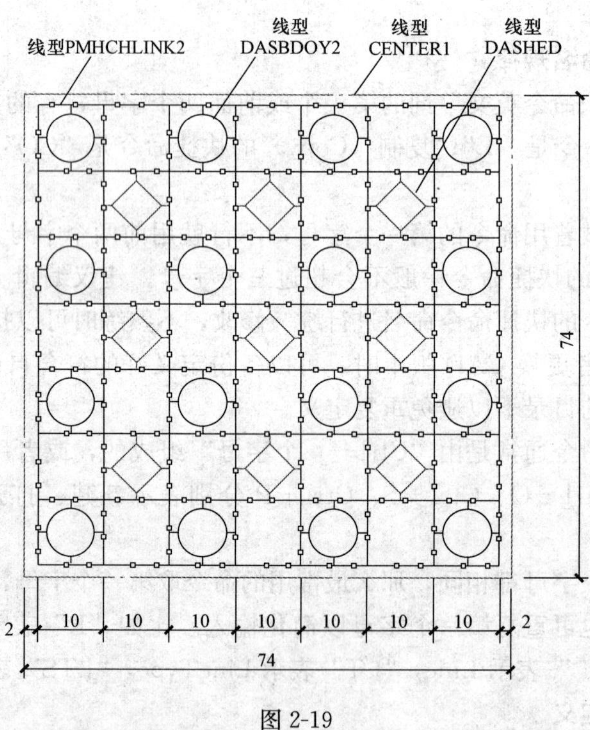


线型PMHCHLINK2
线型
DASBDOY2
线型
CENTER1
线型
DASHED
74
2
10
10
10
10
10
10
10
2
74

四个圆线型DOTE
线型CENTER
线型DASHED
R22
90
90

图 2-19

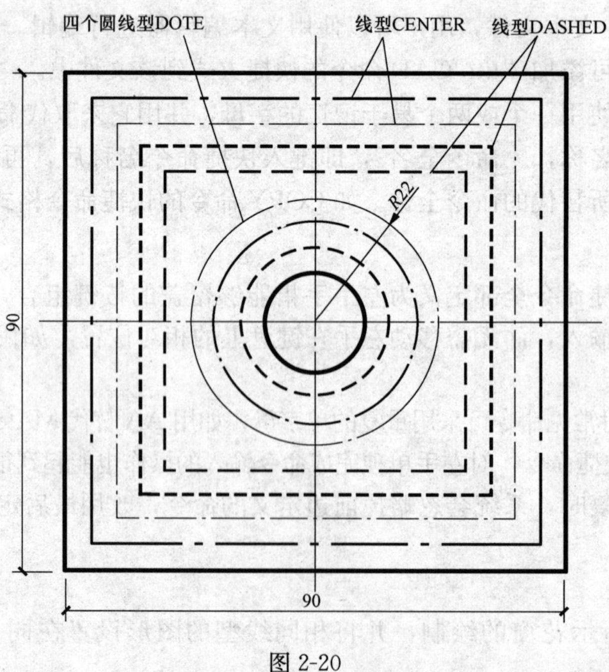


图 2-20

# 第三章　精确绘图辅助工具

为了快速、精确、方便地绘制图形，在绘图过程中，可以利用 AutoCAD 提供的精确绘图辅助工具，包括正交、捕捉、栅格、对象捕捉、追踪等。其可通过命令行、状态条、功能键和快捷菜单调用，其中状态条操作方便、快捷，见图 3-1。

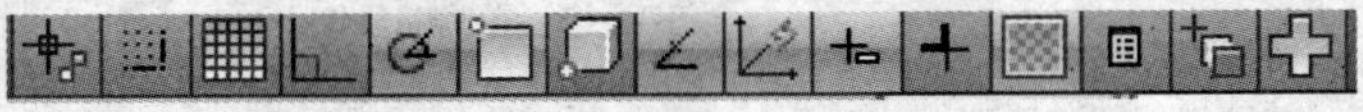

图 3-1　绘图辅助工具状态条

## 第一节　栅　格　功　能

通过设置栅格可以在屏幕上显示一个个等距的点，形成点阵。相当于手工绘图的坐标纸。利用它可以直观地确定要绘制的对象的长度、位置和倾斜角度等。栅格功能主要应注意其设置方法和特殊应用。

**一、命令调用**

- 输入命令：Grid
- 快捷菜单：在“栅格”按钮上单击鼠标右键，弹出快捷菜单，选择“设置”选项
- 下拉菜单：工具→绘图设置→捕捉与栅格

**二、操作方法及选项说明**

1. 通过对话框设置栅格

激活快捷菜单中“设置”或工具菜单中的“绘图设置”选项，则打开“草图设置”对话框，切换到“捕捉和栅格”选项卡，见图 3-2。栅格部分主要选项说明如下：

(1)“启用栅格”复选框：用于控制栅格的关闭和打开，也可通过单击状态条中的“栅格”按钮或按 F7 键完成。

(2)“栅格样式”选项区域：控制栅格以栅格线显示或栅格点显示（见图 3-3）。

(3)“栅格间距”选项区域：通过在 X 轴、Y 轴的间距文字框中输入数值，给定栅格网点距离，X、Y 的值可以不同。“每条主线之间的栅格数”选项控制主栅格线之间的次栅格线的根数。

(4)“栅格行为”选项区域：包含以下四个复选框。

1)“自适应栅格”复选框：用于控制图形放大或缩小时栅格线的密度。

2)“允许以小于栅格间距的间距再拆分”复选框：用于是否能够以小于栅格间距的间距来拆分栅格。

3)“显示超出界限的栅格”复选框：选择该项，可以显示超出界限的栅格。

4)“遵循动态 UCS”复选框：更改栅格平面以遵循动态 UCS 的 XY 平面。

2. 利用 Grid 命令设置

操作如下：

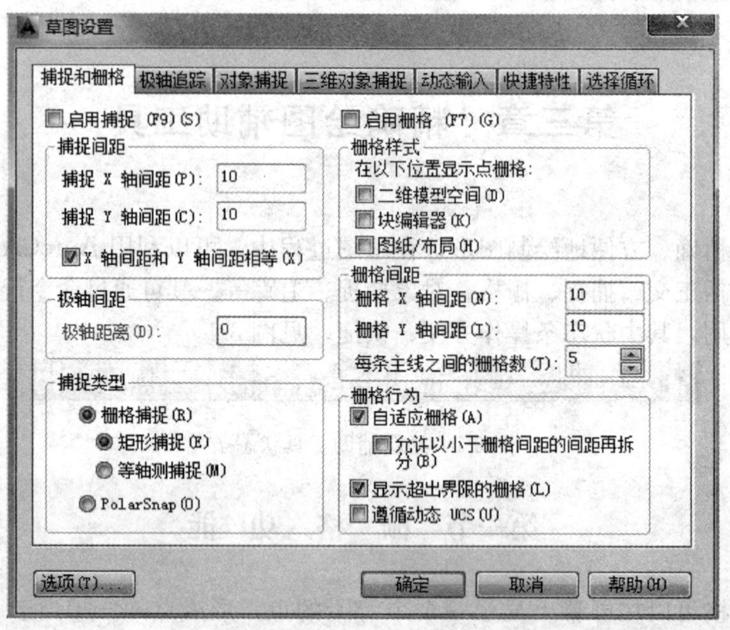


图 3-2 “草图设置”对话框（“捕捉与栅格”选项卡）

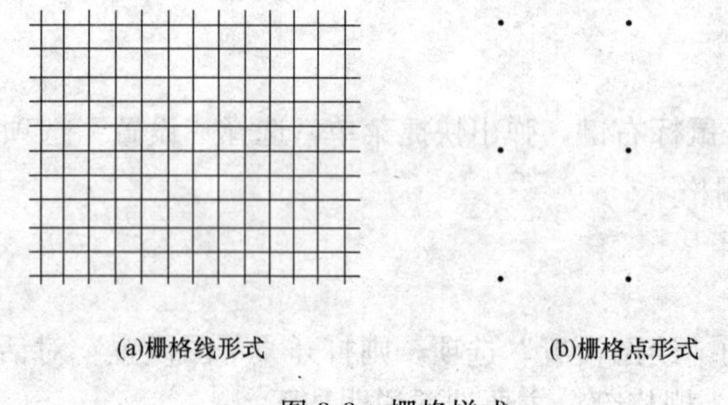


图 3-3 栅格样式

命令：Grid

指定栅格间距（X）或[开(ON)/关(OFF)/捕捉(S)/主(M)/自适应(D)/界限(L)/跟随(F)/纵横向间距(A)]<当前值>:

各选项说明：

（1）指定栅格间距（X）：系统默认值。在提示中直接输入栅格显示的间距。如果数值后跟 X，可将栅格间距设置为捕捉间距的指定倍数。

（2）开（ON）/关（OFF）：打开或关闭栅格。

（3）捕捉（S）：设置栅格间距与当前的捕捉间距相同，且当捕捉间距改变时，栅格的间距也同时改变。

（4）纵横向间距（A）：可分别设置栅格的 X 向间距和 Y 向间距。

其他选项的操作与对话框中的对应选项操作相同，不再赘述。

**三、说明**

（1）栅格不是图形的组成部分。因此，AutoCAD 在输出图形时并不会打印栅格。

（2）栅格间距太小时，网点显示不清楚，屏幕重画非常慢，甚至无法显示栅格。

## 第二节 捕 捉 光 标

捕捉光标是 AutoCAD 提供的一种定位坐标点的功能，捕捉功能打开后，光标只能按照给定的间距移动。如果移动鼠标，十字光标只能落在特定的点，而不能随意定位。

## 一、命令调用

● 输入命令：Snap

● 快捷菜单：在“捕捉”按钮上单击鼠标右键，弹出快捷菜单，选择“设置”选项

● 下拉菜单：工具→绘图设置→捕捉与栅格

## 二、操作方法及选项说明

1. 利用对话框设置

激活快捷菜单中“设置”和工具菜单中的“绘图设置”选项，则打开“草图设置”对话框，切换到“捕捉和栅格”选项，见图 3-2。

(1)“启用捕捉”复选框：控制捕捉的关闭和打开，也可以通过单击状态条中的“捕捉”按钮或按 F9 键完成。

(2)“捕捉间距”选项区域：设置 X 轴、Y 轴方向的捕捉间距，限制仅在指定的间隔内移动。选中“X 轴间距和 Y 轴间距相等(X)”复选框时，X 和 Y 轴方向的捕捉间距设置一个后，另一个默认与其相等。

(3)“极轴间距”选项区域：该区域内的“极轴距离”用于设定沿极轴追踪时光标移动的距离。该选项只有在“捕捉类型”选定区域内 PolarSnap(O) 选项选中时，才能设置距离。

(4)“捕捉类型”选项区域：捕捉的类型有“栅格捕捉”和“PolarSnap”。

1)“栅格捕捉”：选择该项，AutoCAD 将捕捉设置成与“栅格”相同的设置。可以选择是矩形模式还是等轴测模式。矩形模式是显示平行于当前 UCS 的 XY 平面的矩形栅格；“等轴测捕捉”：模式是显示初始化为 30°和 150°角的等轴测栅格，可以通过 Ctrl＋E 键转换角度。

2)“PolarSnap”：选择该项，并打开极轴追踪，AutoCAD 可以沿着“极轴追踪”设置的角度捕捉。

2. 利用 Snap 命令设置

操作如下：

命令：Snap
指定捕捉间距或［开（ON)/关（OFF)/纵横向间距（A)/传统（L)/样式（S)/类型（T)］〈当前值〉：

选项说明：

(1) 捕捉间距：系统默认项。在提示中输入一个数值，作为 X 轴和 Y 轴方向上的捕捉间距进行光标捕捉。

(2) 开（ON)/关（OFF)：打开/关闭捕捉功能。

(3) 纵横向间距（A)：分别设置 X 轴和 Y 轴方向上的捕捉间距。但捕捉模式为“等轴测”时不能分别设置。

(4) 样式（S)：设置捕捉样式，选择标准模式或等轴测模式。

(5) 类型（T)：设置捕捉类型，选择“极轴捕捉”或“栅格捕捉”。

## 三、说明

(1) 捕捉间距最好设为栅格的 1/3 左右，这样有利于按栅格调整捕捉点。

(2) 绘图时，若不需要捕捉，应将捕捉关闭，否则光标不能正常移动，给绘图带来

麻烦。

## 第三节 正 交 功 能

“正交”模式状态时，光标只能沿着水平方向或垂直方向移动，这样可以精确绘制水平线或垂直线。同时，要沿着水平方向或铅直方向编辑图形也变得简单，这样可以加快绘图速度，免去了自己定位的麻烦。它是可以透明执行的。

### 一、命令调用

● 输入命令：Ortho

● 状态条：“正交”按钮

● 功能键：F8

### 二、操作方法

可以通过单击状态条中的“正交”按钮或 F8 键完成正交和非正交模式的转换。

### 三、说明

(1) 在正交模式下，仍可通过输入点的坐标或使用对象捕捉确立目标。

(2) 正交模式和极轴追踪不能同时使用。

(3) 当坐标系旋转时，正交模式做相应旋转。

## 第四节 对 象 捕 捉

AutoCAD 提供的作图辅助工具中，最常用的是对象捕捉功能。借助对象捕捉功能可以迅速而准确地找到已绘出的图形上的特征点，如端点、中点、中心点、节点、象限点、交点、插入点、垂足、切点、最近点、外观点等。每次当 AutoCAD 提示输入一个点时，都可以利用对象捕捉拾取到所需要的点。

### 一、对象捕捉的设置

目标捕捉模式的设置可以通过如下方法进行：

● 输入命令：Osnap

● 下拉菜单：工具→绘图设置

● 快捷菜单：在“对象捕捉”按钮上单击鼠标右键，在快捷菜单中选“设置”选项。

上面三项操作，均弹出“草图设置”对话框，切换到“对象捕捉”选项，如图 3-4 所示。

(1) 工具栏：通过“对象捕捉”工具栏设置对象捕捉，如图 3-5 所示。

(2) 快捷菜单：在不进行任何操作的情况下，按住 Shift 键的同时在绘图窗口中单击鼠标右键，弹出“对象捕捉”快捷菜单，如图 3-6 所示。

可通过选中“草图设置”对话框中对象捕捉各点的复选框，或者单击对象捕捉工具栏中相应按钮，或者选择对象捕捉快捷菜单中的相应选项捕捉需要的特征点。

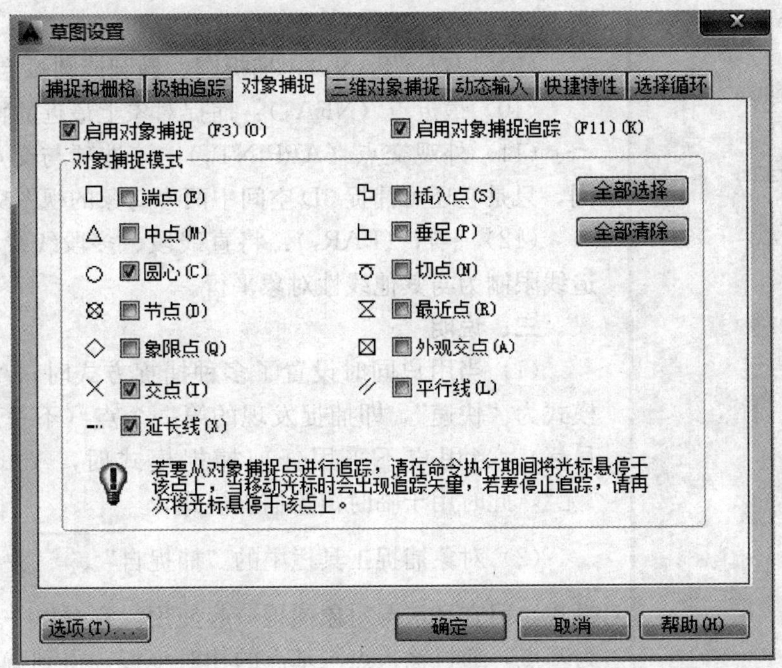


图 3-4 草图设置对话框（对象捕捉）

图 3-5 “对象捕捉”工具栏

**注意**

利用工具栏和快捷菜单捕捉的点为单点临时捕捉，一次有效。而利用对话框所选定的捕捉点类型，可连续捕捉，直至关闭对象捕捉模式为止。

对象捕捉的关闭和打开，可以通过单击状态条中的“对象捕捉”按钮、“草图设置（对象捕捉）”对话框中的“启用对象捕捉”复选框或按 F3 键完成。

## 二、对象捕捉的模式

AutoCAD 提供了以下目标捕捉模式：

(1) 端点（END,）：捕捉线段、圆弧或多段线的端点，捕捉离靶框较近的一个端点。

(2) 中点（MID,）：捕捉线段、多段线段或圆弧的中点。

(3) 圆心（CEN,）：捕捉圆弧、圆或椭圆的中心。

(4) 节点（NOD,）：捕捉点对象以及尺寸的定义点。

(5) 象限点（QUA,）：捕捉圆或椭圆上 0°、90°、180°或 270°处，1/4 圆弧分界的点。

(6) 交点（INT,）：捕捉直线、圆、圆弧或多段线之间的最近交点。

(7) 插入点（INS,）：捕捉插入文件中的文本、属性和符号（快或形式）的原点。

(8) 垂足（PER,）：捕捉与直线、圆弧、圆、椭圆或多段线正交的点，点不一定在对

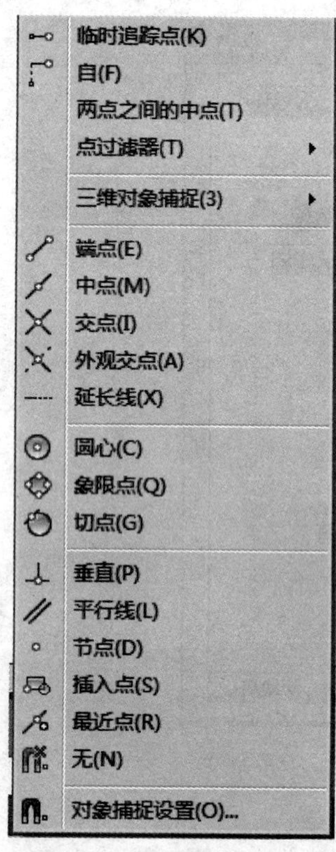


图3-6 “对象捕捉”快捷菜单

象上。

(9) 切点(TAN,):捕捉圆、椭圆或圆弧上的切点。

(10) 最近点(NEA,):捕捉对象上最近的特征点。

(11) 外观交点(APPINT,):该选项与交点(INT,)相同，只是它还可捕捉3D空间中两个对象的视图交点。

(12) 平行(PAR,):将直线段、多段线线段、射线或构造线限制为与其他线性对象平行。

## 三、说明

(1) 当用户同时设置了多种捕捉方式时，AutoCAD默认模式为“快速”，即捕捉发现的第一个点(不一定是最靠近的目标)。当用户不采用任何捕捉模式时，AutoCAD默认为“无”，此时用于临时覆盖捕捉模式。

(2) 对象捕捉工具栏中的“捕捉自”图标并不是对象捕捉模式，但它经常与对象捕捉一起使用。它是以一个临时参考点为基点，通过输入点与基点的相对坐标，得到特征点。参考点都是由其他捕捉模式得到的捕捉点，在绘图时使用方便、快捷，可避免重复绘图。下面以例题说明“捕捉自”的应用方法。

**【例3-1】** 按尺寸绘制图3-7中的门、窗。

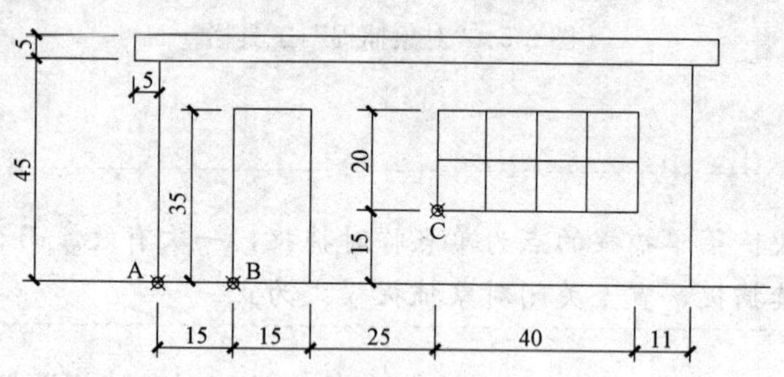


图3-7 利用“捕捉自”绘制门、窗起点

门、窗的起点可利用“捕捉自”确定，操作如下：

命令：Line

命令：Line 指定第一点：_(此时选择捕捉自)

from 基点：(捕捉A点)

<偏移>：(输入B点与A点的相对坐标) @15，0

则捕捉到B点，可以从B点开始画门，此时命令行继续提示：

Line 指定下一点或[放弃(U)]：(继续绘图)

用户自己练习一下利用“捕捉自”捕捉窗的起点C，然后画窗。

## 第五节　自　动　追　踪

应用 AutoCAD 绘图时，自动追踪功能可以帮助用户按照指定的角度或按照与其他对象的特定关系绘制对象。启动自动追踪功能后，屏幕上会显示追踪线，可以根据追踪线精确定位对象的位置。自动追踪包括极轴追踪和对象捕捉追踪两个选项。

### 一、极轴追踪

极轴追踪用来按照指定角度绘制对象。在 AutoCAD 提示指定点时，按照预先设置的角度增量显示一条辅助线，用户可以沿辅助线追踪得到光标点，见图 3-8。绘图时若已知要追踪的方向（角度）则使用极轴追踪。

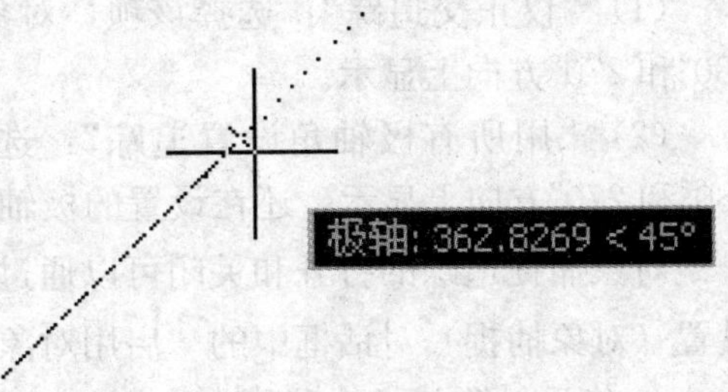


图 3-8　极轴追踪

1. 极轴追踪的设置

- 输入命令：Ddrmodes
- 下拉菜单：工具→绘图设置→极轴追踪
- 快捷菜单：在“极轴追踪”按钮上单击鼠标右键，在快捷菜单中选“设置”选项。按上面操作后，弹出“草图设置”对话框，切换到“极轴追踪”选项卡，如图 3-9 所示。

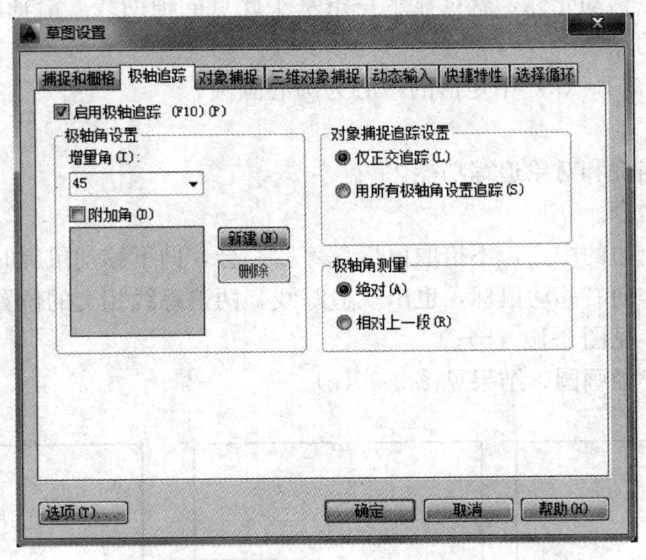


图 3-9　“草图设置”对话框（极轴追踪）

2. 选项说明

（1）“启用极轴追踪”复选框：控制极轴追踪的关闭和打开，也可以通过单击状态条中的“极轴追踪”按钮或按 F10 键完成。

（2）“极轴角设置”：用于设置追踪角度。在“增量角”下拉列表中可以选择角度，如果列表中的角度不满足需要，可选中☑附加角(D)，然后单击“新建”按钮创建新角度，该角度最多可以有 10 个。

(3)“极轴角测量”：“绝对”是以当前坐标系为基准计算极轴追踪角，“相对上一段”是以最后所画的线作为基准计算极轴追踪角。

## 二、对象捕捉追踪

对象捕捉追踪是沿着基于对象捕捉点的辅助线方向追踪。

1. 对象捕捉追踪设置

在“草图设置”对话框的“极轴追踪”选项卡“对象捕捉追踪设置”区域：

(1)“仅正交追踪”：选择该项，对象捕捉追踪时辅助线只在已获取捕捉点的 0°、90°、180°和 270°方向上显示。

(2)“用所有极轴角设置追踪”：选择该项，对象捕捉追踪时辅助线不仅在 0°、90°、180°和 270°方向上显示，还在设置的极轴角方向上显示。

对象捕捉追踪的打开和关闭可以通过单击状态条中的“对象捕捉追踪”按钮、草图设置（对象捕捉）对话框中的“启用对象捕捉追踪”复选框或按 F11 键完成。

2. 使用对象捕捉追踪的步骤

(1) 使用对象追踪功能，必须先打开对象捕捉功能。

(2) 执行一个要求输入点的命令。

(3) 当提示用户指定一个点时，将光标移动到一个对象捕捉点处，不要拾取，停留一会，即可以获取追踪点。获取的点将显示一条小竖线。

(4) 从获取的点移动光标，就可显示一条基于此点的辅助线。沿辅助线方向移动光标，直到追踪到所希望的点。

**【例 3-2】** 以图 3-10（a）中矩形的中心为圆心画圆。

步骤：

(1) 打开对象捕捉和对象追踪功能。

(2) 激活画圆命令。

(3) 捕捉矩形上边的中点，不拾取鼠标，停留一会，向下移动鼠标时出现追踪线，再捕捉矩形左边的中点，向右移动鼠标，也出现追踪线，两追踪线相交的位置出现一个“×”的标记即为矩形中心，见图 3-10（b）。

(4) 输入圆的半径画圆，结果见图 3-9（c）。

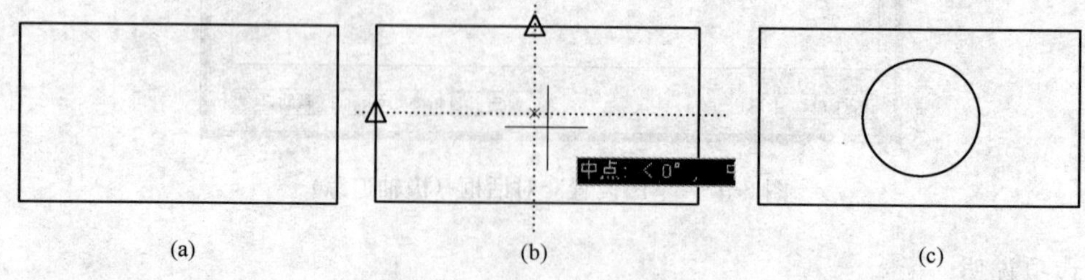


图 3-10 利用对象追踪画圆

## 三、说明

(1) 对象追踪时提示框中所显示的角度均为与 X 轴的夹角。

(2) 所能显示的角度除极轴追踪中所设置的角度外，还可以显示已绘出直线的延长线、垂直线、平行线等对象的角度。

(3) 在默认情况下，对象捕捉追踪设置为正交。

## 第六节　动　态　输　入

动态输入是在绘图过程中命令行和坐标等有关信息直接在光标附近显示，该信息会随着光标移动而动态更新，这样用户就可以专注于绘图区域。这是从AutoCAD 2006版本开始新增的功能。

### 一、动态输入的设置

- 输入命令：Dynpicoords
- 下拉菜单：工具→绘图设置→动态输入
- 快捷菜单：在状态栏按钮上单击鼠标右键，在快捷菜单中选“设置”选项。

上面三项操作，均弹出“草图设置”对话框，切换到“动态输入”选项卡，在这里可以设置动态输入的各种显示信息，见图3-11。

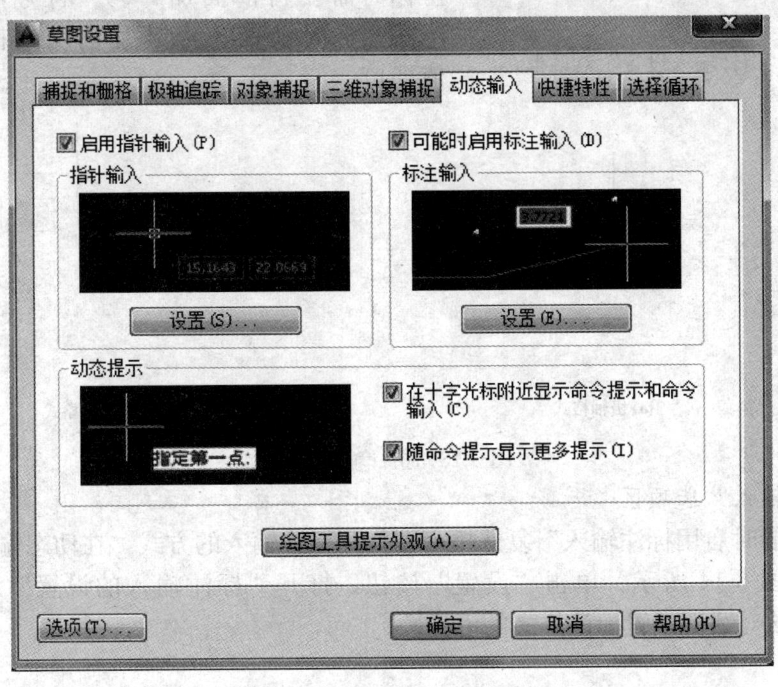


图3-11　“草图设置”对话框（动态输入）

动态输入的关闭和打开，可以通过单击状态栏中的按钮或按F12键完成。

### 二、操作方法

动态输入选项卡中主要包括指针输入、标注输入和动态提示三部分。

1. “指针输入”选项区

选择“启用指针输入”复选框，在十字光标位置的工具栏提示中将显示点的坐标，坐标的输入格式和输入值可以通过单击“设置”按钮，打开“指针输入设置”对话框进行设置，

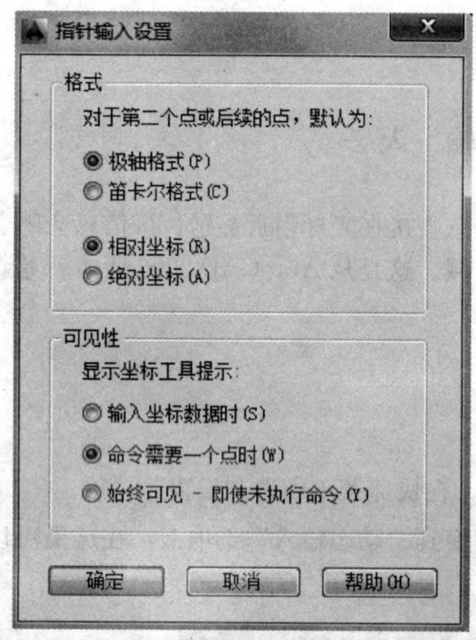


图 3-12 “指针输入设置”对话框

如图 3-12 所示。

“格式”选项区中“极轴格式”和“笛卡尔格式”是在操作命令第二点或下一点分别以极坐标和笛卡尔坐标形式显示，如图 3-13 所示为画线命令操作时的指针输入格式。

“格式”选项区中的“相对坐标”和“绝对坐标”单选按钮含义如下：

相对坐标(R)：选择该项，在输入第二个点和后续点的坐标时是相对坐标，此时坐标值前面不需要再加“@”符号，而如果输入的是绝对坐标，前面需要加“#”前缀。该选项是默认选项。

绝对坐标(A)：选择该项，在输入第二个点和后续点的坐标时是绝对坐标，此时输入相对坐标时需要再前面加“@”符号，而如果输入绝对坐标时前面不需要加前缀，直接输入坐标值即可。

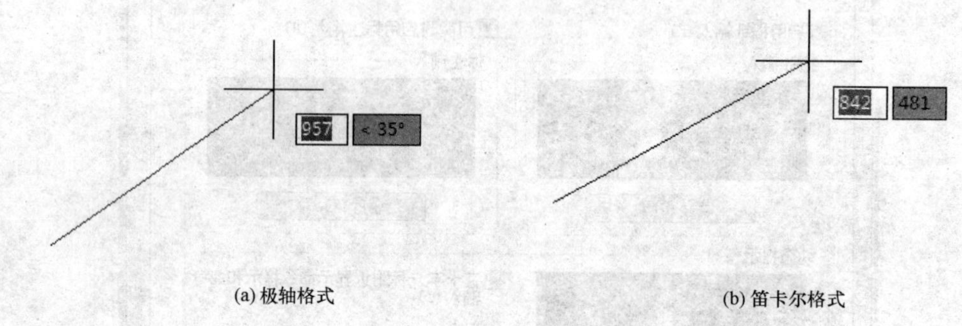


(a) 极轴格式　　(b) 笛卡尔格式

图 3-13 指针输入格式

2. “标注输入”选项区

选择“可能时启用标注输入”复选框，则打开标注输入的方式，在动态输入过程中显示标注数值，如图 3-14 所示。单击“设置”按钮，打开“标注输入的设置”对话框，见图 3-15，可通过该对话框设置标注样式的可见性。

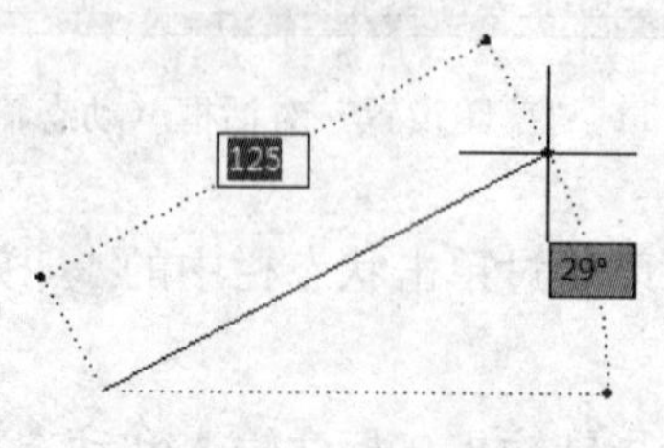


图 3-14 标注输入

3. “动态提示”选项区

在该区域内，有两个选项，选择“在十字光标附近显示命令提示和命令输入”复选框，

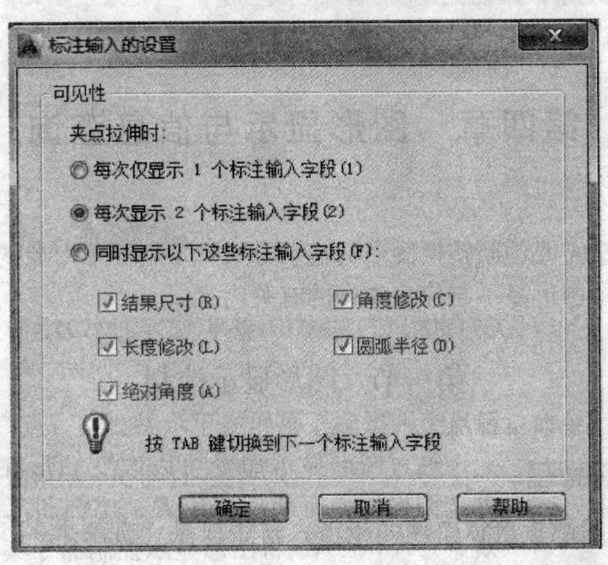


图 3-15 “标注输入的设置”对话框

则在命令操作过程中，在光标的附近显示命令操作步骤的提示，如图 3-16 所示。选择“随命令提示显示更多提示”复选框，显示使用 Shift 和 Ctrl 键进行夹点操作的提示。

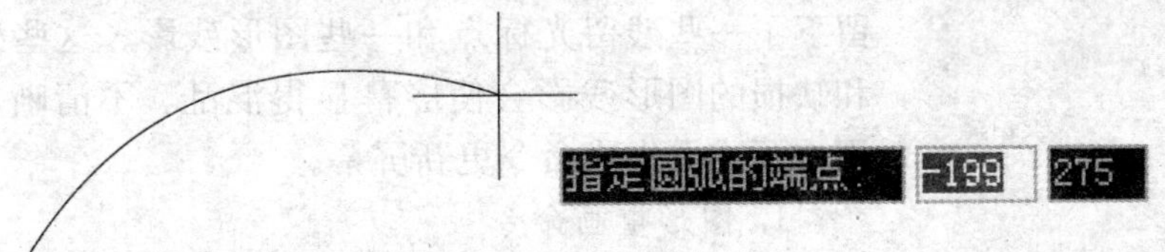


图 3-16　动态提示

# 第四章　图形显示与信息查询

在绘图过程中常常需要不断转换图形的显示方式和了解图形对象的相关信息，以便快速地绘制图形。本章介绍图形显示与信息查询的有关内容。

## 第一节　图形显示控制

通过图形显示命令可以改变图形在屏幕上的显示方式，并按照操作者所期望的位置、比例和范围显示，以便于图形观察。AutoCAD将图形显示控制命令集中放在“视图”下拉菜单中，见图4-1。显示控制的常用命令包含在“标准”工具栏中，见图4-2。

### 一、重画和重生成

在绘图过程中，由于频繁地操作，不可避免地在屏幕上留下了一些残留光标点和一些图形残影。这些残留的光标点和缺损的图形残影会使屏幕显得混乱、不清晰，这时可以利用重画或重生成命令更新屏幕。

1. 图形重画命令

(1) 命令调用：

- 输入命令：Redraw
- 下拉菜单：视图→重画

(2) 说明。执行“重画”命令后，可以快速更新屏幕，清除图上的残留标记。

2. 图形重生成命令

(1) 命令调用：

- 输入命令：Regen
- 下拉菜单：视图→重生成/全部重生成



图4-1 “视图”下拉菜单

(2) 说明。

1) 重画和重生成所产生的结果是相同的，但这两个命令的运行机理是不相同的，重画命令只是将目前的图形重画一次，执行速度快；而重生成命令则需要把图形文件中所有的原始数据全部重新计算一遍，因此比执行重画命令速度慢。建议在绘图过程中多用“重画”命令。

图4-2 “标准”工具栏中的显示控制工具

2) 如果在绘图过程中出现图形似乎不发生任何变化的现象，使用重生成命令更新屏幕，则能显示执行效果。

## 二、图形的缩放

为了方便、准确地绘制图形，常常需要将当前视图的显示放大或缩小，也可以局部放大，但是对象的实际尺寸和实体间的相对位置保持不变。这些就是 AutoCAD 中“Zoom”命令的功能。

1. 命令调用

● 输入命令：Zoom

● 下拉菜单：视图→缩放→子菜单中相应选项

● 工具栏：“缩放”工具栏或“标准”工具栏中的相应按钮

“缩放”命令如图 4-3 所示。

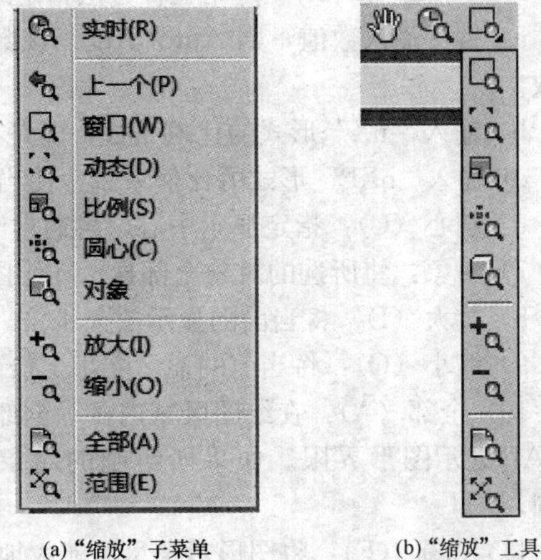


(a)“缩放”子菜单　(b)“缩放”工具栏

图 4-3 “缩放”命令的位置

2. 操作方法

(1) 使用菜单缩放视图。“缩放”子菜单中的各选项含义如下：

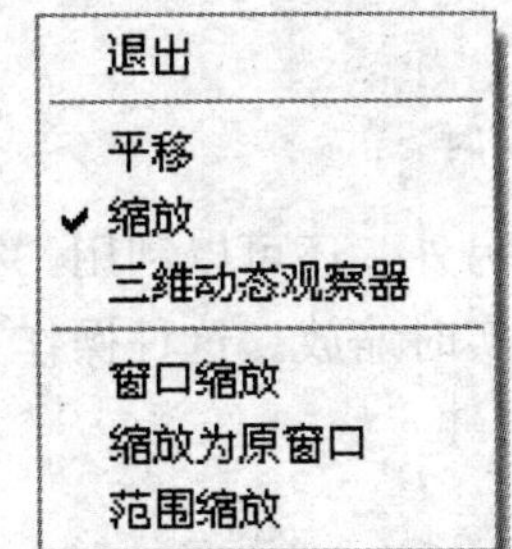


图 4-4 “缩放”快捷菜单

1) 实时（R）：按住鼠标左键在屏幕上向上拖动时放大图形，向下拖动时缩小图形。如果单击鼠标右键，则弹出如图 4-4 所示的快捷菜单，可选择快捷菜单中的相应命令切换到其他操作。

2) 上一个（P）：回到上一个显示的视图。

3) 窗口（W）：用一个矩形窗口选定区域，则窗口内的图形即被放大显示。

4) 动态（D）：以动态的方式给定矩形窗口，使窗口范围内的图形显示在绘图窗口中。具体操作是：选择动态方式后，屏幕上出现一个带“×”的矩形框，见图 4-5（a），这个矩形框可以在屏幕上随着鼠标任意移动位置。此时，若按鼠标左键则出现一个带箭头的矩形框，见图 4-5（b），拖动鼠标可以改变矩形框的大小。选择好合适的矩形框后，移动到需要位置按回车键即可，见图 4-5（c）。

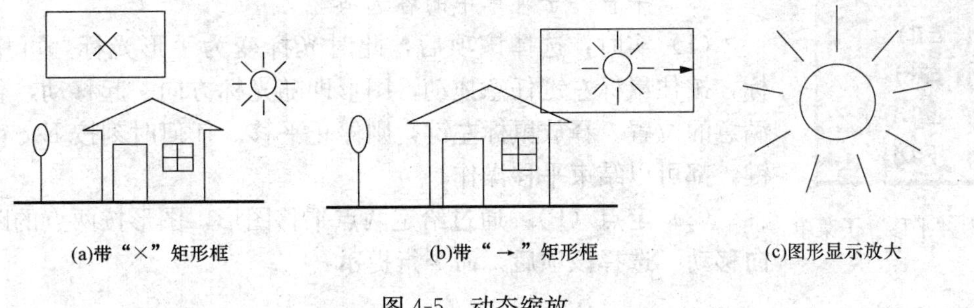

(a)带“×”矩形框　(b)带“→”矩形框　(c)图形显示放大

图 4-5 动态缩放

5) 比例（S）：按给定的比例放大或缩小当前视图。选择该项后命令行提示：

输入比例因子（nX 或 nXP）：

AutoCAD 允许用户使用三种方法指定缩放比例：

a）直接输入数值，则 AutoCAD 以该数值为缩放系数，并相对于图形的实际尺寸进行缩放。

b）输入“nX”形式的比例系数，即是相对于当前可见视图的放大 $n$ 倍。

c）输入“nXP”形式的比例系数，使当前视图中的图形相对于当前的图纸空间缩放。

6）圆心（C）：指定显示中心，再通过给定高度或比例值确定显示范围。

7）对象：将所选的对象全部显示在绘图窗口中。

8）放大（I）：将当前的显示放大 1 倍。

9）缩小（O）：将当前的显示缩小 1 倍。

10）全部（A）：在绘图区域内显示全部图形。如果所绘制的对象未超出图形界限，AutoCAD 显示图形界限。如果所绘制的对象超出图形界限，AutoCAD 将显示图形对象的范围。

11）范围（E）：将图形对象尽可能大地显示在屏幕上。

（2）利用命令和工具栏缩放视图。在命令行中输入 Zoom 命令，回车后 AutoCAD 提示：

```
命令：zoom
指定窗口的角点，输入比例因子（nX 或 nXP），或者
[全部(A)中心(C)动态(D)范围(E)上一个(P)比例(S)窗口(W)对象(O)]<实时>：
```

该提示中的各选项与“缩放”子菜单中的各对应选项含义相同，另外，还可以利用“标准”工具栏中的“缩放”按钮完成图形缩放，或者使用鼠标滚动进行实时缩放。这种操作方便、快捷，是常常使用的。

**三、图形平移**

在绘图过程中，由于屏幕大小有限，当前文件中的图形不一定全部显示在屏幕内，如果需要看显示区域外的图形，可以使用平移命令，它可以让图形上、下、左、右滑动而不移动窗口。

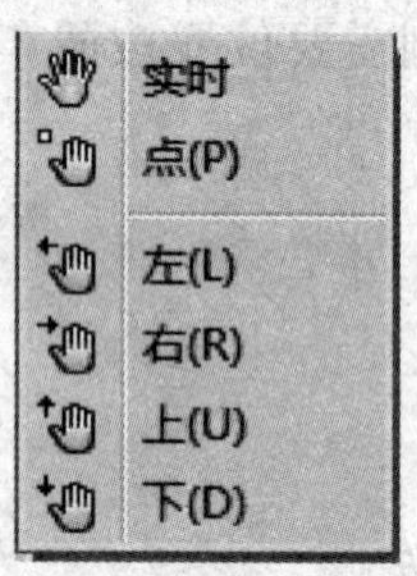

图 4-6 “平移”子菜单

平移的有关操作可选择菜单中“视图”→“平移”，则出现一个子菜单，如图 4-6 所示。

1. “平移”子菜单中的各选项含义

（1）实时：选择该项后，此时光标变为手形光标。可用手形光标，按住鼠标左键任意拖动，图形即随光标方向一起移动，直到达到满意的位置。释放鼠标左键，则停止平移。任何时刻按 Esc 键或回车键，都可以结束平移操作。

（2）定点（P）：通过给定两点平移图形，图形按两点的距离和方向移动。选择该项后，命令行提示：

```
选择对象：'_ -pan 指定基点或位移：(在屏幕上指定一点)
指定第二点：(在屏幕上再指定一点)
```

则按照两点之间的距离和方向平移。

（3）左（L）：选择该项视图即按一个绘图单位向左移动。

（4）右（R）：选择该项视图即按一个绘图单位向右移动。

（5）上（U）：选择该项视图即按一个绘图单位向上移动。

（6）下（D）：选择该项视图即按一个绘图单位向下移动。

另外，绘图中使用滚动条移动图形也非常方便。

实时平移是平移中最常用的方式，所以 AutoCAD 还提供了一下两种方式启动该命令：

● 命令行：Pan

● 工具栏："标准"工具栏中按钮

2. 说明

实时平移操作经常与缩放命令结合进行，并且实时平移操作经常作为透明命令使用。

## 第二节 信 息 查 询

查询命令可以方便地了解系统的运行状态、图形对象的数据信息及一些几何信息。AtuoCAD 中可以查询的信息有两点间的距离、图形的面积、点的坐标、图形的状态等。

### 一、所有查询命令调用

● 下拉菜单：工具→查询→子菜单中相应选项

● 工具栏："查询"工具栏

● 工具栏："测量工具"工具栏

图 4-7 所示为"查询"子菜单、"查询"工具栏和"测量工具"工具栏，包含查询距离、半径、角度面积、体积命令，其也可在"查询"工具栏中的弹出式工具栏中显示。

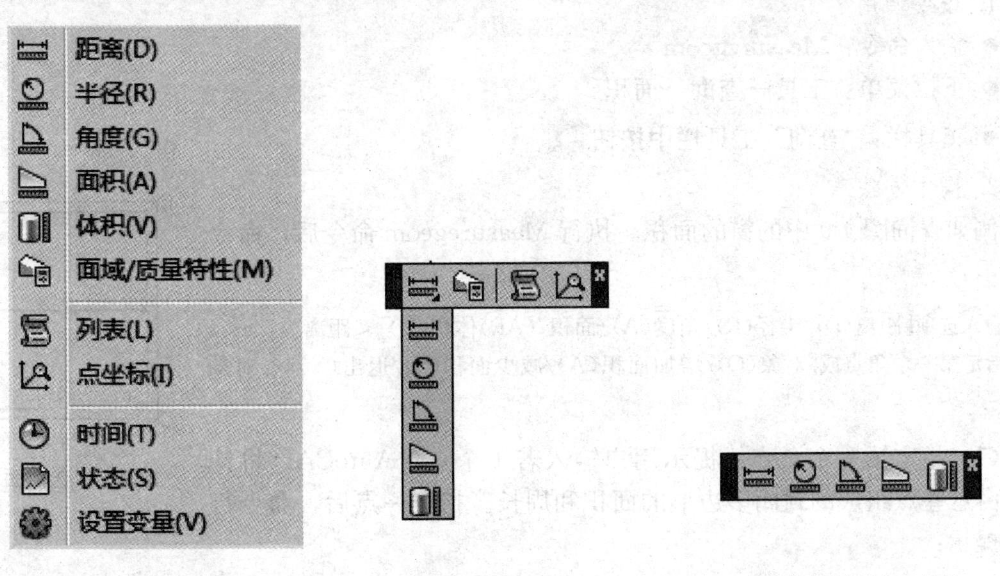


(a)"查询"子菜单　(b)"查询"工具栏　(c)"测量工具"工具栏

图 4-7 "查询"子菜单、工具栏和"测量工具"工具栏

### 二、查询两点间距离

可以查询绘图窗口中任意两点间的距离。

1. 命令调用

- 输入命令：Measuregeom
- 下拉菜单：工具→查询→距离
- 工具栏："查询"工具栏中按钮

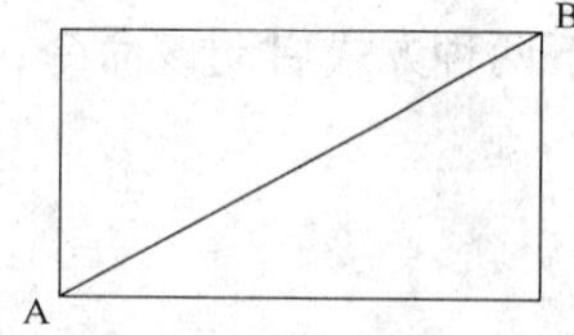


图 4-8 查询距离

2. 操作方法

如查询图 4-8 中 A、B 两点间的距离，则启动 Measuregeom 命令后，命令行提示：

输入选项［距离（D）半径（R）角度（A）面积（AR）体积（V）］<距离>：distance

指定第一点：（在屏幕上拾取点 A）

指定第二点或［多个点（M）］（在屏幕上拾取点 B）

则在命令行中显示如下查询结果：

距离＝30，XY 平面中的倾角＝29，与 XY 平面的夹角＝0

X 增量＝26，Y 增量＝15，Z 增量＝0

从结果上看，不仅能获得 A、B 两点间距离，还可知道两点之间连线与 X 轴的正方向的夹角，以及该直线与 XY 平面的夹角和两点在 X、Y、Z 轴方向的增量。注意：增量有正负之分。

## 三、查询面积和周长

查询面积命令可以方便地查询指定区域的面积，同时还可以对其进行加、减运算。在查询图形对象面积的同时，还能查询该图形对象的周长。

1. 命令调用

- 输入命令：Measuregeom
- 下拉菜单：工具→查询→面积
- 工具栏："查询"工具栏中按钮

2. 操作方法

例如查询图 4-9 中的窗的面积。执行 Measuregeom 命令后，命令行提示：

输入选项［距离(D)/半径(R)/角度(A)/面积/(AR)体积(V)］<距离>：area

指定第一个角点或［对象(O)/增加面积(A)/减少面积(S)/退出(X)］<对象(O)>：

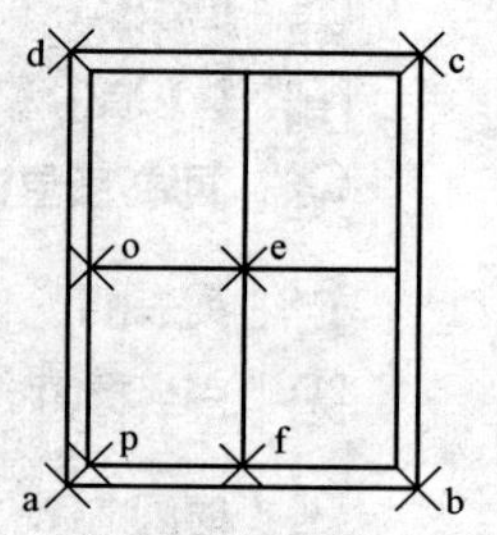


图 4-9 查询面积

（1）指定第一个角点：提示用户输入若干个点，AutoCAD 将计算出由这些点组成的封闭多边形的面积和周长。指定一点后，命令行连续提示：

指定下一个角点或［圆弧（A）长度（L）放弃（U）］

在此提示下依次捕捉矩形窗的 a、b、c、d 四个顶点后按回车键，则在命令行中显示如下查询结果：

区域＝164，周长＝52

（2）对象（O）：计算由指定对象所围成区域的面积和周长。执行该选项后，AutoCAD 会提示选择对象，在此提示下选取矩形窗，则在命令行中显示如下查询结果：

面积＝164，周长＝52

本选项只能对由圆（Circle）、椭圆（Ellipse）、二维多段线（Pline）、矩形（Rectang）、多边形（Polygon）、样条曲线（Spline）和面域（Region）等命令所围成的封闭区域计算面积和周长。若所选择的区域不封闭，命令行会有如下提示：

选定的对象没有面积

（3）增加面积（A）：对面积进行加法计算，可不断地将新选择的图形面积加入到总面积中去。选则该项后，命令行给出如下提示：

指定第一个角点或［对象（O）/减少面积（S）/退出（X）］：

在此提示下以“对象”模式查询 abcd 矩形面积后，命令行连续提示

（“加”模式）选择对象
区域＝164，周长＝52
总面积＝164

同时命令行中继续提示：

指定第一个角点或［对象(O)/减少面积(S)/退出(X)］：

在此提示下依次捕捉 a、o、e、f 四点后回车，则在命令行中显示如下查询结果

区域＝32，周长＝23
总面积＝197

面积 32 是矩形 poef 的面积，总面积 197 是矩形 abcd 加上矩形 poef 的面积。若有其他新添加面积可继续操作。

（4）减少面积（S）：对面积进行减法运算，即把所选实体的面积从总面积中减去。操作方法与“增加面积（A）”基本相同，在此不再赘述。

对于有宽度的多段线，AutoCAD 按其中心线计算面积和周长。

**四、查询对象信息**

使用 List 命令用户可以查询数据库中图形对象的信息。

1. 命令调用

- 输入命令：List
- 下拉菜单：工具→查询→列表显示
- 工具栏：“查询”工具栏中按钮

2. 操作方法

执行该命令后，命令行提示：

选择对象：(选取一个矩形后回车)
选择对象：

此时，AutoCAD 会自动切换到文本窗口，显示所选对象的有关信息，如图 4-10 所示。

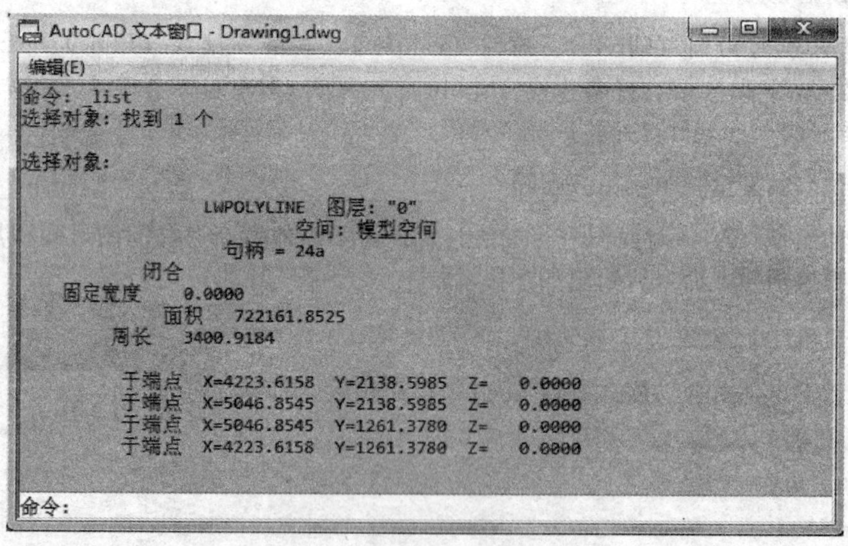


图 4-10　查询的信息

3. 说明

显示的信息包括对象的类别、图层名、颜色、在当前坐标系中的位置及对象的面积、周长等，且对象的信息随对象类型的不同而不同，但均会列出对象类型、相对于当前用户坐标系的 XYZ 位置、图层、当前所处的空间（模型空间或图纸空间）。

**五、查询点的坐标**

1. 命令调用

- 输入命令：Id
- 下拉菜单：工具→查询→点坐标
- 工具栏："查询"工具栏中的按钮

2. 操作方法

执行该命令后，命令行会提示指定点，此时在屏幕上拾取所需要的点后，在命令行中即显示如下查询结果：

_ id 指定点：　X=1127.1416　　Y=602.3549　　Z=0.0000

**六、查询系统状态**

查询系统是指查询与绘图环境以及系统状态有关的信息。

1. 命令调用

- 输入命令：Status
- 下拉菜单：工具→查询→状态

2. 操作方法

若查询某图形文件的状态信息，先将图形文件打开，然后执行“Status”命令，则 AutoCAD 自动切换到文本窗口，并显示当前图形文件的状态信息，如图 4-11 所示。

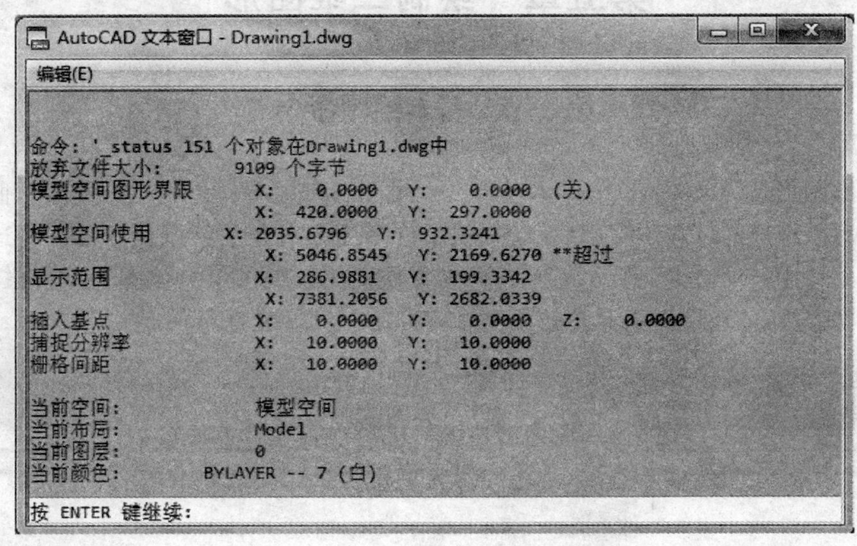


图 4-11　查询图形文件的状态信息

“Status”命令可查询图形文件的以下的信息：图形文件中实体对象的数目，图形界限的左下角和右上角的坐标值，图形文件的插入基点坐标，捕捉分辨率，栅格间距，当前空间是图纸空间还是模型空间，当前图层名称，当前颜色，当前线型，当前线宽，当前高度，当前厚度，用填充、栅格、正交、快速文字、捕捉、数字化仪等开关设置的当前状态，当前目标捕捉的状态，当前所剩余的磁盘空间，当前视图的显示范围，当前所剩余的物理内存，当前剩余的文件交换空间。

# 第五章　绘制二维图形

## 第一节　基本绘图命令

绘制二维图形是 AutoCAD 的基本功能。二维图形可以看作是由点、直线、曲线、文字等各种图形对象组成的。AutoCAD 系统提供了许多图形对象的绘制命令，并将这些命令放在“绘图”菜单中，如图 5-1 所示。同时，为方便使用，提供了“绘图”工具栏，如图 5-2 所示，默认状态下，“绘图”工具栏位于整个界面的左侧，竖直布置。

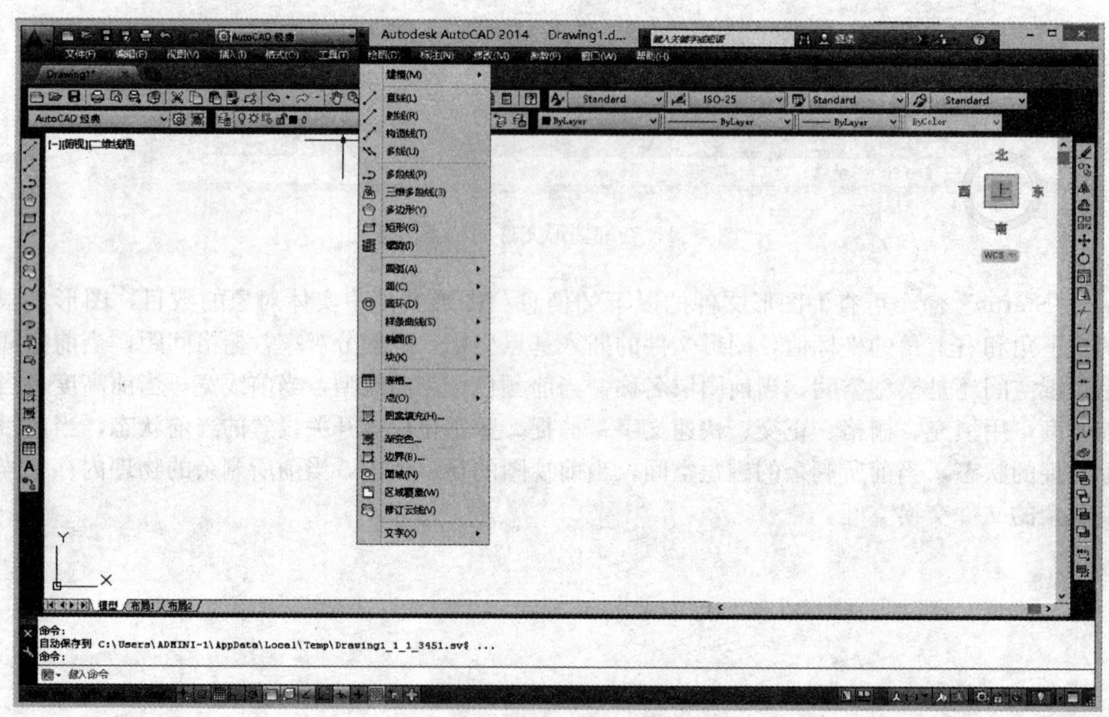


图 5-1　“绘图”下拉菜单

图 5-2　“绘图”工具栏

### 一、点

1. 点样式的设置

绘制点时，可以通过设置“点样式”设定点的显示形式。

（1）命令调用。

● 输入命令：Ddptype

● 下拉菜单：格式→点样式

执行上述任意一种操作后，系统弹出“点样式”对话框，如图 5-3 所示。

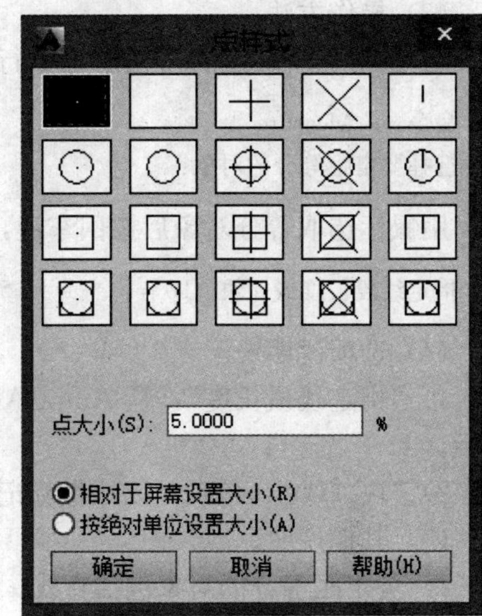

图 5-3 “点样式”对话框

(2) 说明。该对话框列出了多种点的显示样式，其中默认状态下的显示为“·”，在绘图过程中，用户可以根据需要设置不同的点样式。确定点的大小时有两个选项：一个是“相对于屏幕设置大小”，即点的大小随显示窗口的变化而变化；另一个是“按绝对单位设置大小”，即按实际绘图单位显示点大小，用户根据需要任选一种后，在点大小文本框中直接输入数值，设置完成后，单击“确定”按钮，关闭“点样式”对话框。

2. 绘制点对象

设置好点样式以后，就可以绘制点了。绘制点的操作有绘制单点和绘制多点两种方式。

(1) 绘制单点。

1) 命令调用。

● 输入命令：Point

● 下拉菜单：绘图→点→单点

2) 操作方法。

启动该命令后，命令行提示：

命令：_Point
当前点模式：PDMODE=0　PDSIZE=0.0000
指定点：

在此提示下，可以使用键盘输入点坐标值，或者用鼠标在屏幕上直接点取来指定点的位置。其中，PDMODE 和 PDSIZE 分别是控制点样式和点大小的系统变量。

(2) 绘制多点。单点命令执行一次只能绘制一个点。当需要绘制多个点时，可使用绘制多点的方法一次连续绘制。

1) 命令调用。

● 下拉菜单：绘图→点→多点

● 工具栏：“绘图”工具栏中的 [·] 按钮

2) 操作方法。启动绘制多点命令后，系统的提示与绘制单点相同，只是指定一个点后系统继续提示用户指定点的位置，直至退出绘制多点命令。

3. 定距等分

(1) 功能。可以将选定的对象按给定的距离等分，并在等分点处以点对象或者块做标记，这些点对象作为辅助绘图的参考点。

(2) 命令调用。

● 输入命令：Measure

● 下拉菜单：绘图→点→定距等分

（3）操作方法。

启动“Measure”命令后，命令行提示：

命令：_ Measure
选择要定距等分的对象：

用鼠标选取等分对象后按回车键，命令行继续提示：

指定线段长度或［块（B）］：

（4）选项说明。

1）“指定线段长度”：是 AutoCAD 的默认选项，通过输入数值或用鼠标定点确定等分间距。

2）“块（B）”：该项是以块做标记定距等分对象。

（5）其他说明。

1）可定距等分的对象包括直线、圆、圆弧、椭圆、椭圆弧、多段线和样条曲线等。

2）定距等分命令一次只能选择一个对象。

3）等分时从距离选择对象时所拾取的点较近的端点开始等分。

**【例 5-1】** 将长为 900 的直线按长度 200 定距等分。

操作如下：

命令：_ Measure
选择要定距等分的对象：（靠近直线左端选取直线）
指定线段长度或［块（B）］：（输入数值 200 回车）

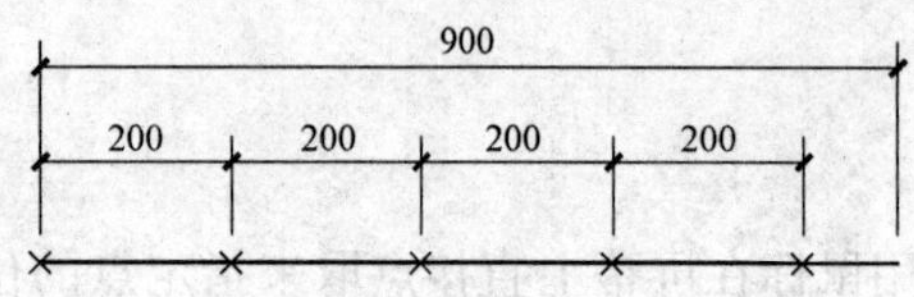


图 5-4 定距等分对象

从距离选取直线时的选择点最近的端点开始，每隔间距 200 放置一个点，共放置 4 个点，最后一段小于 200，结果如图 5-4 所示。

4. 定数等分

（1）功能。可以将选定的对象按给定的数目等分，并在等分点处以点对象或者块做标记，这些点对象作为辅助绘图的参考点。

（2）命令调用。

● 输入命令：Divide

● 下拉菜单：绘图→点→定数等分

（3）操作方法。

启动 Divide 命令后，命令行提示：

命令：_ Divide
选择要定数等分的对象：

用鼠标选取等分对象后回车，命令行继续提示：

输入线段数目或［块（B）］：

（4）选项说明。

1）“输入线段数目”：是 AutoCAD 的默认选项，通过输入数值确定对象等分的数目。

2）“块（B）”：选择该项，则以块做标记定数等分对象。

（5）其他说明。

1）可定数等分的对象包括直线、圆、圆弧、椭圆、椭圆弧、多段线和样条曲线等。

2）定数等分命令一次只能选择一个对象。

**【例 5-2】** 将图 5-5 中的直线 5 等分。

操作如下：

命令：_ divide
选择要定数等分的对象：（选取直线）
输入线段数目或［块（B）］：（输入数值 5 回车）

结果如图 5-5 所示。

图 5-5　定数等分直线

## 二、直线

AutoCAD 所说的直线，实际上是数学概念中的“线段”，只要指定了起点和终点，就可以绘制出一条直线。

1. 命令调用

- 输入命令：Line
- 下拉菜单：绘图→直线
- 工具栏：“绘图”工具栏中的按钮 

2. 操作方法

启动 Line 命令，命令行提示：

命令：_ Line 指定第一点：（用鼠标拾取一点或输入点坐标）
指定下一点或［放弃（U）］：（再次用鼠标拾取一点或输入点坐标）
指定下一点或［放弃（U）］：

在该提示下继续输入一点，则前一点作为直线的起点，该点作为直线的终点绘制直线。在一次操作中输入 3 个点后，系统提示：

指定下一点或［闭合（C）/放弃（U）］：

3. 选项说明

（1）“指定下一点”：在提示下可以继续输入点来绘制直线，此时按回车键则终止命令操作。

（2）闭合（C）：选择该项，AutoCAD 将用户输入的最后一点和第一点连成一条直线，形成封闭的多边形，并退出画线命令。

（3）放弃（U）：选择该项，则删去上一次绘制的直线。重复选择“放弃”选项，则自后向前删除所绘制的直线。

4. 其他说明

（1）用直线命令绘制的连续直线，每一条直线都是一个独立的图形对象。

（2）画线时可以在确定第一点后，移动鼠标指定直线方向，然后用键盘输入长度也可绘制新的一段直线。

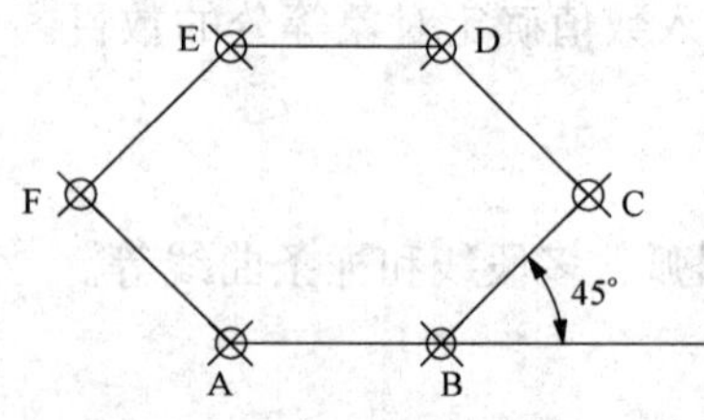


图 5-6 用 Line 命令绘制六边形

**【例 5-3】** 绘制如图 5-6 所示边长 20 的六边形。

操作如下：

命令：_ Line 指定第一点：(在绘图区指定一点 A)
指定下一点或［放弃（U）］：＜正交 开＞（打开正交模式，直接输入 20）
指定下一点或［放弃（U）］：@20＜45
指定下一点或［闭合（C）/放弃（U）］：@20＜135
指定下一点或［闭合（C）/放弃（U）］：＜正交 开＞（打开正交模式，直接输入 20）
指定下一点或［闭合（C）/放弃（U）］：@20＜225
指定下一点或［闭合（C）/放弃（U）］：C
命令：

## 三、构造线

AutoCAD 所说的构造线，实际上是数学概念中的两端无限延伸的“直线”，在绘图时它一般用作辅助线，并可对其进行常规的编辑和修改。

1. 命令调用

- 输入命令：Xline
- 下拉菜单：绘图→构造线
- 工具栏：“绘图”工具栏中按钮

2. 操作方法

启动 Xline 命令后，命令行提示：

命令：_ Xline
指定点或[水平(H)/垂直(V)/角度(A)/二等分(B)/偏移(O)]：

3. 选项说明

（1）指定点：在上述提示下指定一点后，命令行提示：

指定通过点：

再指定第二个点，这样通过指定两点绘制出一条构造线。命令行继续提示：

指定通过点：

继续指定点，绘制出相交于第一个指定点的一系列构造线，直至按回车键结束命令。

（2）水平（H）：绘制平行于 X 轴的构造线。输入字母 H，命令行提示：

指定通过点：

指定一点后，就绘出了一条通过该点的水平构造线。继续指定点的位置，则可以绘出多条水平构造线。

（3）垂直（V）：绘制垂直 X 轴的构造线。输入字母 V，命令行提示：

指定通过点：

指定一点后，就绘出了一条通过该点的垂直构造线。同理，如果继续指定点的位置，可以绘出多条垂直构造线。

(4) 角度 (A)：绘制带角度的构造线。输入字母 A，命令行提示：

输入构造线的角度 (0) 或 [参照 (R)]：

输入一个角度值，再指定通过点，绘出与 X 轴成指定角度的构造线。

若输入字母 R，系统提示选择直线对象和输入构造线的角度，然后指定通过点，绘制出与某直线成指定角度的构造线。

(5) 二等分 (B)：绘制平分某角的构造线。输入字母 B，命令行提示：

指定角的顶点：
指定角的起点：(拾取构成角一条直线上的任意一点作为角的起点)
指定角的端点：(拾取构成角另一条直线上的任意一点作为角的端点)

通过指定顶点、起点和端点，绘出角的平分线。

(6) 偏移 (O)：绘制平行某指定直线的构造线。输入字母 O，命令行提示：

指定偏移距离或 [通过 (T)] <通过>：

输入偏移值后，命令行提示：

选择直线对象：
指定向哪侧偏移：

选择某直线和构造线相对于该直线的偏移方向后，即可绘制平行于该直线的构造线。

若输入字母 T，则指定点进行偏移。命令行提示：

选择直线对象：
指定通过点：

选择某直线和指定一点后，即可绘制通过该点并平行该直线的构造线。

**四、射线**

射线是指有一个起点而另一端无限延伸的直线，绘图时也常作为辅助线。射线和构造线应用完毕后，可删除或将其设在单独图层上，冻结或关闭该图层。

1. 命令调用

● 输入命令：Ray

● 绘图→射线

2. 操作方法

启动 Ray 命令后，命令行提示：

命令：_Ray
指定起点：(拾取一点作为射线的起点)
指定通过点：

指定通过点来确定射线的方向，命令行继续提示：

指定通过点：

在该提示下，可绘制出多条起点相同、方向不同的射线，直至按回车键结束命令。

## 五、绘制正多边形

在 AutoCAD 中，可以利用该命令绘制 3～1024 边的正多边形。

1. 命令调用

- 输入命令：Polygon
- 下拉菜单：绘图→正多边形
- 工具栏："绘图"工具栏中的按钮

2. 操作方法

启动 Polygon 命令后，命令行提示如下：

命令：_Polygon 输入侧面数＜4＞：(输入正多边形的边数)
指定正多边形的中心点或［边（E）］：

3. 选项说明

(1)"指定正多边形的中心点"：AutoCAD 是以假想圆作为画正多边形的依据，中心点即为假想圆的圆心。指定中心点后命令行继续提示：

输入选项［内接于圆（I）/外切于圆（C）］〈I〉：

- 内接于圆（I）：是指正多边形内接于假想圆。中心点到多边形的顶点即为圆的半径。该项为默认选项。
- 外切于圆（C）：是指正多边形外切于假想圆。中心点到边的距离即为圆的半径。

输入 C 或 I 后，命令行提示如下：

指定圆的半径：

在此提示下，可以用键盘或鼠标指定圆的半径。如果使用键盘输入半径值，则正多边形至少有一条边水平放置。而如果通过移动鼠标指定半径，则画出的正多边形可旋转一定的角度放置。

(2) 边（E）：该项是根据多边形的边长绘图。输入字母 E，命令行提示如下：

指定边的第一个端点：
指定边的第二个端点：

分别指定某一边的两个端点，画出一个正多边形。

**【例 5-4】** 绘制一个边长为 20 的正六边形。

命令：_Polygon 输入侧面数＜4＞：6
指定正多边形的中心点或［边（E）］：E↙
指定边的第一个端点：(拾取点 A)
指定边的第二个端点：@20＜0↙（拾取点 B)

结果如图 5-7 所示。

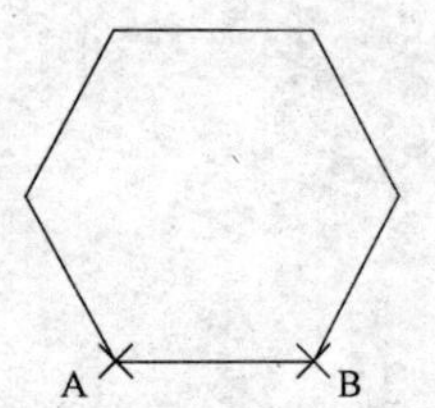

图 5-7 绘制正六边形

## 六、绘制矩形

矩形是一种常用的图形，画直线命令虽然可以完成矩形绘制，但 AutoCAD 提供的画矩形命令更快速方便。

1. 命令调用

- 输入命令：Rectang
- 下拉菜单：绘图→矩形
- 工具栏："绘图"工具栏中的按钮

2. 操作方法

启动 Rectang 命令后，命令行提示：

命令：_ Rectang
指定第一个角点或［倒角(C)/标高(E)/圆角(F)/厚度(T)/宽度(W)］：

3. 选项说明

（1）指定第一个角点：在此提示下在屏幕上确定一个点后，命令行继续提示：

指定另一个角点或［面积(A)/尺寸(D)/旋转(R)］：

此时选择"指定另一个角点"是通过输入矩形的两个对角点绘制矩形；选择"面积"，通过指定矩形的面积和长（宽）度绘制矩形；选择"尺寸"，通过指定矩形的长度和宽度来绘制矩形；选择"旋转"，将矩形旋转一个角度倾斜放置。

（2）倒角：设置倒角距离，用直线将矩形的角点切掉，形成倒直角的矩形。其中，第一倒角距离是水平方向上的倒角尺寸，第二倒角距离是竖直方向上的倒角尺寸。如果输入的两个倒角长度之一为 0，则绘制普通矩形。

（3）圆角：设置圆角半径，用一段圆弧替换矩形的角点，绘制成带圆角的矩形。

矩形最短边的长度必须大于 2 倍圆角半径或倒角长度，否则不能圆角或倒角。当圆角半径为 0 时，绘制的结果是普通矩形。

（4）宽度：设置矩形线条的宽度，绘制成宽线段的矩形。

（5）标高：该设置可以在平行于 XY 坐标平面的任意平面上绘制矩形。一般用于绘制三维图形。

（6）厚度：厚度是矩形在 Z 轴方向的高度。一般也用于绘制三维图形。

**【例 5-5】** 绘制长 30 宽 15 的矩形。

操作如下：

命令：_ Rectang
指定第一个角点或［倒角(C)/标高(E)/圆角(F)/厚度(T)/宽度(W)］：(拾取 A 点)
指定另一个角点或［面积(A)/尺寸(D)/旋转(R)］：@30，15

以这两个点作为矩形的对角点，绘出了如图 5-8 所示的矩形。

上述矩形的绘制是通过给定两个对角点完成的。若选取"尺寸（D）"，则命令行提示：

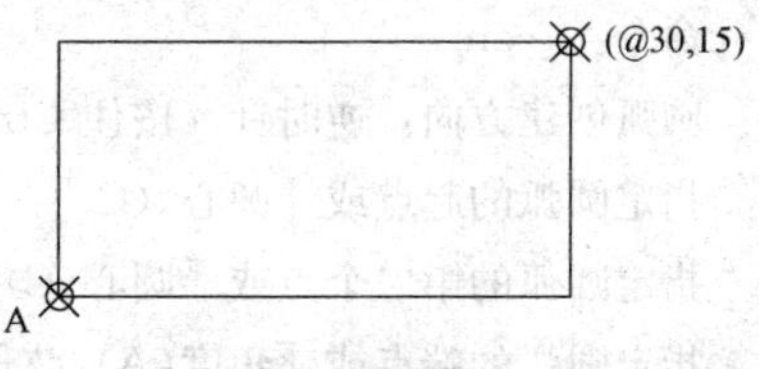


图 5-8　绘制矩形图

指定矩形的长度〈当前值〉：30↙
指定矩形的宽度〈当前值〉：15↙

则也完成了长 30 宽 15 的矩形。

**【例 5-6】** 绘制一个长 30，宽 20 的圆角矩形，圆角半径为 3。

操作如下：

命令：_ Rectang
指定第一个角点或[倒角(C)/标高(E)/圆角(F)/厚度(T)/宽度(W)]：F↙
指定矩形的圆角半径〈0.0000〉3↙
指定第一个角点或[倒角(C)/标高(E)/圆角(F)/厚度(T)/宽度(W)]：(拾取一点)↙
指定另一个角点或 [面积(A)/尺寸(D)/旋转(R)]：@30，20↙

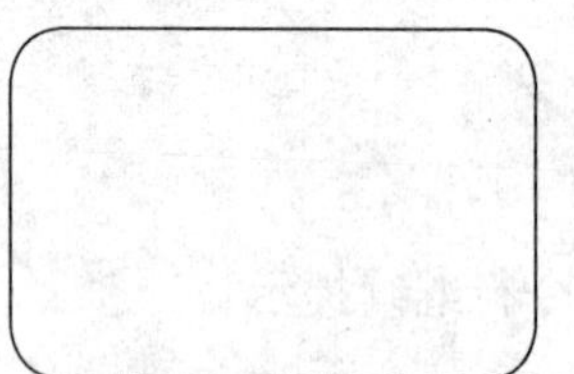

图 5-9 绘制圆角矩形

完成的圆角矩形如图 5-9 所示。

## 七、绘制圆弧

绘制圆弧时可通过指定圆弧的圆心、半径、弦长、圆弧角度、圆弧方向等参数的方法绘制。

1. 命令调用

- 输入命令：Arc
- 下拉菜单：绘图→圆弧→圆弧各选项
- 工具栏："绘图" 工具栏中圆弧按钮

从下拉菜单调用，弹出绘制圆弧的子菜单，如图 5-10 所示。

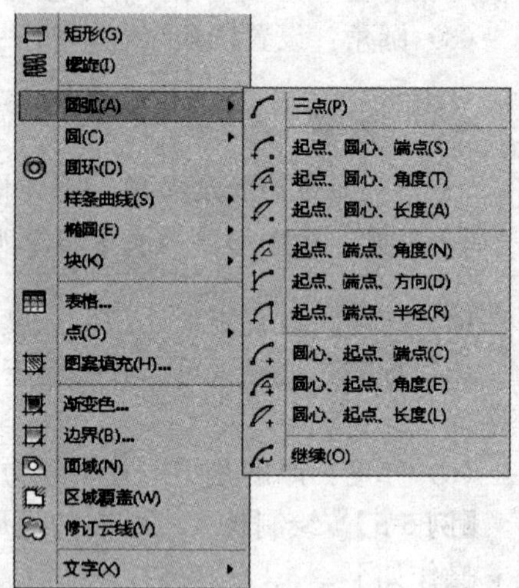


图 5-10 圆弧子菜单

2. 操作方法

AutoCAD 2014 提供了 11 种画弧方法，下面分别介绍其操作方法。

(1) 三点：指定圆弧上的三个点绘制圆弧，如图 5-11 (a) 所示。具体操作如下：

命令：_ Arc
圆弧创建方向：逆时针（按住 Ctrl 键可切换方向）。
指定圆弧的起点或 [圆心 (C)]：(拾取点 1)
指定圆弧的第二点或 [圆心 (C)/端点 (E)]：(拾取点 2)
指定圆弧的端点：(拾取点 3)

(2) 起点、圆心、端点。依次指定圆弧的起点、圆心和终点绘制圆弧，如图 5-11 (b) 所示。操作步骤如下：

命令：_ arc
圆弧创建方向：逆时针（按住 Ctrl 键可切换方向）。
指定圆弧的起点或 [圆心 (C)]：(拾取圆弧起点)
指定圆弧的第二个点或 [圆心(C)/端点(E)]：_ c 指定圆弧的圆心：(拾取圆弧圆心)
指定圆弧的端点或 [角度(A)/弦长(L)]：(拾取圆弧端点)

(3) 起点、圆心、角度。依次指定圆弧的起点、圆心和圆心角绘制圆弧，如图 5-11 (c)

所示。具体操作如下：

命令：_ Arc
圆弧创建方向：逆时针（按住 Ctrl 键可切换方向）。
指定圆弧的起点或 [圆心（C）]：(指定圆弧起点)
指定圆弧的第二个点或 [圆心（C）/端点（E）]：_ c 指定圆弧的圆心：(指定圆心点)
指定圆弧的端点或 [角度（A）/弦长（L）]：_ a 指定包含角：(输入圆心角)

（4）起点、圆心、长度。依次指定圆弧的起点、圆心和弦长绘制圆弧，如图 5-11（d）所示，具体操作如下：

命令：_ Arc
圆弧创建方向：逆时针（按住 Ctrl 键可切换方向）。
指定圆弧的起点或 [圆心（C）]：(指定圆弧的起点)
指定圆弧的第二个点或 [圆心（C）/端点（E）]：_ c 指定圆弧的圆心：(指定圆心点)
指定圆弧的端点或 [角度（A）/弦长（L）]：_ l 指定弦长：(输入弦长)

弦长值不得超过起点到圆心距离的两倍。

（5）起点、端点、角度。依次指定圆弧的起点、终点和圆心角绘制圆弧，如图 5-11（e）所示。具体操作如下：

命令：_ arc
圆弧创建方向：逆时针（按住 Ctrl 键可切换方向）。
指定圆弧的起点或 [圆心（C）]：(指定圆弧起点)
指定圆弧的第二个点或 [圆心（C）/端点（E）]：_ e
指定圆弧的端点：(指定圆弧的终点)
指定圆弧的圆心或 [角度（A）/方向（D）/半径（R）]：_ a 指定包含角：(输入圆心角角度值)

（6）起点、端点、方向。依次指定圆弧的起点、终点和圆弧起点处的切线方向绘制圆弧，如图 5-11（f）所示。具体操作如下：

命令：_ Arc
圆弧创建方向：逆时针（按住 Ctrl 键可切换方向）。
指定圆弧的起点或 [圆心（C）]：(指定圆弧起点)
指定圆弧的第二个点或 [圆心（C）/端点（E）]：_ e
指定圆弧的端点：(指定圆弧的终点)
指定圆弧的圆心或 [角度（A）/方向（D）/半径（R）]：_ d 指定圆弧的起点切向：(输入圆弧起点处的切线的角度值或用鼠标指定方向)

（7）起点、端点、半径。依次指定圆弧的起点、终点和半径绘制圆弧。具体操作如下：

命令：_ Arc
圆弧创建方向：逆时针（按住 Ctrl 键可切换方向）。
指定圆弧的起点或 [圆心（C）]：(指定圆弧起点)

指定圆弧的第二个点或［圆心（C）/端点（E）］：_ e
指定圆弧的端点：(指定圆弧终点)
指定圆弧的圆心或［角度（A）/方向（D）/半径（R）］：_ r 指定圆弧的半径：(输入半径值)

（8）圆心、起点、端点。依次指定圆弧的圆心、起点和终点绘制圆弧，与“起点、圆心、端点”方法相比较，指定点相同，但指定的顺序不同。

（9）圆心、起点、角度。依次指定圆弧的圆心、起点和圆心角绘制圆弧。与“起点、圆心、角度”相比较，指定内容相同，但指定的顺序不同。

（10）圆心、起点、长度。依次指定圆弧的圆心、起点和弦长绘制圆弧，与“起点、圆心、长度”相比较，指定内容相同，但指定的顺序不同。

（11）连续。以上最后一次绘制的圆弧终点为起点，且以圆弧终点处的切线方向作为新圆弧在起点处的切线方向，继续绘制圆弧，如图 5-11（g）所示。具体操作如下：

命令：_ Arc
圆弧创建方向：逆时针（按住 Ctrl 键可切换方向）。
指定圆弧的起点或［圆心（C）］：
指定圆弧的端点：(指定圆弧终点)

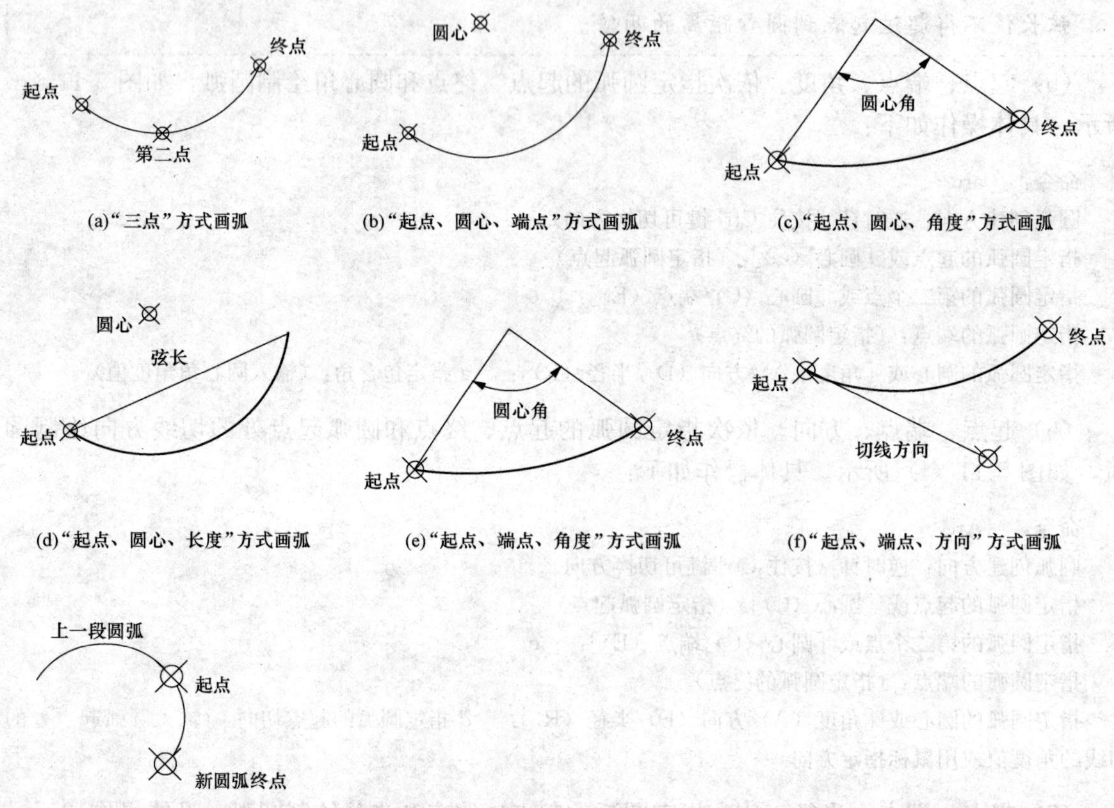


图 5-11 绘制圆弧

3. 说明

（1）画弧时 AutoCAD 默认沿逆时针方向绘制。

（2）圆弧的角度有正负之分。角度为正，沿逆时针方向画弧；角度为负，沿顺时针方向画弧。

（3）圆弧的弦长和半径也有正负之分。若为正值，绘制圆心角小于 180°的圆弧（小圆弧）；若为负值，绘制圆心角大于 180°的圆弧（大圆弧）。

**【例 5-7】** 绘制图 5-12 所示的图形。

命令：_ Arc
圆弧创建方向：逆时针（按住 Ctrl 键可切换方向）。
指定圆弧的起点或［圆心（C）］：（指定圆弧起点 A）
指定圆弧的第二个点或［圆心（C）/端点（E）］：e↙
指定圆弧的端点：（指定端点 B）
指定圆弧的圆心或［角度（A）/方向（D）/半径（R）］：a↙
指定包含角：90↙

完全的图形如图 5-12（a）所示。若包含角给“－90”，则完成的图见图 5-12（b）。

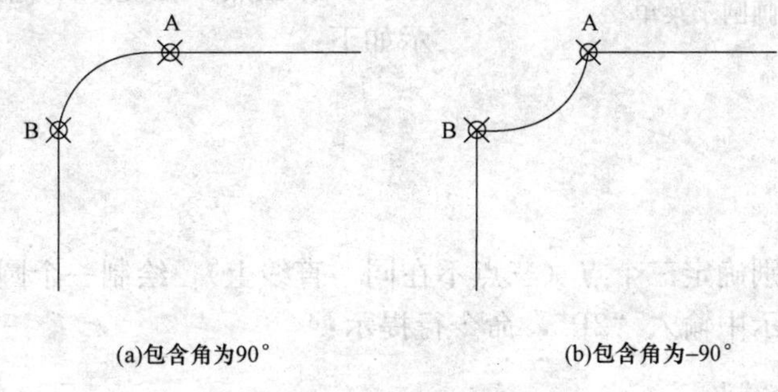


图 5-12　绘制圆弧实例

## 八、绘制圆

AutoCAD 提供了 6 种绘制圆的方法。在实际应用中，可根据具体情况选择不同的方法。

1. 命令调用

- 输入命令：Circle
- 下拉菜单：绘图→圆→画圆选项（见图 5-13）
- 工具栏：“绘图”工具栏中画圆按钮

2. 操作方法

启动 Circle 命令后，命令行提示如下：

命令：Circle
指定圆的圆心或［三点（3P）/两点（2P）/相切、相切、半径（T）］：

3. 选项说明

（1）圆心、半径。通过指定圆心和半径画圆。这是系统默认的绘制圆的方法。在提示中用鼠标在绘图区域单击指定一点或者用键盘输入圆心点，命令行提示：

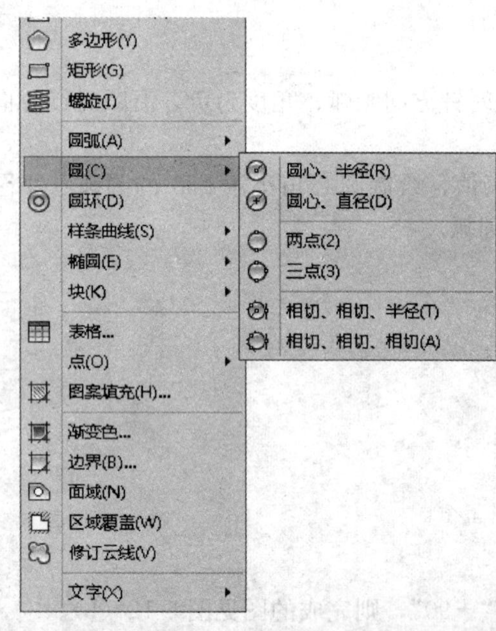


图 5-13 画圆子菜单

指定圆的半径或［直径（D)］：

输入圆的半径值，或者在绘图区域确定一点，此点与圆心的距离作为圆的半径，即绘制一个圆。

（2）圆心、直径。根据圆心和直径画圆。在“指定圆的圆心”提示下用鼠标单击指定一点或者用键盘输入圆心点后，命令行提示：

指定圆的半径或［直径（D)］：

在提示中输入“D”，命令行提示：

指定圆的直径〈当前值〉：

输入圆的直径值，或者在绘图区域内确定一点，此点与圆心的距离作为圆的直径，则绘制一个圆。

（3）三点。在提示中输入“3P”，命令行提示如下：

指定圆上的第一点：
指定圆上的第二点：
指定圆上的第三点：

根据以上提示分别确定三个点（三点不在同一直线上），绘制一个圆。

（4）二点。在提示中输入“2P”，命令行提示：

指定圆直径的第一个端点：
指定圆直径的第二个端点：

根据以上提示分别确定两个端点后，以这两点之间的距离为圆的直径，绘制一个圆。

（5）相切、相切、半径。在提示中输入“T”，命令行提示：

指定对象与圆的第一个切点：
指定对象与圆的第二个切点：
指定圆的半径：

根据提示，在圆、圆弧或直线上单击指定一点，确定与圆相切的两个对象，然后再指定圆的半径。如果指定的参数不符合画圆的条件，则 AutoCAD 会提示“圆不存在”并结束画圆命令。如果有多个圆符合指定的参数，那么 AutoCAD 将绘制出其切点与选定点最近的圆。

（6）相切、相切、相切。该方法只能从下拉菜单中调用，调用后，命令行提示：

命令：_Circle
指定圆的圆心或［三点（3P)/两点（2P)/切点、切点、半径（T)］：_3p 指定圆上的第一个点：_tan 到
指定圆上的第二个点：_tan 到

指定圆上的第三个点：_ tan 到

根据以上提示在圆、圆弧或直线上单击指定三个切点，绘制一个圆。

**【例 5-8】** 已知图 5-14 中△ABC，绘制其内切圆。

从下拉菜单调用“相切、相切、相切”后，命令行提示：

命令：_ Circle

指定圆的圆心或［三点(3P)/两点(2P)/切点、切点、半径（T)］：_ 3p 指定圆上的第一个点：_ tan 到（拾取直线 AB 上的一点）

指定圆上的第二个点：_ tan 到（拾取直线 BC 上的一点）

指定圆上的第三个点：_ tan 到（拾取直线 AC 上的一点）

指定圆上的第三个点：－tan 到（拾取直线 AC 上的一点）

画出的圆如图 5-14 所示。

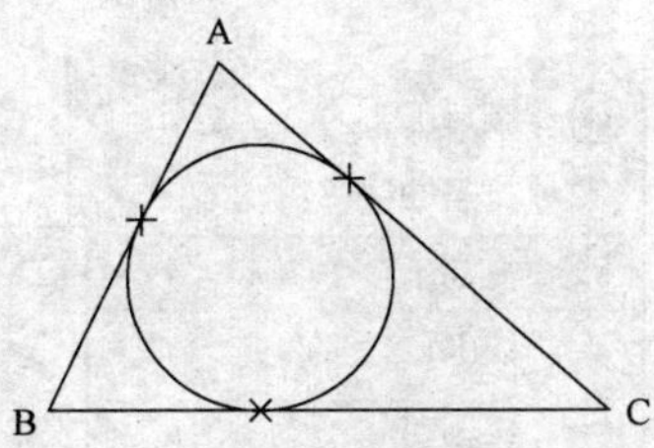

图 5-14　绘制△ABC 内切圆

**九、绘制圆环**

圆环是有一定宽度的圆，它是由内径、外径和圆心（中心点）确定。

1. 命令调用

● 输入命令：Donut

● 下拉菜单：绘图→圆环

2. 操作方法

启动 Donut 命令后，命令行提示：

命令：_ Donut

指定圆环的内径＜当前值＞：(指定圆环内部直径)

指定圆环的外径＜当前值＞：(指定圆环外部直径)

指定圆环的中心点或＜退出＞：(指定圆心位置)

绘出一个圆环。命令行继续提示：

指定圆环的中心点或＜退出＞：

在此提示下，通过指定不同的中心点，可连续绘制多个相同的圆环。按回车键或 Esc 键结束绘制圆环命令。

**【例 5-9】** 绘制一个内径 20，外径 25 的圆环。

命令：_ Donut

指定圆环的内径 ＜0.5000＞：20

指定圆环的外径 ＜1.0000＞：25

指定圆环的中心点或 ＜退出＞：(指定一点，作为圆环的中心点)

绘出的圆环如图 5-15 所示。

3. 说明

（1）如果圆环的内径为 0，则可以绘出一个实心圆。

（2）系统变量 FILLMODE 控制圆环的填充模式，若 FILLMODE＝1，则圆环为实心填充；若 FILLMODE＝0，则圆环为的空心填充，结果如图 5-16 所示。

图 5-15 绘制圆环

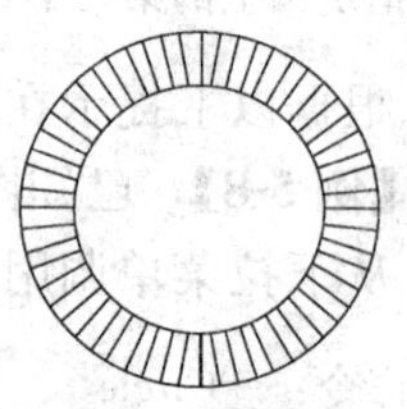



图 5-16 圆环的填充模式

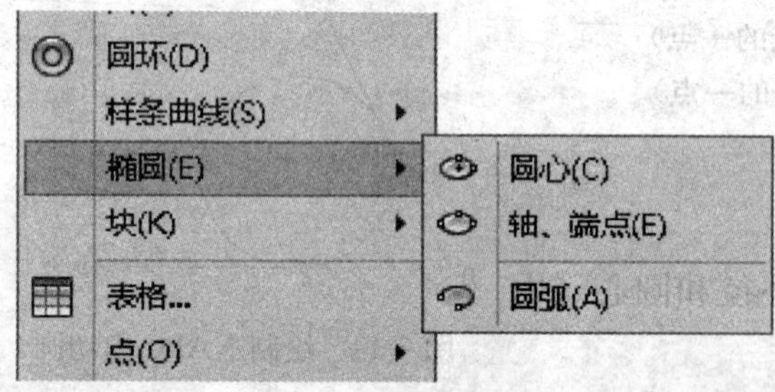



图 5-17 椭圆菜单

## 十、椭圆

椭圆是由两个轴定义的，较长的轴称为长轴，较短的轴称为短轴。AutoCAD 不仅可以利用椭圆命令绘制椭圆，还可以利用椭圆弧命令绘制椭圆弧。

1. 命令调用

● 输入命令：Ellipse

● 下拉菜单：绘图→椭圆→椭圆选项（见图 5-17 ）

● 工具栏："绘图"工具栏椭圆按钮 

2. 操作方法

启动绘制椭圆命令后，命令行提示：

命令：_ Ellipse
指定椭圆的轴端点或［圆弧(A)/中心点(C)]：

3. 选项说明

(1) 指定椭圆的轴端点：该项是根据椭圆的一个轴的两个端点和另一个轴的 1/2 长度绘制椭圆。

拾取一点作为椭圆一个轴的端点。命令行继续提示：

指定轴的另一个端点：(输入该轴的第二个端点)
指定另一条半轴长度或［旋转 (R)]：

输入半轴长度值或者移动鼠标指定椭圆另一条轴的端点，画成一个椭圆。若输入字母 R，命令行提示：

指定绕长轴旋转的角度：

输入一个 0°～89.4°角度，角度越小画出的椭圆越接近圆，反之椭圆越扁。

(2) 中心点 (C)：该项是根据椭圆的长短轴的交点和另一个轴的 1/2 长度绘制椭圆。输入字母 C，则命令行提示：

指定椭圆的中心点：(指定中心点的位置)
指定轴的端点：(指定一个轴的端点)

指定另一条半轴长度或［旋转（R）］：

在此提示下，指定半轴长度或输入旋转角度画成一个椭圆。

（3）圆弧（A）：该项是绘制椭圆弧。可以由“椭圆”菜单和工具栏的按钮直接调用。选择该项后，命令行提示：

指定椭圆弧的轴端点或［中心点（C）］：
指定轴的另一个端点：
指定另一条半轴长度或［旋转（R）］：

根据以上提示绘制一个椭圆后，命令行继续提示：

指定起始角度或［参数（P）］：（输入椭圆弧的起始角度）
指定终止角度或［参数（P）/包含角度（I）］：

输入椭圆弧的终止角度后按回车键，画成一段椭圆弧。“包含角度（I）”选项是根据椭圆弧的起始角度和椭圆弧的中心角绘制椭圆弧。“参数（P）”选项是根据确定椭圆的参数方程中参数绘制椭圆弧。

注意

绘制椭圆弧时，所有角度均从长轴起始点开始按逆时针方向计算。

**【例 5-10】** 绘制长轴 30、短轴 20 的椭圆。

命令：_ Ellipse
指定椭圆的轴端点或［圆弧（A）/中心点（C）］：（拾取 A 点）
指定轴的另一个端点：@30，0
指定另一条半轴长度或［旋转（R）］：10

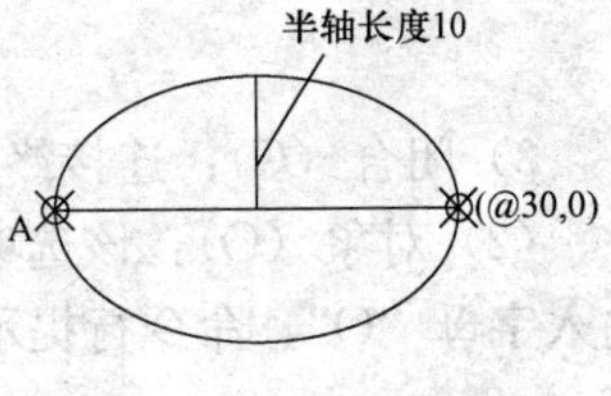

半轴长度10
A
(@30,0)

图 5-18　绘制椭圆

完成的椭圆见图 5-18。

**十一、样条曲线**

样条曲线是通过或接近一系列给定点的光滑曲线，是一种拟合曲线。它适合表达具有不规则变化曲率半径的曲线，例如船体、地形外貌轮廓线等。

1．命令调用

- 输入命令：Spline
- 下拉菜单：绘图→样条曲线
- 工具栏：“绘图”工具栏中按钮

2．操作方法

启动 Spline 命令后，命令行提示：

命令：_ Spline
当前设置：方式＝拟合　节点＝弦
指定第一个点或［方式（M）/节点（K）/对象（O）］：

3．选项说明

（1）指定第一个点：指定样条曲线的起始点，输入一点后命令行提示：

输入下一个点或［起点切向（T）/公差（L）］：

输入下一个点或［端点相切（T）/公差（L）/放弃（U）］：

输入下一个点或［端点相切（T）/公差（L）/放弃（U）/闭合（C）］：

在此提示下可以继续指定样条曲线通过的点，直至结束样条曲线的绘制。

也可以选择其他选项：

1）起点切向（T）：指定起点的切线方向绘制样条曲线。通过移动光标单击或输入角度值指定起始点的切线方向。

2）公差（L）：即拟合公差，样条曲线是一条拟合曲线，拟合公差是指样条曲线与输入点之间允许偏移的最大距离。拟合公差越小，样条曲线越接近输入点。如果公差值等于 0，则样条曲线通过输入点；如果公差值大于 0，则样条曲线在指定的公差范围内通过输入点。样条曲线的拟合公差如图 5-19 所示。

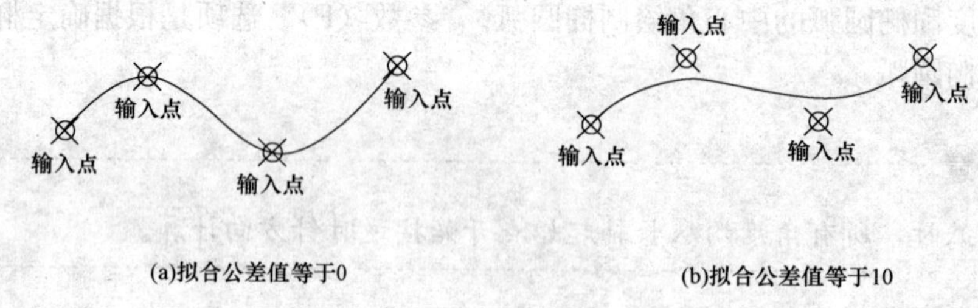


图 5-19　样条曲线的拟合公差

3）闭合（C）：连接终点和起点，绘成一条闭合的样条曲线。

（2）对象（O）：该选项是把样条拟合多段线转换为等价的样条曲线，并删除多段线。输入字母“O”，命令行提示：

指定第一个点或［方式(M)/节点(K)/对象(O)］：O↙

选择样条曲线拟合多段线：(选择要转换的多段线)

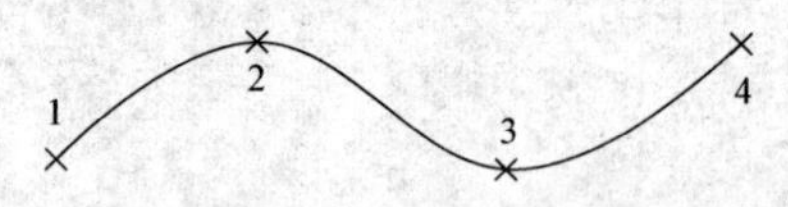


图 5-20　绘制样条曲线

**【例 5-11】** 绘制如图 5-20 所示样条曲线。

命令：_ Spline

当前设置：方式＝拟合　节点＝弦

指定第一个点或［方式(M)/节点(K)/对象(O)］：(拾取点 1)

输入下一个点或［起点切向(T)/公差(L)］：(拾取点 2)

输入下一个点或［端点相切(T)/公差(L)/放弃(U)］：(拾取点 3)

输入下一个点或［端点相切(T)/公差(L)/放弃(U)/闭合(C)］：(拾取点 4)

输入下一个点或［端点相切(T)/公差(L)/放弃(U)/闭合(C)］：↙

## 课后练习

1. 利用 Ellipse、Polygon、Donut 命令绘制如图 5-21 所示图形。
2. 利用 Circle、Polygon、Aic 等命令绘制图 5-22 所示图形。

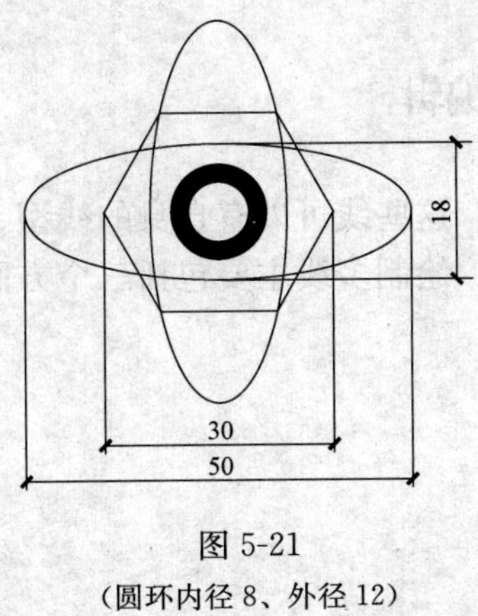


图 5-21
（圆环内径 8、外径 12）

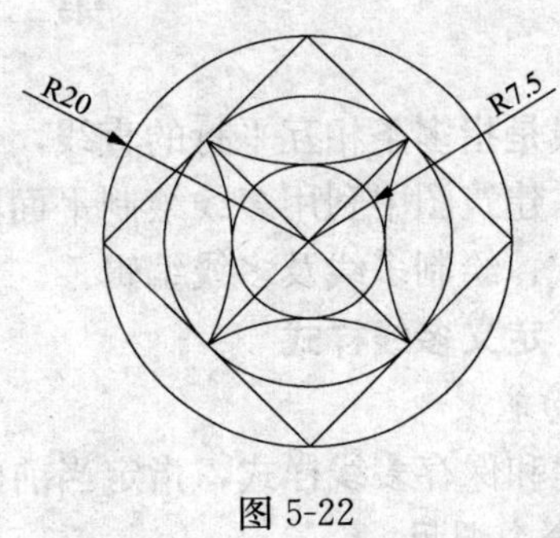


图 5-22

3. 利用 Line、Rectang 命令绘制图 5-23 所示图形。

4. 利用 Line 命令绘制图 5-24 所示图形（注意：门窗起点利用“捕捉自”绘制）。

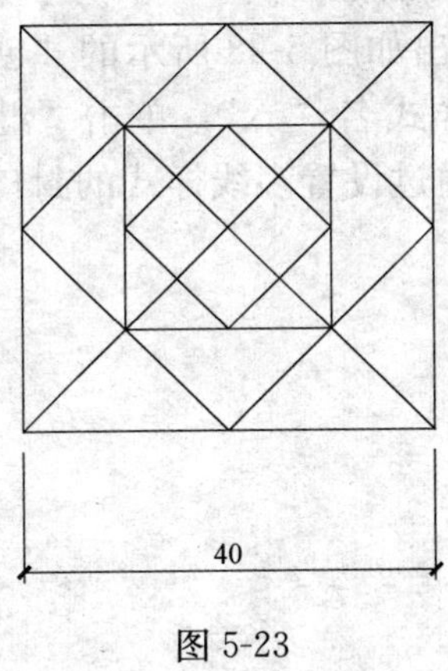


图 5-23

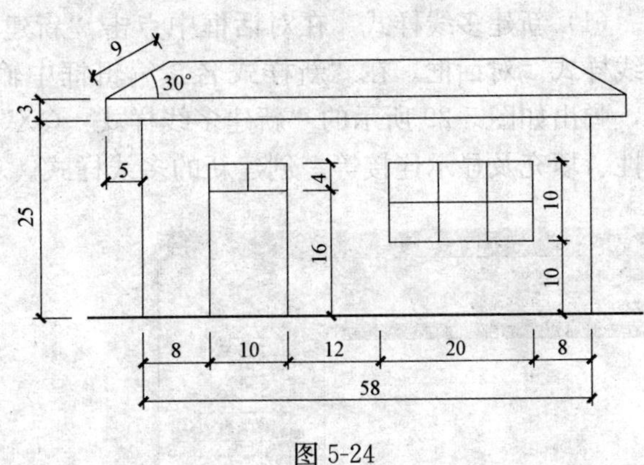


图 5-24

5. 利用 Line、Divided 等命令绘制图 5-25 所示图形。

6. 利用 Line、Spline 等命令完成图 5-26 所示楼梯扶手的绘制。

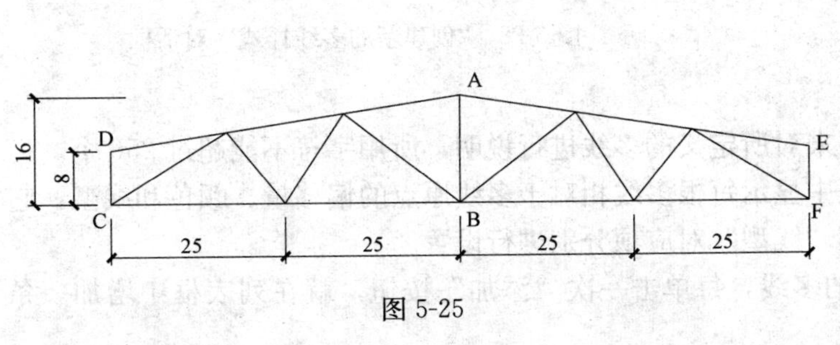


图 5-25

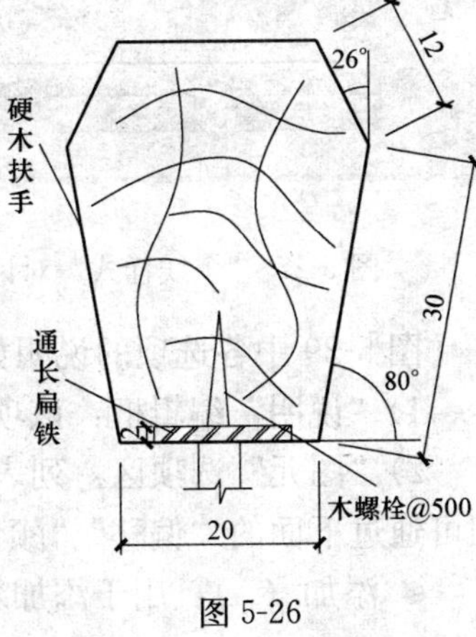


图 5-26

## 第二节　多线与多线编辑

多线是指多条相互平行的直线，可以包含 1～16 条，这些线可以有自身的线型、颜色和位置。在建筑图中利用多线绘制平面图的墙线非常方便。绘制多线主要包括三个方面：定义多线样式、绘制多线及多线编辑。

### 一、定义多线样式

1. 功能

创建和保存多线样式，指定当前的使用样式。

2. 命令调用

- 输入命令：Mlstyle
- 下拉菜单：格式→多线样式

3. 操作及选项说明

激活 Mlstyle 命令后，弹出如图 5-27 所示“多线样式”对话框。

(1) 新建多线样式。在对话框中点击“新建”按钮，弹出如图 5-28 所示的“创建新的多线样式”对话框。在“新样式名”编辑框中输入一个新样式名“qx”，单击“继续”按钮，弹出如图 5-29 所示的“新建多线样式：QX”对话框，通过设置多线样式的封口、图元特性、填充及显示连接等，创建新的多线样式。

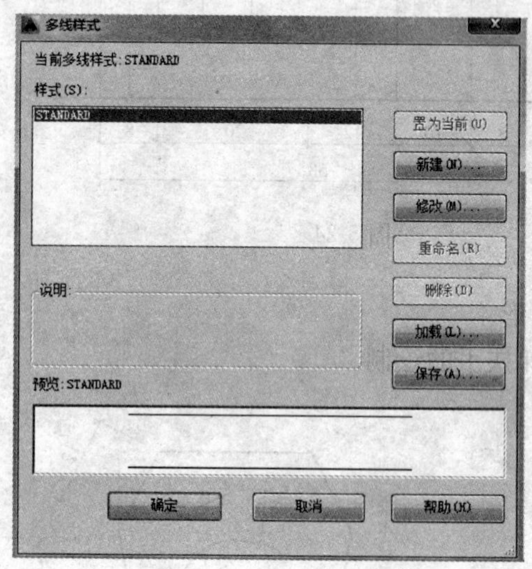


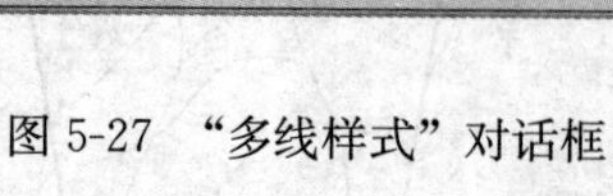

图 5-27 “多线样式”对话框

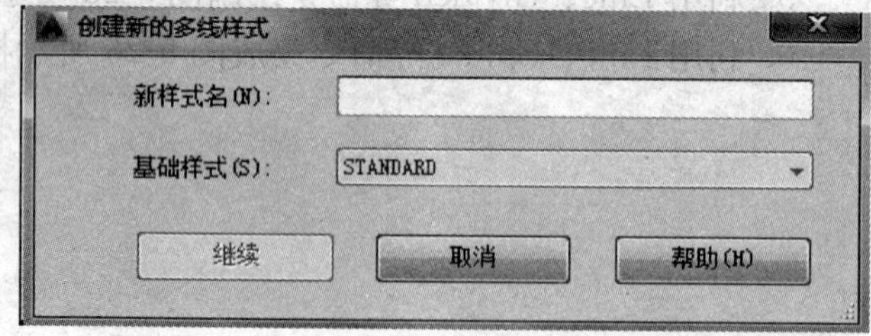


图 5-28 “创建新的多线样式”对话框

图 5-29 中各选项的说明如下：

1）“说明”编辑框：该项用来对所定义的多线进行说明，所用字符不能超过 256 个。

2）“图元”选项区：列表框中显示每根多线相对于多线原点的偏移量、颜色和线型，它们可通过下面的“偏移”“颜色”“线型”对应项分别进行设置。

- 添加（A）：用于添加新的多线，每单击一次“添加”按钮，就在列表框中增加一条多线。

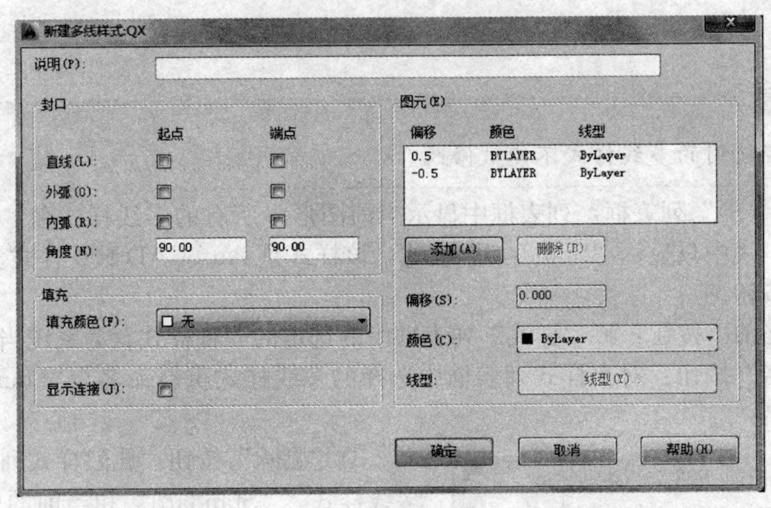


图 5-29 “新建多线样式：QX”对话框

● 偏移（S）：输入当前多线相对于中心的偏移量，将数值直接输入到后面的文本框中，数值可以是正值也可以是负值。如要绘制 370mm 厚墙，轴线距墙内缘 120mm，设轴线的位置相当于多线的中心，则两条多线的偏移量分别选择“250”和“－120”。

● 颜色（C）：打开“颜色”下拉列表框，从中选取当前多线的颜色。

● 线型：单击“线型”按钮，弹出“选择线型”对话框，从中选取当前多线的线型。

● 删除：删除当前选取的多线。

3）“封口”选项区：“直线”“外弧”和“内弧”是用直线或圆弧将多线的起点或端点封上，见图 5-30（a）、（b）、（c）；“角度”用来指定多线起点和终点的倾斜角，其有效范围为 10°～170°，见图 5-30（d）。

4）“填充”项：打开“填充颜色”下拉列表框，从中选取颜色，AutoCAD 会用指定的颜色填充多线，见图 5-30（e）。

5）“显示连接”项：选择该项后，连续绘出的多线在转折处显示交叉线，见图 5-30（f）。

全部设置完成后，单击“确定”按钮，则返回到图 5-27 所示对话框。

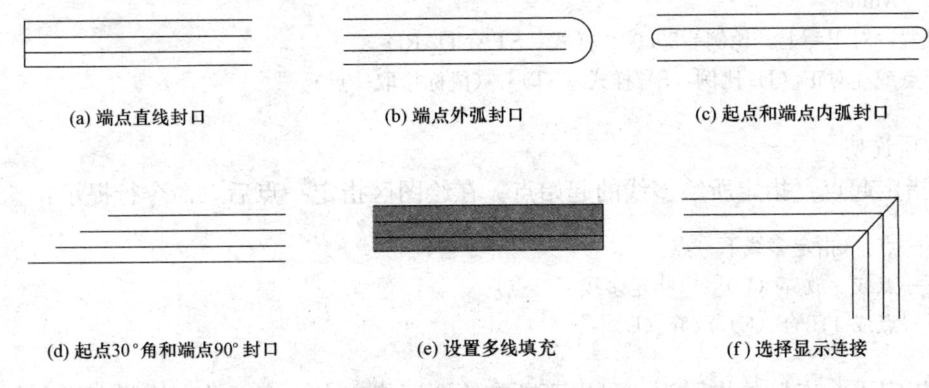


图 5-30 “封口”选项

（2）修改多线样式。对在“样式”列表框中选择的多线样式进行修改。单击“修改”按钮弹出“修改多线样式”对话框，该对话框与“新建多线样式”对话框中的参数完全相同，在此不再赘述。

在图中已经应用的多线样式不能被修改。

(3)“样式(S)”列表框：列表框中显示当前图形中所有的多线样式名，如果没有设置新的多线样式，表中只显示“Standard”样式，该样式是 AutoCAD 默认样式。

(4) 其他按钮。

1)“置为当前”按钮：将“样式”列表框中的选定的一种样式置为系统当前样式。

2)“重命名”按钮：对在样式列表框中选择的多线样式重新命名，“Standard”多线样式不允许重命名。

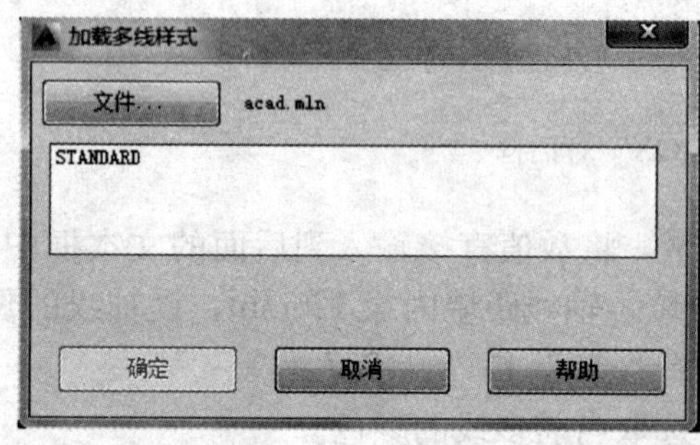


图 5-31 “加载多线样式”对话框

3)“删除”按钮：删除样式列表框中选择的多线样式。“Standard”和当前的多线样式不能被删除。

4) “加载”按钮：从多线库文件（Acad.mln）中加载已定义的多线样式。单击“加载”按钮，弹出“加载多线样式”对话框，见图 5-31。

5)“保存”按钮：将当前的多线样式保存到扩展名为 .mln 的多线库文件中。

## 二、绘制多线

设定多线样式后，就可以按照设定的多线样式绘制多线。

1. 命令调用

- 输入命令：Mline
- 下拉菜单：绘图→多线

2. 操作方法

启动 Mline 命令后，命令行提示如下：

命令：_Mline

当前设置：对正=上，比例=20.00，样式=STANDARD

指定起点或［对正(J)/比例(S)/样式(ST)]：(鼠标拾取一点)

3. 选项说明

(1) 指定起点：指定所绘多线的起始点。在绘图区指定一点后，命令行提示：

指定下一点：(指定多线下一点)

指定下一点或［放弃(U)]：(指定多线下一点)

指定下一点或［闭合(C)/放弃(U)]：

在“指定下一点”的提示下，可以不断在绘图区指定点，直至结束绘制多线命名。若选择“闭合(C)”则将多线封闭；若选择“放弃(U)”则删去上一次绘制的多线，重复选择则自后向前删除所绘制的多线。

(2) 对正 (J)：在提示下键入 J 按回车键，命令行提示：

输入对正类型 [上 (T)/无 (Z)/下 (B)] <上>：

对正类型是指绘制多线时的偏移方式，有上偏移、无偏移和下偏移 3 种选择。

1) 上 (T)：上偏移是指从左向右绘制多线时，多线在光标的下方移动，拾取点在正偏移量最大的那条多线上，见图 5-32 (a)。

2) 无 (Z)：无偏移是指从左向右绘制多线时，多线以光标为中心移动，拾取点在多线正、负偏移量之间的中间线上，即偏移量为 0 的线。这条线可以实际画出，也可以为假想，见图 5-32 (b)。

3) 下 (B)：下偏移是指从左向右绘制多线时，多线在光标的上方移动，拾取点在负偏移量最大的那条多线上，见图 5-32 (c)。

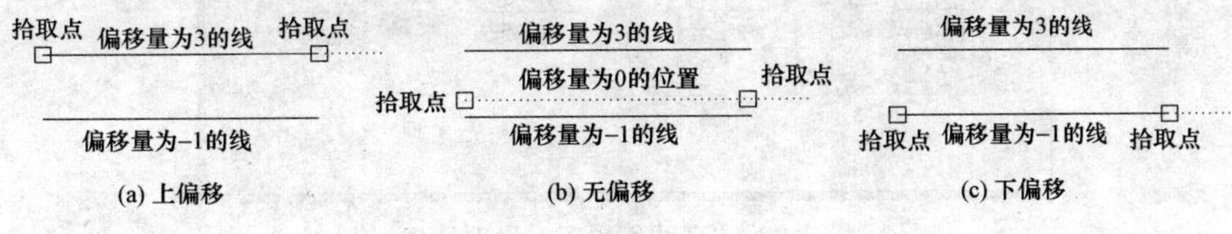


图 5-32　多线的对正方式

当从右向左绘制多线时正好相反。

(3) 比例 (S)：该项是确定绘制多线的比例因子，选择该项后，命令行提示：

输入多线比例 <20.00>：(输入新的比例因子，20.00 为默认值)

若输入比例因子 5，则多线的两条平行线之间的间距比定义的要增大 5 倍。

(4) 样式 (ST)：用来选择多线的样式，选择该项后，命令行提示：

输入多线样式名或 [?]：

在提示下输入需要的多线样式名即可。若输入“?”文本窗口中将显示当前图形文件已加载的样式。“?”只有查询的含义，在其他命令提示中若出现“?”，均是此意。

**三、多线编辑**

一次绘制完成的多线是一个整体，若对不合适的多线进行修改可利用多线编辑命令。

1. 命令调用：

- 输入命令：Mledit
- 下拉菜单：修改→对象→多线

2. 操作方法

启动 Mledit 命令后，弹出如图 5-33 所示“多线编辑工具”对话框。利用此对话框可以对十字形、T 形及有拐角和顶点的多线进行编辑。

**【例 5-12】** 对图 5-34 (a) 中的多线做“十字打开”。

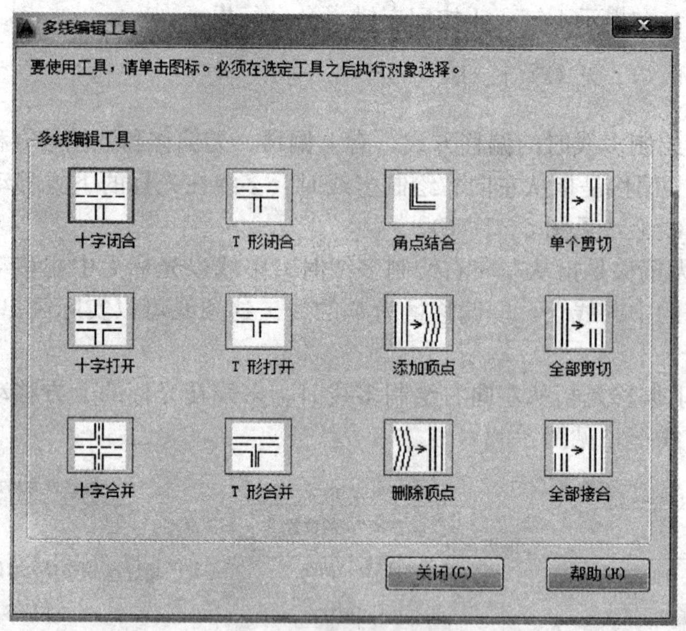


图 5-33　“多线编辑工具”对话框

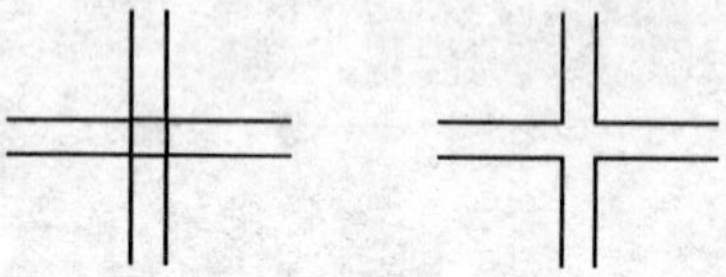

(a) 多线“十字打开”前　(b) 多线“十字打开”后

图 5-34　多线的“十字打开”

操作如下：

在“多线编辑工具”对话框中用鼠标拾取工具“十字打开”，则命令行提示：

命令：_Mledit

选择第一条多线：(拾取一个多线)

选择第二条多线：(再拾取另一个多线)

操作结果见图 5-34（b）。

## 课后练习

利用 Mline 命令完成图 5-35 所示屋架绘制（比例 1：50）。

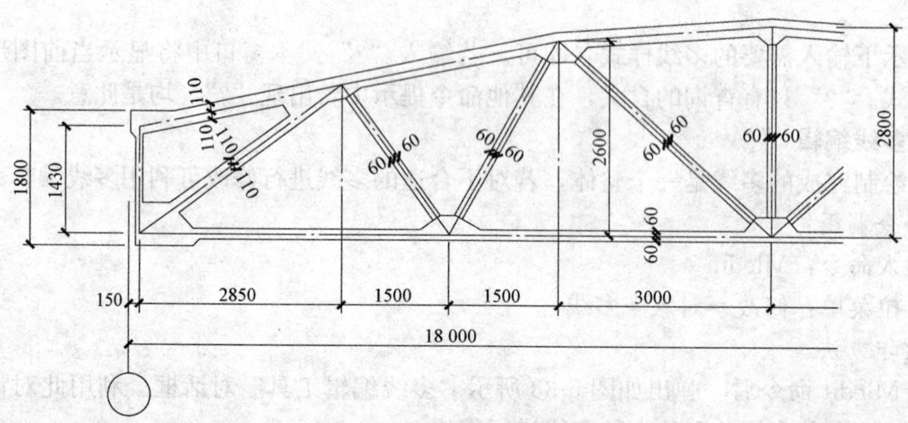


图 5-35　屋架

## 第三节　多段线与多段线编辑

多段线是由相连的多段直线或圆弧组成，并可作为一个整体使用。多段线可以画出任意宽度的线，且可以沿着线段的长度方向变化，形成锥形线。绘图过程中需要粗线时可以应用多段线。

### 一、绘制多段线

1. 命令调用

- 输入命令：Pline
- 下拉菜单：绘图→多段线
- 工具栏："绘图"工具栏中按钮

2. 操作方法

启动 Pline 命令后，命令行提示：

命令：Pline

指定起点：(指定多段线的第一点)

当前线宽为 0.0000

指定下一点或［圆弧（A)/半宽（H)/长度（L)/放弃（U)/宽度（W)］：

3. 选项说明

(1) 指定下一点：在此提示下，指定多段线的第二点，则命令行提示：

指定下一点或［圆弧（A)/闭合（C)/半宽（H)/长度（L)/放弃（U)/宽度（W)］：

可以继续指定下一个点，连线画多段线，直至结束多段线命令。若选择"闭合（C)"则画出封闭的多边形。

(2) 宽度（W)：控制多段线的宽度。选择该项，命令行提示：

指定起点宽度〈0.0000〉：(输入起点宽度值)

指定端点宽度〈2.0000〉：(输入终点宽度值)

此时，输入的起点宽度值和终点宽度值相等时，则绘制等宽的多段线；若起点宽度值和终点宽度值不相等时，则绘制出锥形线。设置线宽完成后，又回到下面提示：

指定下一点或［圆弧（A)/半宽（H)/长度（L)/放弃（U)/宽度（W)］：

在此提示下，则按所设定的线宽绘制多段线。

(3) 圆弧（A)：将绘制多段线的直线模式转换成圆弧模式。在该模式下，绘制圆弧多段线，选择该项，命令行提示：

指定圆弧的端点或［角度（A)/圆心（CE)/方向（D)/半宽（H)/直线（L)/半径（R)/第二个点（S)/放弃（U)/宽度（W)］：

1) 指定圆弧的端点：根据两点绘制与前一直线段相切的圆弧段。

2）直线（L）：转换为绘制直线多段线。

3）宽度（W）：设置所绘圆弧的线宽。

4）半宽（H）：设置圆弧段的半宽值。

5）角度（A）、圆心（CE）、方向（D）、半径（R）、第二个点（S）选项绘制圆弧方法类似于 Arc 命令绘制圆弧，在此不再赘述。

（4）半宽（H）：该选项用于指定多段线的中心到其线边缘的宽度。

（5）长度（L）：绘制一条指定长度的多段线。选择该项，命令行提示：

指定直线的长度：

在此提示下，输入线段的长度，则以上一段多段线的延长方向继续绘制线段，如果上一条线段为弧线，则此线与弧线相切。

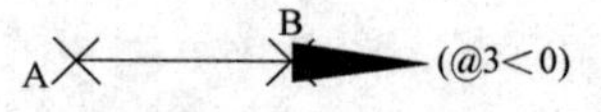


图 5-36　绘制箭头

（6）放弃（U）：放弃最后一次绘制的多段线。

**【例 5-13】** 绘制如图 5-36 所示的箭头。

操作如下：

命令：_ Pline
指定起点：（拾取 A 点）
当前线宽为 0.0000↙
指定下一点或［圆弧（A）/半宽（H）/长度（L）/放弃（U）/宽度（W）］：（拾取 B 点）
指定下一点或［圆弧（A）/闭合（C）/半宽（H）/长度（L）/放弃（U）/宽度（W）］：W↙
指定起点宽度〈0.0000〉：1↙
指定端点宽度〈2.0000〉：0↙
指定下一点或［圆弧（A）/闭合（C）/半宽（H）/长度（L）/放弃（U）/宽度（W）］：@3<0

**【例 5-14】** 绘制如图 5-37 所示的图形，线宽为 0.5。

操作如下：

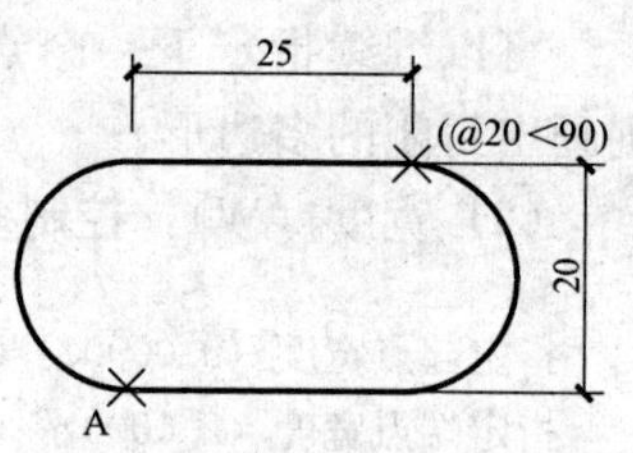


图 5-37　绘制直线和圆弧多段线

命令：_ Pline
指定起点：（拾取 A 点）
当前线宽为 0.0000
指定下一个点或［圆弧（A）/半宽（H）/长度（L）/放弃（U）/宽度（W）］：w↙
指定起点宽度 <1>：0.5
指定端点宽度 <1>：0.5
指定下一个点或［圆弧（A）/半宽（H）/长度（L）/放弃（U）/宽度（W）］：<正交 开> 25（水平向右移动鼠标后，键入 25）
指定下一点或［圆弧（A）/闭合（C）/半宽（H）/长度（L）/放弃（U）/宽度（W）］：A↙
指定圆弧的端点或［角度（A）/圆心（CE）/闭合（CL）/方向（D）/半宽（H）/直线（L）/半径（R）/第二个点（S）/放弃（U）/宽度（W）］：@20<90
指定圆弧的端点或
［角度（A）/圆心（CE）/闭合（CL）/方向（D）/半宽（H）/直线（L）/半径（R）/第二个点（S）/放弃（U）/宽度（W）］：L↙

指定下一点或［圆弧（A）/闭合（C）/半宽（H）/长度（L）/放弃（U）/宽度（W）］：25（水平向左移动鼠标后，键入 25）

指定下一点或［圆弧（A）/闭合（C）/半宽（H）/长度（L）/放弃（U）/宽度（W）］：A↙

指定圆弧的端点或［角度（A）/圆心（CE）/闭合（CL）/方向（D）/半宽（H）/直线（L）/半径（R）/第二个点（S）/放弃（U）/宽度（W）］：（捕捉 A 点）

## 二、多段线编辑

对于连续绘制的多段线是一个整体，需要对某一段线进行编辑修改时可以利用 Pedit 命令，对其进行打开、闭合、合并、编辑宽度、编辑顶点、拟合、非曲线化、线型生成等各种形式的操作。

1. 命令调用

- 输入命令：Pedit
- 下拉菜单：修改→对象→多段线
- 工具栏："修改Ⅱ"工具栏中按钮

2. 操作方法

启动 Pedit 命令后，命令行提示：

选择多段线或［多条（M）］：（选取要编辑的多段线，若需选择多条输入 M）

输入选项［闭合（C）/合并（J）/宽度（W）/编辑顶点（E）/拟合（F）/样条曲线（S）/非曲线化（D）/线型生成（L）/反转（R）/放弃（U）］：

3. 选项说明

（1）闭合（C）：选择该项，则连接多段线的终点和起点，形成闭合的多段线。如果选择的多段线是使用"闭合（C）"命令绘制的闭合段，则第一个选项为"打开（O）"，选择此项，删除闭合段，形成一个开放的多段线。

（2）合并（J）：将多段线、直线或圆弧与选中的多段线连接在一起，使它们合并成一条多段线。注意：要连接的对象必须首尾相接。

**【例 5-15】** 将图 5-38（a）中的五角星合并成一条多段线。

(a) 原图

(b) 五角星的线宽改为5

图 5-38　合并五角星

操作如下：

命令：_ Pedit 选择多段线或［多条（M）］：（选取五角星的一条边）

选定的对象不是多段线

是否将其转换为多段线？<Y>：↙

输入选项［闭合（C）/合并（J）/宽度（W）/编辑顶点（E）/拟合（F）/样条曲线（S）/非曲线化（D）/线型生成（L）/反转（R）/放弃（U）］：J↙

选择对象：（选取选取五角星的其他边）

选择对象：↙

9 条线段已添加到多段线

则五角星的十个线段合并为一条多段线。

（3）宽度（W）。按指定的宽度修改所选多段线的所有线段的宽度。

**【例 5-16】** 将图 5-31（a）中的五角星线宽改为 5。

命令：_ Pedit 选择多段线或［多条（M）］：（选取合并后的五角星）

输入选项［闭合（C）/合并（J）/宽度（W）/编辑顶点（E）/拟合（F）/样条曲线（S）/非曲线化（D）/线型生成（L）/反转（R）/放弃（U）］：w↙

指定所有线段的新宽度：5↙

结果见图 5-38（b）。

（4）编辑顶点（E）：该选项可以对多段线进行局部修改，如删除、添加一段多段线或改变部分线段的线宽等。选择该项后，所选多段线的当前顶点出现一个“×”标记，同时命令行提示：

输入顶点编辑选项［下一个（N）/上一个（P）/打断（B）/插入（I）/移动（M）/重生成（R）/拉直（S）/切向（T）/宽度（W）/退出（X）］<N>：

选项说明：

1）下一个（N）：将“×”标记移到下一个顶点。每执行一次命令，“×”标记向后移动一次，最后移动到多段线的终点为止。

2）上一个（P）：将“×”标记移到上一个顶点。每执行一次该命令，“×”标记向前移动一次，最后移动到多段线的起点为止。

P 和 N 是编辑顶点最基本的选项，执行 P 或 N 后，才能进行顶点编辑的其他选项操作。

3）打断（B）：可以删除两顶点之间的多段线。

**【例 5-17】** 将图 5-39（a）中的 OA 段打断。

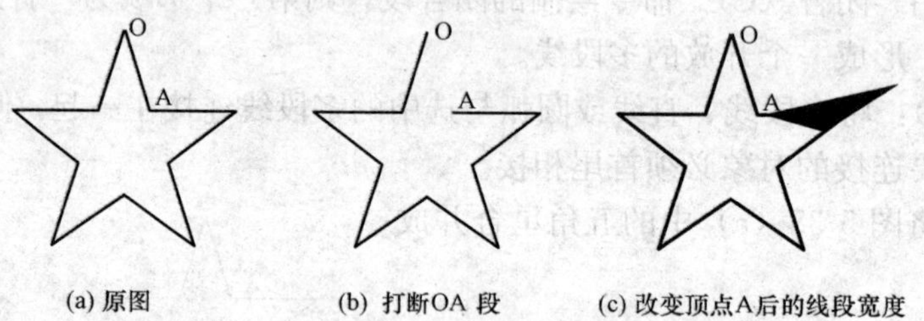


(a) 原图　(b) 打断OA 段　(c) 改变顶点A后的线段宽度

图 5-39　多段线顶点编辑

操作如下：

_ Pedit 选择多段线或［多条（M）］：（选取合并后的五角星）

输入选项［闭合（C）/合并（J）/宽度（W）/编辑顶点（E）/拟合（F）/样条曲线（S）/非曲线化（D）/线型生成（L）/反转（R）/放弃（U）］：E↙

则在 O 点处出现“×”标记。命令行继续提示：

输入顶点编辑选项

［下一个（N）/上一个（P）/打断（B）/插入（I）/移动（M）/重生成（R）/拉直（S）/切向（T）/宽度（W）/退出（X）］<N>：B↙

输入选项［下一个（N）/上一个（P）/执行（G）/退出（X）］<N>：↙

在 A 点处出现“×”标记。命令行继续提示：

输入顶点编辑选项
输入选项［下一个（N）/上一个（P）/执行（G）/退出（X）］<N>：G↙

操作结果见图 5-39（b）。

4）插入（I）：在当前顶点之后添加一个新的顶点。插入一个新顶点后，多段线的形状发生改变。

5）移动（M）：把当前顶点移动到新的位置。确定新的位置后，多段线的形状发生改变。

6）重生成（R）：重新生成被编辑的多段线。执行该选项后，多段线改变后的某些特性（如线宽）才能显示出来。

7）拉直（S）：将两个指定顶点之间的多段线拉直，形成一条直线线段。

8）切向（T）：改变当前顶点的切线方向，主要用于曲线拟合。

9）宽度（W）：修改当前顶点之后一条线段的起点宽度和终点宽度。

**【例 5-18】** 改变图 5-39（a）中五角星的顶点 A 后线段宽度。

操作如下：

将“×”标记移动到 A 点，在选项中输入 W，命令行提示：

指定下一线段的起点宽度 <1>：0
指定下一线段的端点宽度 <0>：10

操作结果见图 5-39（c）。

10）退出（X）：退出“编辑顶点（E）”选项。

（5）拟合（F）：将多段线转换为以圆弧拟合的光滑曲线，该曲线通过多段线的所有顶点。即用圆弧连接顶点，并且顶点处的曲线平滑。

（6）样条曲线（S）：将多段线转换为一条样条曲线。该曲线以多段线的顶点作为控制点，并通过多段线的第一个和最后一个顶点。

图 5-40 所示是由同一条多段线转换的拟合曲线和样条曲线。

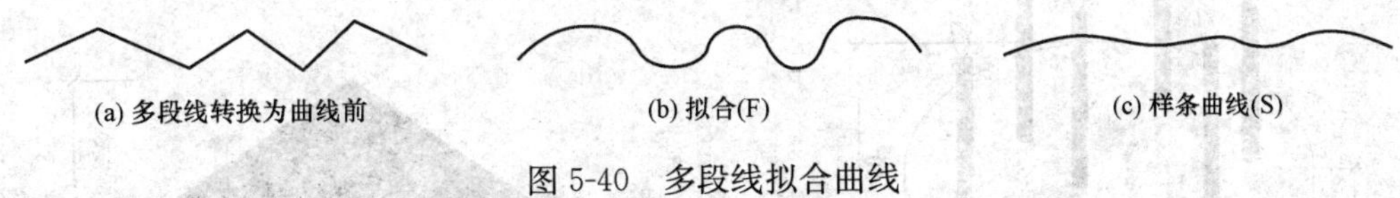


图 5-40　多段线拟合曲线

（7）非曲线化（D）：将多段线恢复到未拟合或样条化之前的状态。与“拟合（F）”“样条曲线（S）”选项的作用相反。

（8）线型生成（L）：控制点划线、虚线等非连续线型的多段线在顶点处的绘线方式。选择该项后，命令行提示：

输入多段线线型生成选项［开（ON）/关（OFF）］〈OFF〉：

开（ON）：整条多段线上都采用非连续线型，在多段线的顶点处，有可能出现空白或一点。

关（OFF）：多段线的各线段独立地采用非连续线型，顶点处都绘制成实线。

（9）放弃（U）：撤销最近一次对多段线的操作指令。

## 课后练习

1. 绘制如图 5-41（a）所示五角星，并利用 Pedit 命令完成图 5-41（b）、（c）、（d）图。

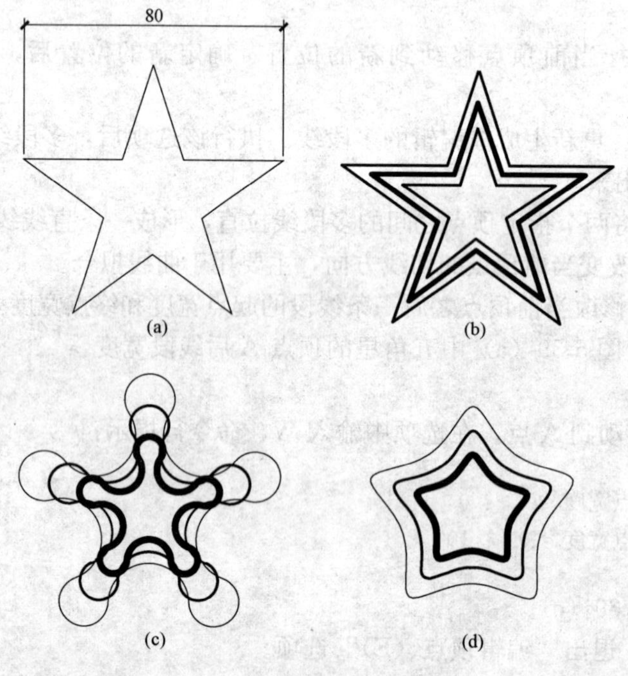


图 5-41

2. 利用 Ellipse、Copy、Pline 等命令绘制图 5-42。

3. 利用 Pline 等命令绘制图 5-43。

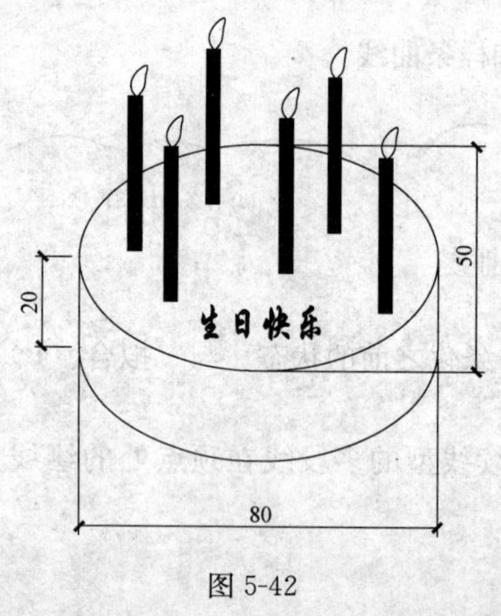


图 5-42

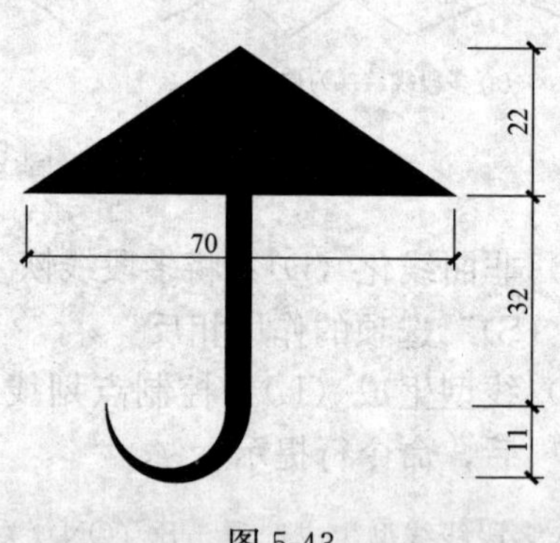


图 5-43

# 第四节　图　案　填　充

绘制土木工程剖面图，需要在截面区域内填充材料图例，在 AutoCAD 中是利用图案填充命令完成的。它不但提供了多种填充图案，而且还允许自定义填充图案，满足不同使用的要求。因此，图案填充在 AutoCAD 中应用比较广泛。

## 一、命令的调用

可以采用下面三种方式调用图案填充命令：

- 输入命令：Bhatch
- 下拉菜单：绘图→图案填充
- 工具栏："绘图"工具栏中的 按钮

## 二、操作及选项说明

启动 Bhatch 命令后，AutoCAD 弹出如图 5-44 所示的"图案填充和渐变色"对话框，对话框中有图案填充和渐变色两个选项卡，图 5-44 显示为"图案填充"选项卡。

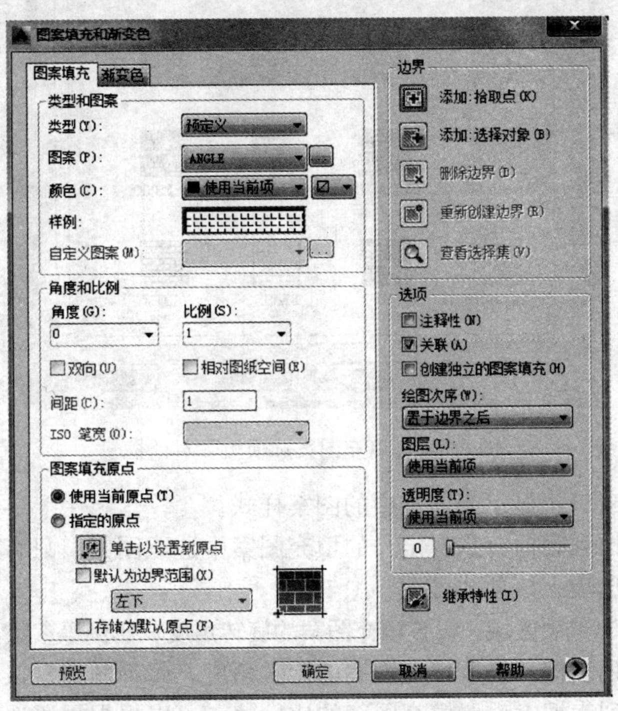


图 5-44　"图案填充和渐变色"对话框

1. "图案填充"选项卡

"图案填充"选项卡部分主要是确定填充图案的形式，包括"类型和图案""角度和比例""图案填充原点"三个选项区域。

(1)"类型和图案"选项区域。通过该区域可以选择图案的类型及样式，主要选项的功能如下：

1)"类型"下拉列表框：设置填充图案的类型，有以下三种类型可供选择：

预定义：使用 AutoCAD 预先定义好的图案进行填充，这些图案存放在“ACAD. PAT”文件中。

用户定义：用户可以利用一组平行线或相互垂直的两组平行线定义简单的图案。

自定义：用户自己预先定义好的图案。

2）“图案”下拉列表框：选择填充的图案。只有在“类型”中选择“预定义”选项，该项才可用。选择图案的方式有两种：一是单击下拉箭头，在列出的图案名中选择一种图案，这种方法不形象，应用较少；另一种方法是单击后面的按钮，打开如图 5-45 所示的“填充图案选项板”对话框，进行选择。对话框中有“ANSI”“ISO”“其他预定义”和“自定义”四个选项卡，其中“其他预定义”选项卡应用较多。

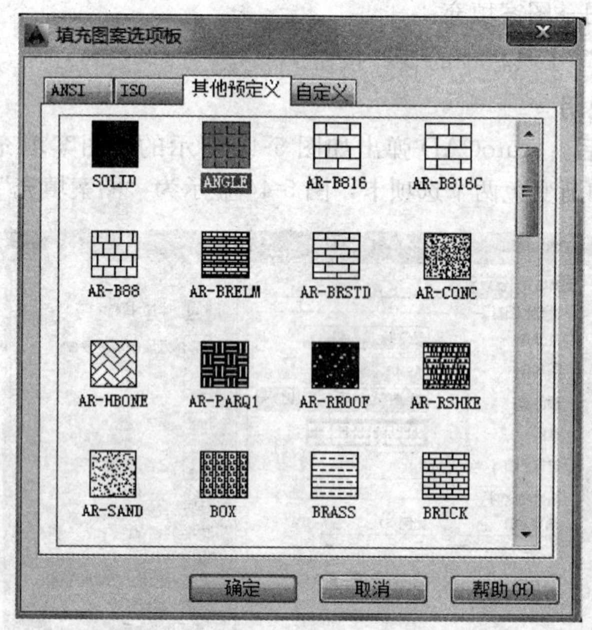


图 5-45 “填充图案选项板”对话框

3）“样例”预览窗口：显示当前选中的图案样式。

4）“自定义”下拉列表框：从自定义的填充图案中选取图案。只有在“类型”下拉列表框中选择“自定义”选项，该项才可用。

（2）“角度和比例”选项区域。设置填充图案的旋转角度及比例等参数，主要选项说明如下：

1）“角度”下拉列表框：设置填充图案的旋转角度，每种图案默认是旋转角度都为 0°。

2）“比例”下拉列表框：设置填充图案的比例值。可以根据需要选择不同的比例值将图案放大或缩小。填充图案比例的选择，不仅与图案本身有关，而且也与图形界限大小有关，需要不断去试做，直至满意为止。不同比例的 AR－CONC 图案填充效果如图 5-46 所示。

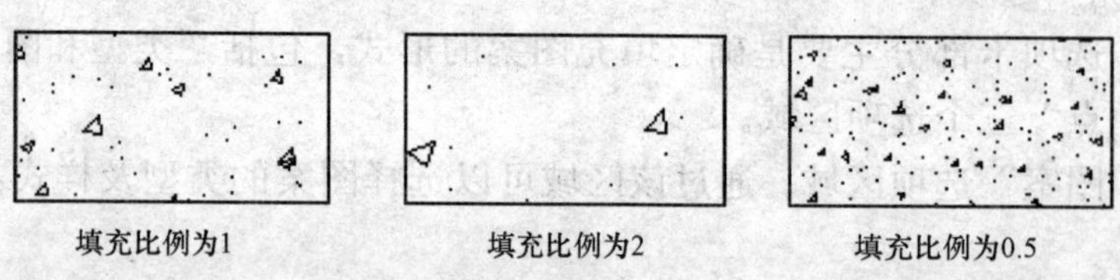


图 5-46 图案填充比例

3）“双向”复选框。选中该复选框，可以用相互垂直的两组平行线定义的图案填充图形；否则为一组平行线。该项只有在选择“用户定义”图案填充类型时才可用。

4）“相对图纸空间”复选框：选中该复选框，可以按适合版面布局的比例方便地显示填充图案。该项仅仅适用于图形版面编辑。

5）“间距”文本框：设置“用户定义”时填充图案中平行线的间距。

6）“ISO 笔宽”下拉列表框：设置笔宽确定 ISO 图案比例。只有在填充图案选择 ISO 图案时，该选项才可用。

（3）图案填充原点。控制填充图案的生成的起始位置，因为许多图案需要对齐边界上的某一个点。主要选项说明如下：

1）“使用当前原点”单选按钮：使用当前的 UCS 原点作为图案填充的原点，即（0，0）点。

2）“指定的原点”单选按钮：可以通过指定点作为图案填充的原点。

2.“边界”选项区域

边界选项区域主要用于确定填充的范围，其主要选项说明如下：

（1）“拾取点”按钮：通过在填充区域内拾取一点来指定填充区域的边界。单击该按钮切换到绘图窗口，同时，命令行提示：

拾取内部点或［选择对象（S）/删除边界（B）］：

光标在需要填充的区域内任意拾取一点，则 AutoCAD 会自动确定包围该点的填充边界，且以高亮显示。需要注意的是该填充边界必须是封闭的，否则 AutoCAD 会在图上未封闭处用圆做标记，并弹出“边界定义错误”对话框，提示未找到有效边界，如图 5-47 所示。

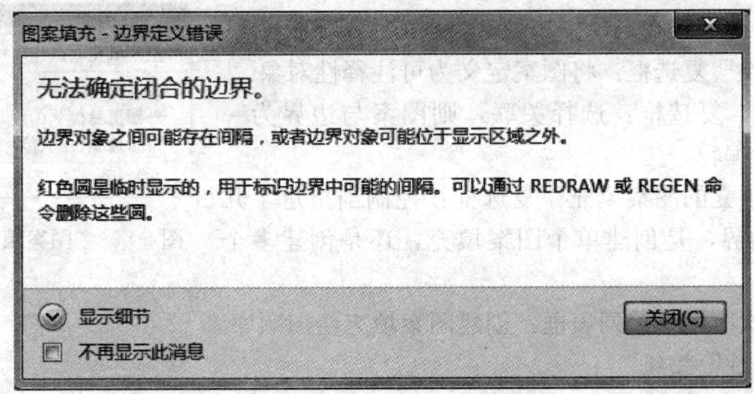


图 5-47 “边界定义错误”对话框

（2）“选择对象”按钮。通过选择对象的方式确定填充区域的边界。单击该按钮切换到绘图窗口，同时，命令行提示：

选择对象或［拾取内部点（K）/删除边界（B）］：

此时，可以通过窗口选择目标的方式选择填充边界。需要注意的是用该种方式选择填充边界，对于不封闭的填充区域也可选，但填充图案不能正常显示，如图 5-48 所示。

（3）“删除边界”按钮：该项实质是删除孤岛。孤岛是指填充区域内的封闭边界，文字

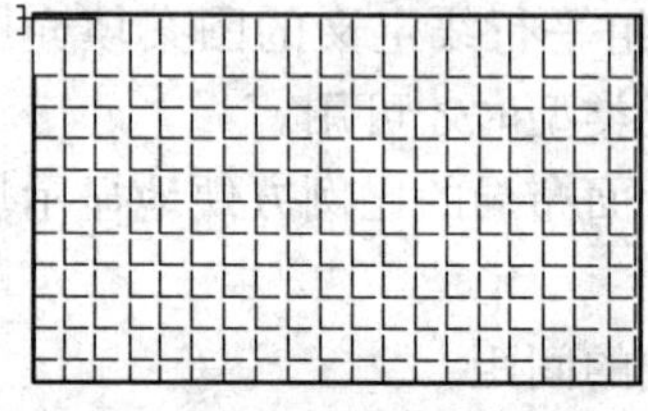

图 5-48 选择对象方式填充不封闭区域

对象也可看做孤岛。默认情况下 AutoCAD 会避开孤岛填充，如图 5-49（a）和图 5-49（b）所示的填充。

若要删除孤岛填充，可按下面步骤进行：以选择对象的方式选择填充边界后，按鼠标右键，出现图 5-50 所示的快捷菜单，选择“删除边界”选项，命令行提示：

选择对象或［添加边界（A）］：

此时，选择圆形孤岛即可将孤岛删除，删除孤岛后图案填充结果如图 5-49（c）所示。

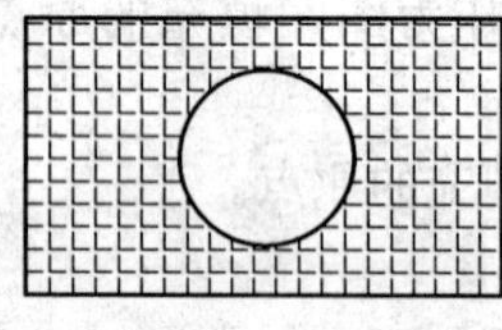

(a) 避开圆形孤岛填充

(b) 避开文字孤岛填充

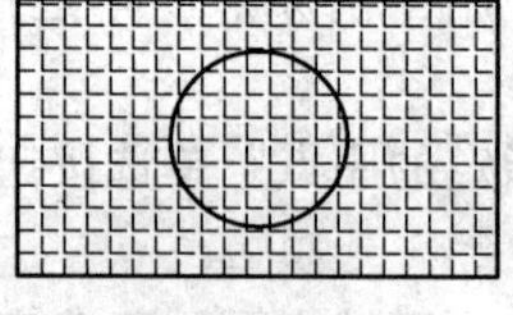

(c) 删除圆形孤岛填充

图 5-49 图案填充

（4）“重新创建填充边界”按钮：围绕选定的图案填充或填充对象创建多段线或面域。

（5）“查看选择集”按钮：查看当前填充区域的边界。单击该按钮，自动切换到绘图窗口，所选择的填充边界高亮显示。只有先选取填充边界，该项才可用。

3. “选项”选项区域

（1）“注释性”复选框：将图案定义为可注释性对象。

（2）“关联”复选框：选择关联，则图案与边界为一体，可同时进行编辑。

（3）“创建独立的图案填充”复选框：控制当指定了几个独立的闭合边界，是创建单个图案填充，还是创建多个图案填充对象。

确认(E)
放弃上一次的选择/拾取/绘图(U)
全部清除(C)
拾取内部点(P)
✔ 选择对象(S)
删除边界(R)
图案填充原点(H)
✔ 普通孤岛检测(N)
外部孤岛检测(O)
忽略孤岛检测(I)
预览(V)

图 5-50 “图案填充”快捷菜单

（4）“绘图次序”下拉列表框：创建图案填充绘图顺序。

4. “继承特性”按钮

可以将已有的图案填充和图案填充对象的特性应用到其他图案填充和图案填充对象。单击该按钮，返回到绘图区，同时出现一个选择对象标记，提示选取一个已存在的填充图案。选取后，出现一个小刷子标记，提示选取新的填充边界，新选择的边界将会填充刚才选取的填充图案。

**三、孤岛操作**

在“图案填充和渐变色”对话框的右下角，有一个按钮，单击该按钮，将展开对话框的右侧部分，如图 5-51 所示。展开的部分“有孤岛”“边界保留”“边界集”等选项区域。

1. “孤岛”选项区

（1）“孤岛检测”复选框：只有选中“孤岛检测”复选框，下面的“孤岛显示样式”才

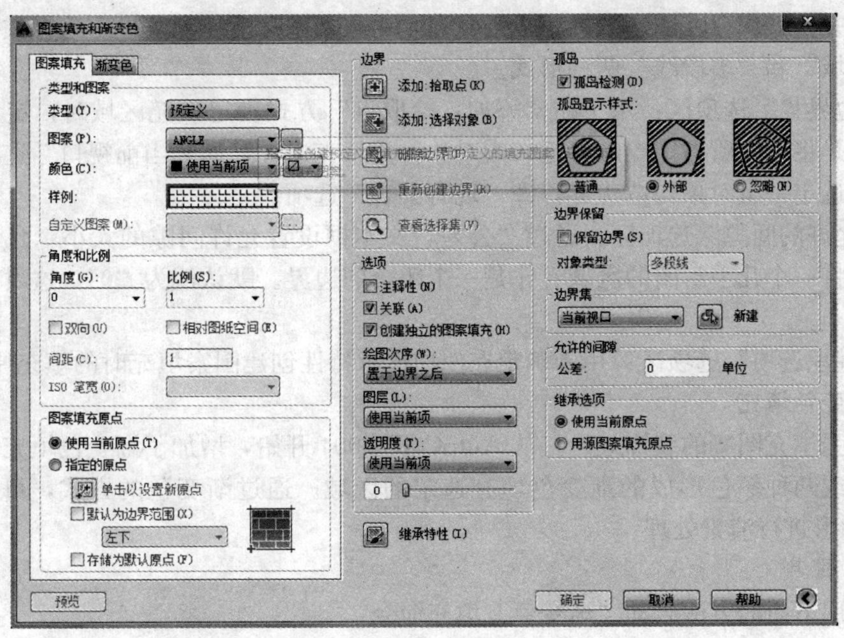


图 5-51　展开的“图案填充和渐变色”对话框

可选，才可以从最外层边界填充对象。

(2)“孤岛显示样式”区域：实质是 AutoCAD 提供的填充方式，包括“普通”“外部”和“忽略”三种方式，见图 5-52。

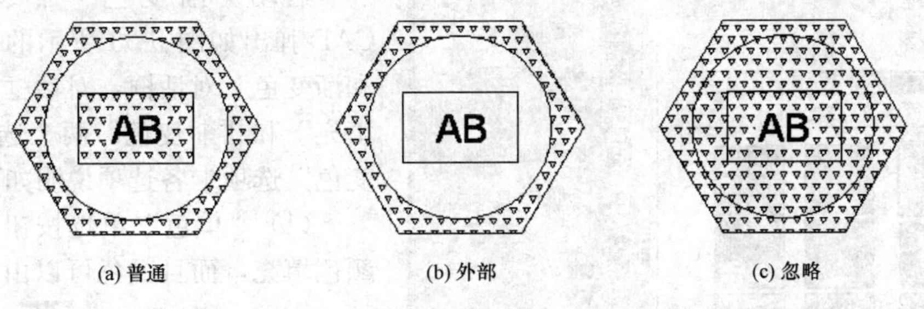


图 5-52　“图案填充”方式

(3)“普通”方式：在这种方式下，对于孤岛内的孤岛，采用由外向内奇数层填充。该方式是默认的填充方式，见图 5-52(a)。

(4)“外部”方式：只对填充边界的最外层填充，见图 5-52(b)。

(5)“忽略”方式：忽略填充边界内的所有孤岛，全部填充，见图 5-52(c)。

注 意

如果选择的填充边界内包含文字、属性等特殊对象时，应选择普通方式填充，填充图案会自动避开这些对象，使它们更加清晰。

2. 其他选项说明

(1)“边界保留”选项区：选择“边界保留”复选框，AutoCAD 会对填充区域内的边界进行计算，并将其保存在图形数据库中，并在“对象类型”下拉列表框中选择数据的保留类型，有“面域”和“多段线”两种形式。

(2)“边界集”选项区：用于在“添加：拾取点”方式确定填充区域时，定义边界集的方式：一种是将包围所指定点的最近有效对象作为填充边界，即“当前视口”选项；另一种是用户自己选定一组对象构造边界，即“现有集合”选项。

(3)“允许的间隙”选项区：通过“公差”文本框设置允许间隙的大小。允许在该参数的范围内，将一个几乎封闭的区域看作是一个闭合的边界。默认值为“0”，这时对象是完全封闭的。

(4)“继承选项”选项区：用于确定在使用继承特性创建图案填充时的填充原点位置。

**四、渐变色填充**

为了增强填充图案的装饰效果，从 AutoCAD 2004 开始，增加了渐变色填充的内容，可以使用一种或两种颜色形成的渐变色填充选定的区域。通过渐变色的方式，可以在 AutoCAD 中对图形进行渲染处理。

1. 命令调用

可以应用下面的方法启动“渐变色”填充命令：

- 输入命令：Bhatch
- 下拉菜单：绘图→渐变色
- 工具栏：“绘图”工具栏中的按钮

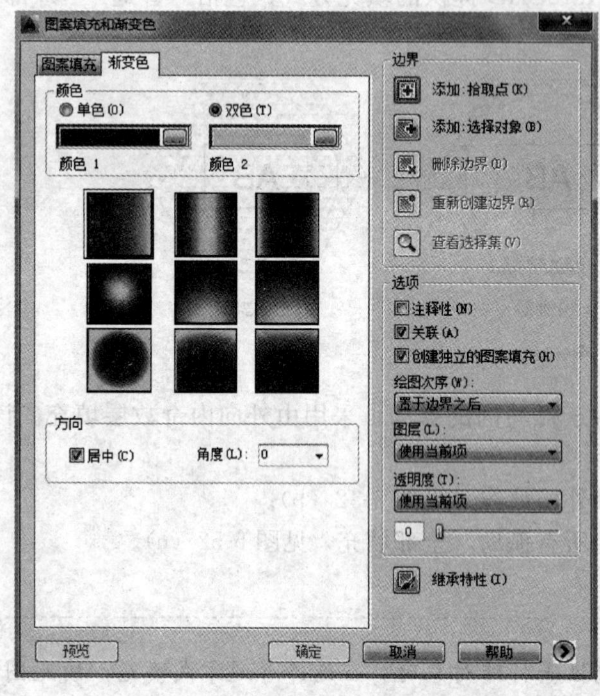


图 5-53　渐变色选项

2. 操作及选项说明

启动“渐变色”命令后，AutoCAD 弹出如图 5-53 所示的“图案填充和渐变色”对话框，对话框中有“图案填充”和“渐变色”两个选项卡，“渐变色”选项卡各选项说明如下：

(1)“单色”单选按钮：使用一种颜色填充，而且颜色可以由深到浅平滑过渡。可以通过单击按钮，打开“选择颜色”对话框选择颜色。

(2)“双色”单选按钮：使用两种颜色填充，而且颜色可以在选择的两种颜色之间平滑过渡。

(3)“居中”复选框：选中该复选框后，渐变填充可以对称显示。

(4)“角度”下拉列表框：相对于当前 UCS 指定渐变填充的角度。

在“渐变色”选项卡中，还显示 9 种渐变图案预览窗口，包括球状、抛物面状和线性扫掠状等图案。

“渐变色”选项卡中的其他选项与“图案填充”选项卡中选项含义及操作完全相同，不再赘述。

**【例 5-19】** 对图 5-54（a）所示的基础断面图填充钢筋混凝土和砖图例。

钢筋混凝土图例需要进行两次填充，操作步骤如下：

（1）填充混凝土图例。

1）按图 5-54（a）所示的尺寸绘制原始图形。

2）执行“图案填充”命令，打开“图案填充和渐变色”对话框。

3）选择填充图案：单击“图案”下拉列表框中后面的 按钮，打开“填充图案选项板”对话框。在“其他预定义”选项卡中选择 AR-CONC 图案，单击“确定”按钮，关闭“填充图案选项板”对话框。

4）设定角度与比例：在“角度”下拉列表框中输入“0”，在“比例”下拉列表框中输入比例“0.05”。

5）确定填充区域：单击“拾取点”按钮，切换到绘图窗口，在图形中基础部位的内部单击，选择填充区域。

6）按回车键返回“图案填充和渐变色”对话框，单击“确定”按钮，填充效果如图 5-54（b）所示。

（2）填充 45°斜线。该填充除样式和比例与上面的填充不同外，其他步骤完全相同。填充图案选择“预定义”中“ANSI”选项卡中的 ANSI31 图案。比例值输入“2”，结果见图 5-54（c）。

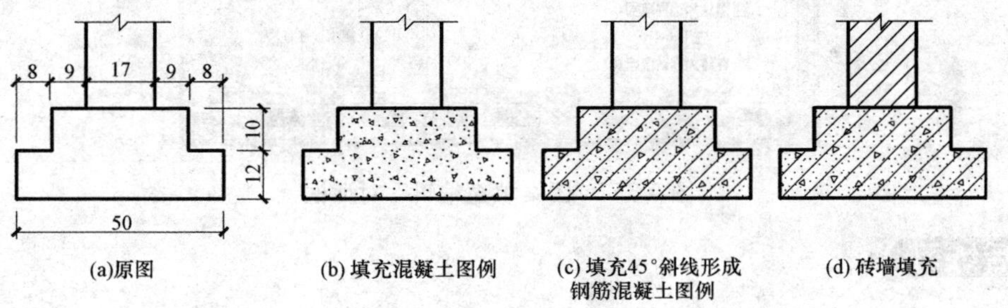


图 5-54　基础断面图填充

同理，可按上面步骤对基础墙填充砖的图例，填充图案仍然选择 ANSI31 图案，比例值输入“1”。

填充结果见图 5-54（d）。

**五、图案填充的编辑**

对于已填充的图案，AutoCAD 提供了图案填充编辑命令，可以对其进行修改。

1. 命令调用

- 输入命令：Hatchedit
- 下拉菜单：修改→对象→图案填充
- 工具栏：“修改Ⅱ”工具栏中的 按钮

2. 操作方法

通过以上方法启动 Hatchedit 命令后，命令行提示：

命令：_ Hatchedit
选择图案填充对象：

在此提示下，选择图案填充对象，将弹出如图 5-55 所示的“图案填充编辑”对话框，该对话框的内容与“图案填充和渐变色”对话框完全相同。在对话框中输入要修改的内容，单击“确定”按钮即可完成对图案填充的各种修改。

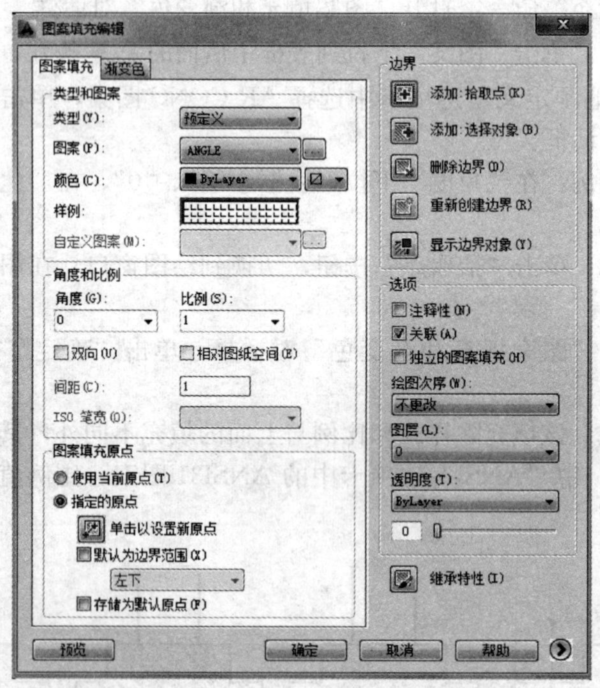

图 5-55 “图案填充编辑”对话框

## 课后练习

1. 完成电风扇绘制，并用渐变色填充，见图 5-56。
2. 利用 Pline、Bhatch 等命令绘制图 5-57（图中圆的直径为 40）。

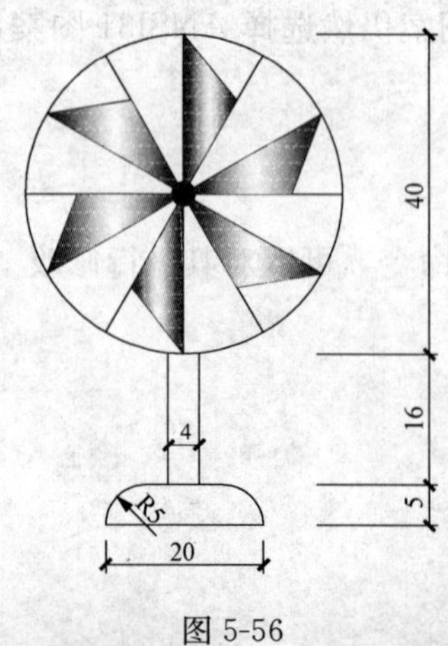


图 5-56

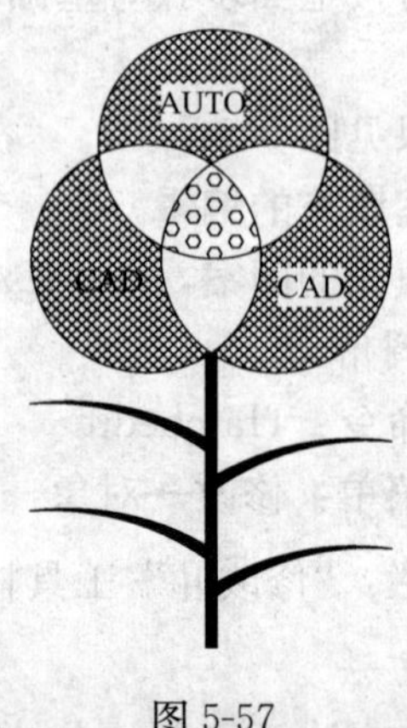


图 5-57

3. 完成图 5-58 所示变形缝构造详图。

4. 利用 Circle、Trim、Bhatch 等命令完成图 5-59 绘制。

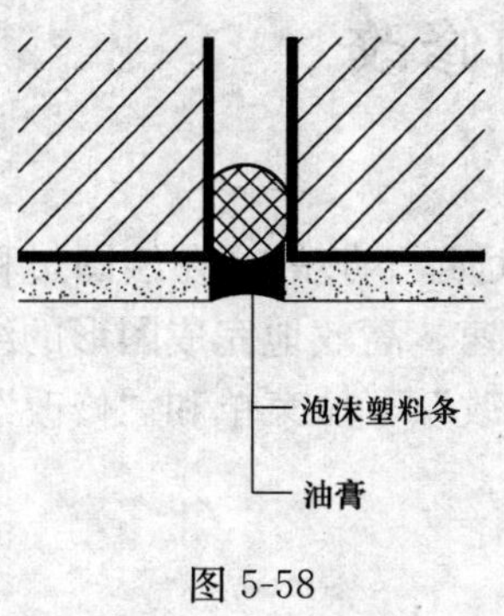

图 5-58

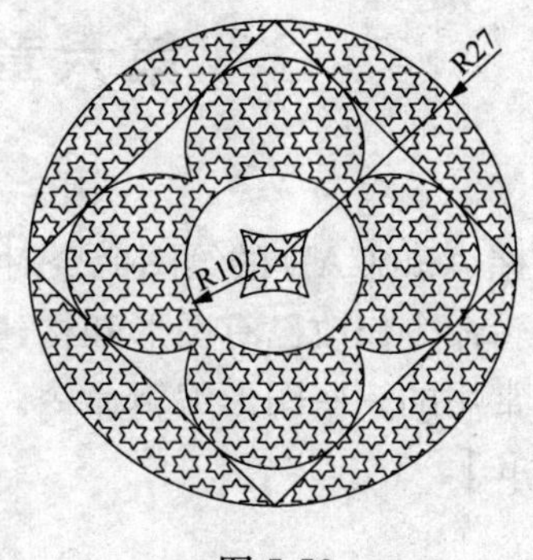

图 5-59

# 第六章　图形对象的修改

仅掌握AutoCAD的绘图命令对于完成复杂的图形是远远不够的，在绘图过程中需要使用图形编辑命令修改已有图形和构建新图形，这样才能快速、高效地完成图形的绘制。本章主要介绍常用的一些图形编辑命令。编辑命令可通过“修改”下拉菜单和“修改”工具栏调用，见图6-1。

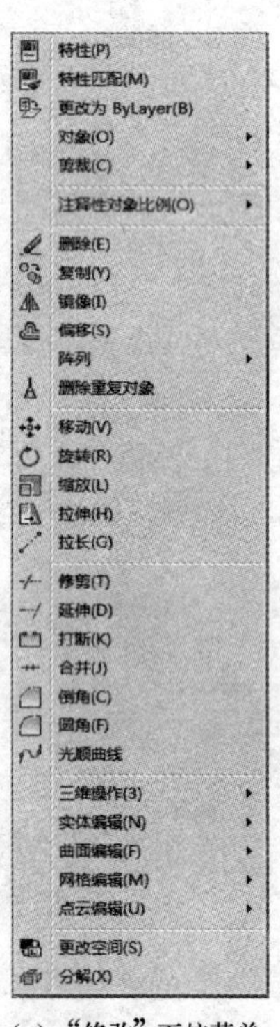


(a)“修改”下拉菜单

(b)“修改”工具栏

图6-1　“修改”下拉菜单和“修改”工具栏

## 第一节　选择对象的方式

在对图形进行编辑时，首先需要选择对象。操作时可以先执行编辑命令，然后在“选择对象”提示下选择对象，如图6-2（a）所示的直线，被选中的对象会亮显，如图6-2（b）所示；也可以在命令状态下直接选择对象，再执行编辑命令，被选中的对象不仅会亮显，而且显示带有句柄方式的夹点，图6-2（c）所示。AutoCAD选择对象的方式有很多，这里主要介绍一些常用的方法。

## 一、点选对象

先执行某编辑命令，后选择对象时，十字光标会变成“口”形的拾取框，可用拾取框逐个单击目标对象，即可选取所需对象。

选择对象的有关设置可通过“工具”下拉菜单中的“选项”对话框中的“选择集”选项卡实现，如图 6-3 所示。

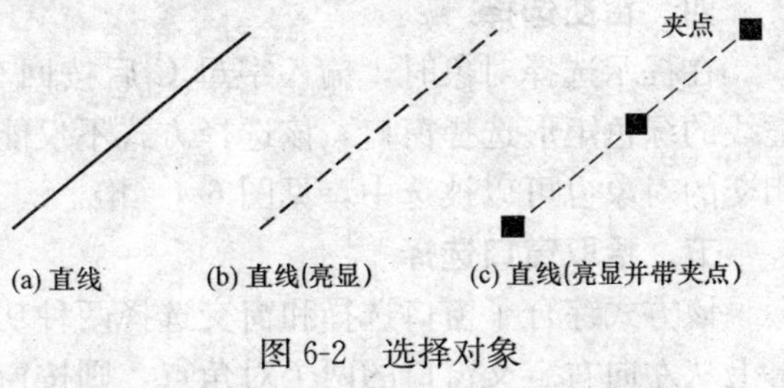


(a) 直线　(b) 直线(亮显)　(c) 直线(亮显并带夹点)

图 6-2　选择对象

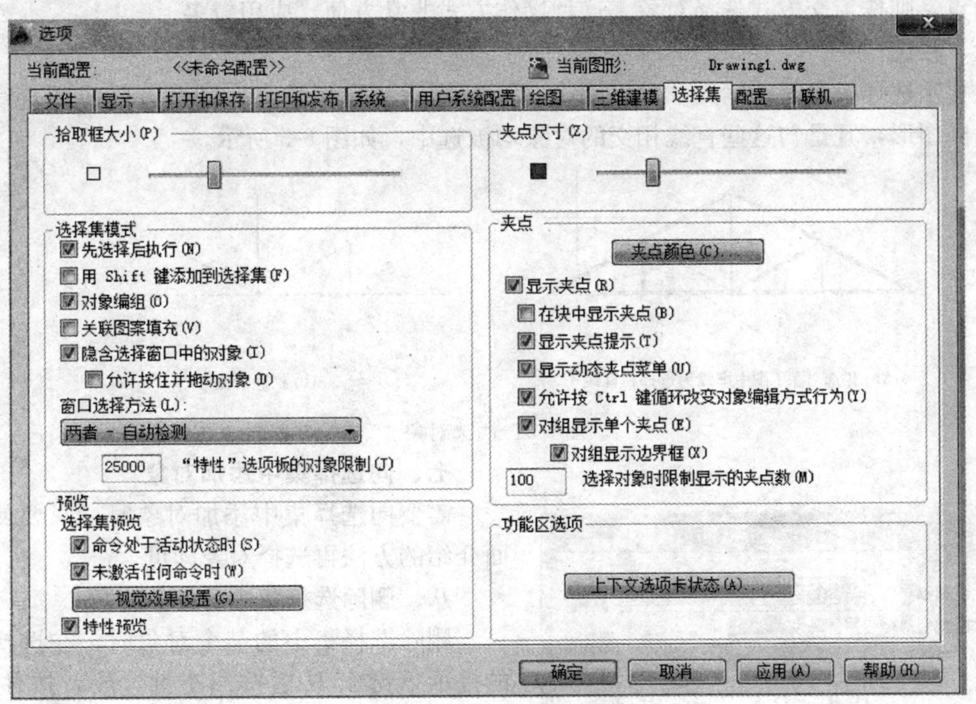


图 6-3　“选择集”选项卡

## 二、全部选择

在选择对象时输入“All”，则可以选择图形中的所有对象，但锁定的图层中的对象不能被选择。

## 三、窗口选择

在提示选择对象时，输入字母“W”后按回车键，命令行提示给定两个角点，则出现一个实线的蓝色矩形选择窗口，对于完全包括在窗口内的对象可以被选中，见图 6-4（a）。

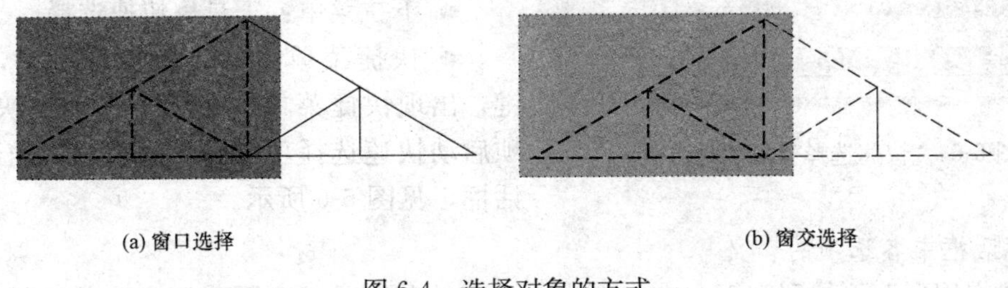

(a) 窗口选择　(b) 窗交选择

图 6-4　选择对象的方式

**四、窗交选择**

在提示选择对象时，输入字母 C 后按回车键，命令行提示给定两个角点，则出现一个虚线的绿色矩形选择窗口，该选择方式不仅能将完全包括在窗口内的对象选中，而且与窗口相交的对象也可以被选中，见图 6-4（b）。

**五、拾取窗口选择**

该方式综合了窗口选择和窗交选择两种功能。在提示选择对象时，如果用鼠标直接在屏幕上从左向右定义窗口的两个对角点，则按窗口方式选择对象；如果从右向左定义窗口的两个对角点，则按窗交方式选择对象。这种操作方式非常方便，应用较多。

**六、栏选**

在提示选择对象时，输入“F”，命令行不断提示指定栏选点，则各点连成的直线不必构成封闭图形，凡是与这些直线相交的对象均被选中，如图 6-5 所示。

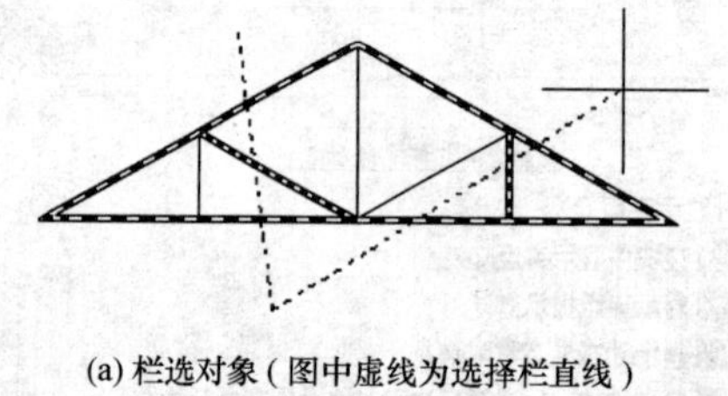

(a) 栏选对象（图中虚线为选择栏直线）

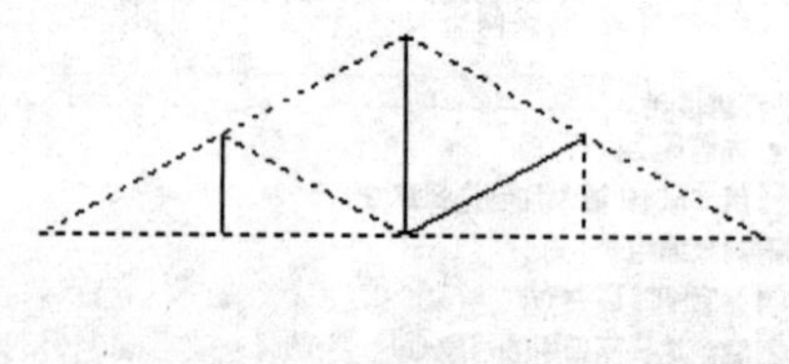

(b) 栏选后图形

图 6-5　栏选对象

**七、向选择集中添加对象**

需要向选择集中添加对象时，只要使用上面介绍的方法再选择对象即可。

**八、删除选择集中的某个对象**

删除选择集中的某个对象时，在选择对象的提示下键入 R 后按回车键，或者按住 Shift 键，单击要删除的对象即可。

**九、快速选择对象**

当需要选择大量具有某些共同特性的对象时，可使用快速选择功能，可以一次将指定类型的对象或具有指定属性值的对象加入选择集或排除在选择集之外。

1. 命令调用

- 输入命令：Qselect
- 下拉菜单：工具→快速选择
- 快捷菜单：在命令状态下单击鼠标右键，出现快捷菜单，在其中选择“快速选择”项启动快速选择功能后，显示“快速选择”对话框，见图 6-6 所示。

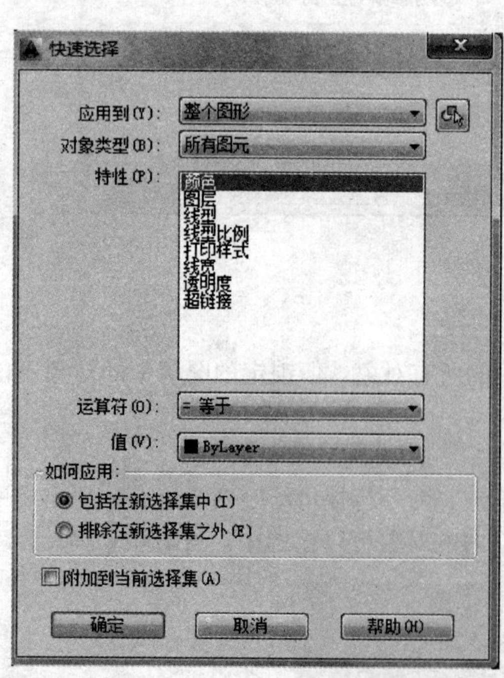


图 6-6　“快速选择对象”对话框

2. 对话框中各选项的含义

（1）“应用到”下拉列表框：它决定快速选择的范围是整个图形还是当前选择集。如果在当前图形中存在一个选择集，则进入“快速选择”对话框时，列表框中显示“当前选择”选项；如果当前图形中不存在选择集，则列表框中显示“整个图形”选项。

(2)“对象类型”下拉列表框：显示所选择对象的类型。如果当前图形中没有选择集，列表框中列出所有图元的类型；如果当前图形中存在选择集，列表框中只列出选择集中存在的对象类型。

(3)“特性”列表框：列表中包括所有从选定的对象类型中可搜索到的对象特性。所选择的特性在“运算符”和“值”中获得选项。

(4)“运算符”下拉列表框：表中列出了“＝等于”“＜＞不等于”“＞大于”“＜小于”和“全部选择”5种运算操作。

(5)“值”选项：为选定的特性指定值。

例如：选择某图中所有线宽为2的多段线，可按下面步骤操作：

1) 在“对象类型”下拉列表框中选择多段线。

2) 在“特性”列表框中选择“全局宽度”。

3) 在“运算符”下拉列表框中选择“＝等于”。

4) 在“值”文字框中输入“2”。

5) 选择“确定”按钮，则完成所要求的选择集。

(6)“包括在新选择集中”选项：只选择符合上面选择条件的对象。

(7)“排除在新选择集之外”选项：只选择不符合上面选择条件的对象。

(8)“附加到当前选择集”选项：选择该选项，AutoCAD将所选择的对象添加到当前选择集中。

## 第二节　对象的删除和恢复

### 一、删除对象

1. 功能

删除图中不需要的对象。

2. 命令调用

- 输入命令：Erase
- 下拉菜单：修改→删除
- 工具栏：“修改”工具栏中按钮

3. 操作方法

执行Erase命令后，命令行提示：

命令：Erase

选择对象：(用各种方式选择对象)

选择完对象后按Enter键，AutoCAD将所选对象删除。

注意

可在命令状态下直接选择要删除对象，按Delete键即可。

### 二、恢复删除的对象

使用 Oops 命令，用户可以将最近一次使用 Erase、Block、Wblock 等命令删除的对象恢复到图形中。但是，对以前删除的对象则无法恢复。对于恢复前几次删除的实体，只能使用"放弃"命令。

对于画图过程中不断出现的反复，最简单的方法是使用"放弃"和"重做"命令，直接在标准工具栏中选择 和 即可。

## 第三节 复制图形对象

在 AutoCAD 中复制图形对象包括复制、镜像、偏移和阵列命令。

### 一、复制对象

1. 功能

将已有的图形原样复制，产生一个或多个相同图形，并将其放在指定位置。

2. 命令调用

- 输入命令：Copy
- 下拉菜单：修改→复制
- 工具栏："修改"工具栏中按钮

3. 操作方法

执行 Copy 命令后，命令行提示：

选择对象：

用鼠标选取要复制的对象后回车，命令行提示：

指定基点或［位移（D）/模式（O）］<位移>：

在屏幕上指定一点作为对象复制的基点，接着命令行提示：

指定第二个点或<使用第一个点作为位移>：

此时，用户在屏幕上再指定一点后，AutoCAD 以两点间的距离和方向确定复制对象的位置。复制完一个对象后，AutoCAD 继续重复上面的提示，直至回车结束操作。

<使用第一个点作为位移>：

若选择该项，复制对象以基点的坐标值作为位移距离。

选择模式（O），则命令行提示：

输入复制模式选项［单个（S）/多个（M）］<多个>：

选择"单个"则复制一个对象后即终止 Copy，而选择"多个"则可复制多个对象，直至回车终止命令，默认为"多个"复制。

**【例 6-1】** 完成如图 6-7（b）所示的台阶。

命令：Copy

选择对象：选取原图［见图 6-7（a）］

选择对象：（不继续选择则回车）
指定基点或［位移（D）］＜位移＞：捕捉端点 P
指定第二个点或＜使用第一个点作为位移＞：捕捉端点 P1
指定第二个点或［退出（E）/放弃（U）］＜退出＞：捕捉端点 P2
指定第二个点或［退出（E）/放弃（U）］＜退出＞：捕捉端点 P3
指定第二个点或［退出（E）/放弃（U）］＜退出＞：回车结束操作

操作结束后，结果如图 6-7（b）所示。

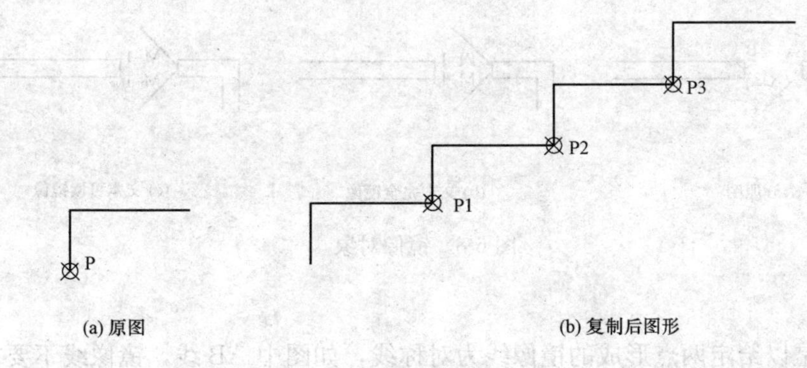

(a) 原图　　(b) 复制后图形

图 6-7　复制对象

**二、镜像对象**

1. 功能

通过镜像命令可以绘制与原有图形对称的图形。

2. 命令调用

- 输入命令：Mirror
- 下拉菜单：修改→镜像
- 工具栏："修改"工具栏中按钮

3. 操作方法

执行 Mirror 命令后，命令行提示：

选择对象：

用鼠标选取要复制的对象后回车，命令行提示：

指定镜像线的第一点：

在屏幕上指定一点后，命令行提示：

指定镜像线的第二点：

再在屏幕上指定一点，接着提示：

是否删除源对象？［是（Y）/否（N）］＜N＞：

是否删除源对象是选择是否保留原有图形，默认选项是＜N＞，直接回车，则绘出镜像图形同时保留原有图形；键入 Y 后回车，则相反。

**【例 6-2】** 绘制镜像门的开启线，见图 6-8（a）。

命令：Mirror
选择对象：选择开启线及字体 M—1
选择对象：(不继续选择回车)
指定镜像线的第一点：捕捉端点 A
指定镜像线的第二点：捕捉中点 B
是否删除源对象？[是 (Y)/否 (N)] <N> ：回车

操作结束后，结果如图 6-8 (b) 所示。

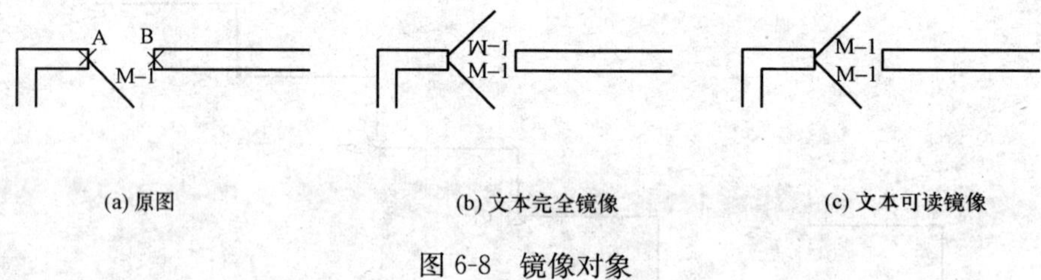


(a) 原图　　(b) 文本完全镜像　　(c) 文本可读镜像

图 6-8　镜像对象

4. 说明

(1) 镜像是以给定两点形成的镜像线为对称线，如图中 AB 线，镜像线不要求长度，且可以是任意角度。

(2) 文本镜像有两种结果：一种是文本完全镜像，见图 6-8 (b)；另一种是文本可读镜像，见图 6-8 (c)。这两种状态由系统变量 Mirrtext 控制：Mirrtext＝1，文本作完全镜像；Mirrtext＝0，作可读镜像。

5. 技巧

对于绘图过程中出现的对称图形只需画出其中一半，另一半通过镜像绘出。

**三、偏移对象**

1. 功能

可以创建与原对象平行的新对象，同时偏移指定的距离。能进行偏移的对象有直 线、圆、圆弧、椭圆、椭圆弧、二维多段线、参照线、射线和样条曲线等。

2. 命令调用

- 输入命令：Offset
- 下拉菜单：修改→偏移
- 工具栏："修改"工具栏中按钮

3. 操作方法

启动 Offset 命令后，命令行提示：

当前设置：删除源＝否　图层＝源　OFFSETGAPTYPE＝0
指定偏移距离或 [通过 (T)/删除 (E)/图层 (L)] <10>：

各选项含义如下：

(1) 指定偏移距离。给定偏移对象与源对象之间的距离，该选项为默认选项。输入距离值后，回车，命令行提示：

选择要偏移的对象，或［退出（E）/放弃（U）］<退出>：

用鼠标选取要偏移的对象后，AutoCAD 继续提示：

指定要偏移的那一侧上的点，或［退出（E）/多个（M）/放弃（U）］<退出>：

1）指定要偏移的那一侧上的点：将光标放在要偏移的一侧拾取鼠标左键，则确定了源对象的偏移方向。

2）退出（E）：选择该项，退出 Offset 命令。

3）多个（M）：选择该项，系统提示：

指定要偏移的那一侧上的点，或［退出（E）/放弃（U）］<下一个对象>：

不断指定要偏移的那一侧上的点，则可以按照当前偏移距离重复偏移操作。

4）放弃（U）：选择该项，放弃最近偏移的对象。

（2）通过（T）。过指定点进行偏移，选择该项，系统提示：

选择要偏移的对象，或［退出（E）/放弃（U）］<退出>：（选取偏移对象）
指定通过的点，或［退出（E）/多个（M）/放弃（U）］<退出>：

指定一点后，偏移的对象通过该点。

（3）删除（E）。确定偏移后，是否删除源对象。选择该项，AutoCAD 提示：

要在偏移后删除源对象吗？［是（Y）/否（N）］<否>：

（4）图层（L）。确定偏移对象所在的图层，选择该项，AutoCAD 提示：

输入偏移对象的图层选项［当前（C）/源（S）］<源>：

1）当前（C）：让偏移对象创建在当前图层。

2）源（S）：让偏移对象与源对象在同一图层。

4. 说明

（1）执行偏移命令，只能用拾取框点选目标。

（2）对不同图形执行偏移命令，会产生不同的结果，图 6-9 所示是几种图形偏移后的结果。

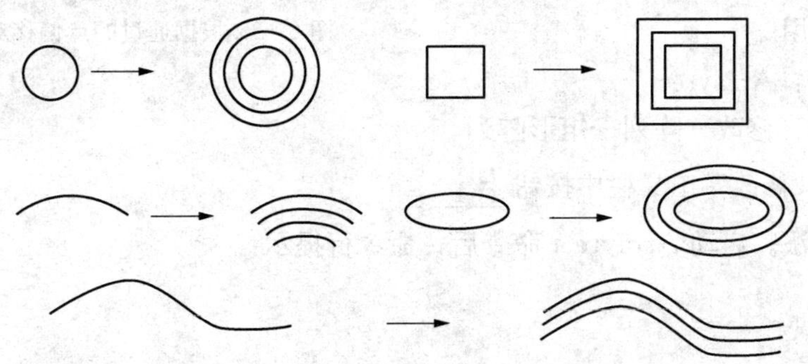

图 6-9　不同图形对象的偏移

**【例 6-3】** 生成一组距离为 10 的平行线，见图 6-10。

命令：Offset

当前设置：删除源=否　图层=源　OFFSETGAPTYPE=0

指定偏移距离或［通过（T）/删除（E）/图层（L）］<10>：10

选择要偏移的对象，或［退出（E）/放弃（U）］<退出>：(选取直线 P)

指定要偏移的那一侧上的点，或［退出（E）/多个（M）/放弃（U）］<退出>：(在直线 P 的右侧任意指定一点，偏移出直线 P1)

选择要偏移的对象，或［退出（E）/放弃（U）］<退出>：(可继续选取)

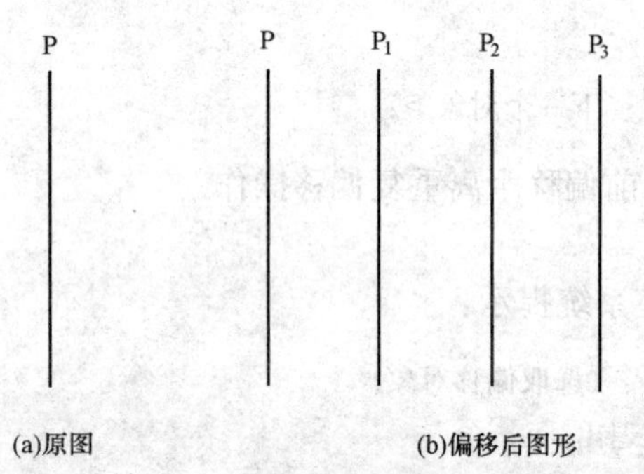


图 6-10　根据偏移距离偏移对象

到此步骤后，将重复上面操作，可继续选取 P1，偏移出 P2，往下依次类推，操作结束后，结果产生一组距离为 10 的平行线，见图 6-10（b）。

**【例 6-4】** 偏移直线 AB，偏移生成的线通过圆心，见图 6-11（a）。

指定偏移距离或［通过（T）/删除（E）/图层（L）］<10>：T

选择要偏移的对象，或［退出（E）/放弃（U）］<退出>：(选取直线 AB)

指定通过的点，或［退出（E）/多个（M）/放弃（U）］<退出>：捕捉圆心

结果见图 6-11（b）。

## 四、阵列对象

阵列命令可以将选中的对象按不同的排列方式复制出一组。按照阵列的方式不同分为矩形阵列、路径阵列和环形阵列。

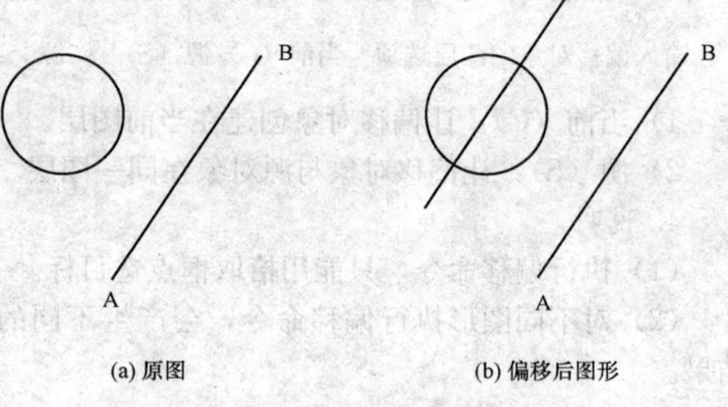


图 6-11　根据通过的点偏移对象

1. 矩形阵列

矩形阵列是按任意行、列和层数阵列对象。

（1）命令调用。

- 输入命令：Arrayrect
- 下拉菜单：修改→阵列→矩形阵列
- 工具栏："修改"工具栏中按钮

（2）操作方法。启动 Arrayrect 命令后，命令行提示：

命令：Arrayrect

选择对象：

选择要阵列的对象后回车，屏幕上显示 3 行 4 列阵列图形，而命令行提示：

类型=矩形　关联=是

选择夹点以编辑阵列或［关联（A S）/基点（B）/计数（COU）/间距（S）/列数（COL）/行数（R）/层数（L）/退出（X）］<退出>

各选项含义如下：

1）选择夹点以编辑阵列。

光标选择阵列图形上的不同夹点，可对阵列图形做移动、改变行数和列数、改变行间距和列间距等编辑。

2）关联（AS）。创建关联阵列，则阵列后的图形为一个整体。

3）计数（COU）。是确定阵列的行数与列数，与后面的“行数（R）”以及“列数（COL）”作用重复。

4）间距（S）。规定每列的列距与每行之间的行距。若行间距为负值，则向下阵列；若列间距为负值，则向左阵列。

5）层数（L）。表示Z轴方向的层数，该选项中还包含每层之间的距离，在3D绘图中使用。

（3）说明。在命令状态下选中阵列生成的图形对象，屏幕上会出现如图6-12所示的快捷菜单，在该菜单中可很方便地设置矩形阵列的选项。其中“行标高增量”参数表示行与行之间在Z轴上的增量，默认值为0。

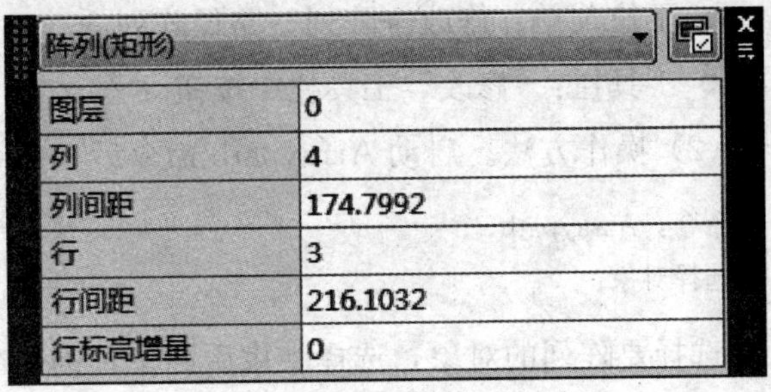

| 阵列(矩形) | |
|---|---|
| 图层 | 0 |
| 列 | 4 |
| 列间距 | 174.7992 |
| 行 | 3 |
| 行间距 | 216.1032 |
| 行标高增量 | 0 |

图6-12　矩形阵列快捷菜单

**【例6-5】** 将图6-13（a）中的窗进行矩形阵列（窗宽30、高40）。

操作步骤如下：

命令：Arrayrect

选择对象：（选择窗）

选择对象：（回车）

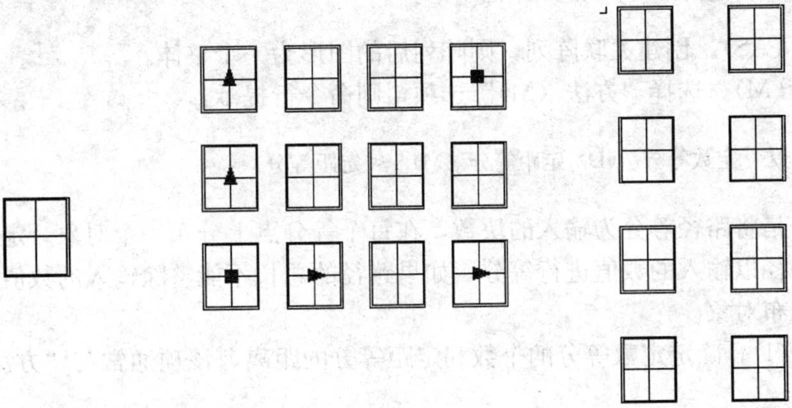

(a) 原图　(b) 选择对象后自动生成的图形　(c) 阵列完成后的图形

图6-13　窗的矩形阵

则屏幕上自动生成了 3 行 4 列阵列图形，见图 6-13（b），命令行提示：

选择夹点以编辑阵列或［关联（A S)/基点（B)/计数（COU)/间距（S)/列数（COL)/行数（R)/层数（L)/退出（X)］<退出>

输入列数（COL），则命令行提示：

输入列数数或［表达式（E)］<4>：(输入数值 2)
指定列数之间的距离［总计（T)/表达式（E)］<默认值>：(输入数值 60)

相同操作，给出行数 4 行、行间距 60，完成的阵列图形见图 6-13（c）。

2. 路径阵列

路径阵列是按照整个路径或部分路径平均分布对象，路径可以是直线、多段线、圆弧、样条曲线、螺旋线、圆、椭圆等图元。

（1）命令调用。

- 输入命令：Arraypath
- 下拉菜单：修改→阵列→路径阵列
- 工具栏："修改"工具栏中按钮

（2）操作方法。启动 Arraypath 命令后，命令行提示：

命令：Arraypath
选择对象：

选择要阵列的对象，选择结束后回车，则命令行提示：

类型＝矩形　关联＝是
选择路径曲线：

选择路径曲线，屏幕上自动生成阵列后的图形，此时命令行提示：

选择夹点以编辑阵列或［关联（AS)/方法（M)/基点（B)/切向（T)/项目（I)/行（R)/层（L)/对齐项目（A)/方向（Z）退出（X)］<退出>：

1）关联（AS）。创建关联阵列，则阵列后的图形为一个整体。

2）方法（M）。选择"方法（M）"选项，则命令行提示：

输入路径方法［定数等分/（D）定距等分（M)］<定距等分>：

定数等分是将路径等分为输入的块数，在每个等分点上分布一个对象。定距等分则是将命令行提示路径以输入的数值进行等分，如果路径的总长不能整除输入的数值，则多出的长度上将不会分布对象。

3）项目（I）。确定定数等分的个数和定距等分的距离，该项通常与"方法（M）"一起使用。

4）基点（B）。基点的选取是任意的，路径阵列的默认基点在路径的起点上。如果将基点选在对象上，则对象会贴在路径上，并且基点与路径起点重合。

5）切向（T）与法线（N）。"切向（T）"指定阵列中的项目如何相对于路径的起始方向对齐。如果选择“法线（N）”，则阵列对象的每个单元所在平面与路径垂直。

6）行（R）与层（L）。“行（R）”表示阵列的行数，行间距及行与行之间的标高增量。标高增量即相邻行与行之间在 Z 轴方向上的增量。“层（L）”表示在 Z 轴上叠加的层数，还包括层间距的数值。

7）对齐项目（A）。表示是否对齐每个项目以与路径的方向相切。对齐相对于第一个项目的方向。

8）Z 方向（Z）。控制是否保持项目的原始 Z 方向或沿三维路径自然倾斜项目路径。

**【例 6-6】** 利用路径阵列命令完成如图 6-14（d）所示的椅子和圆桌的绘制。

首先绘制阵列源对象（椅子）和阵列路径（圆桌），圆桌的绘制应使用 Pline 命令一次完成，完成图见 6-14（a）。

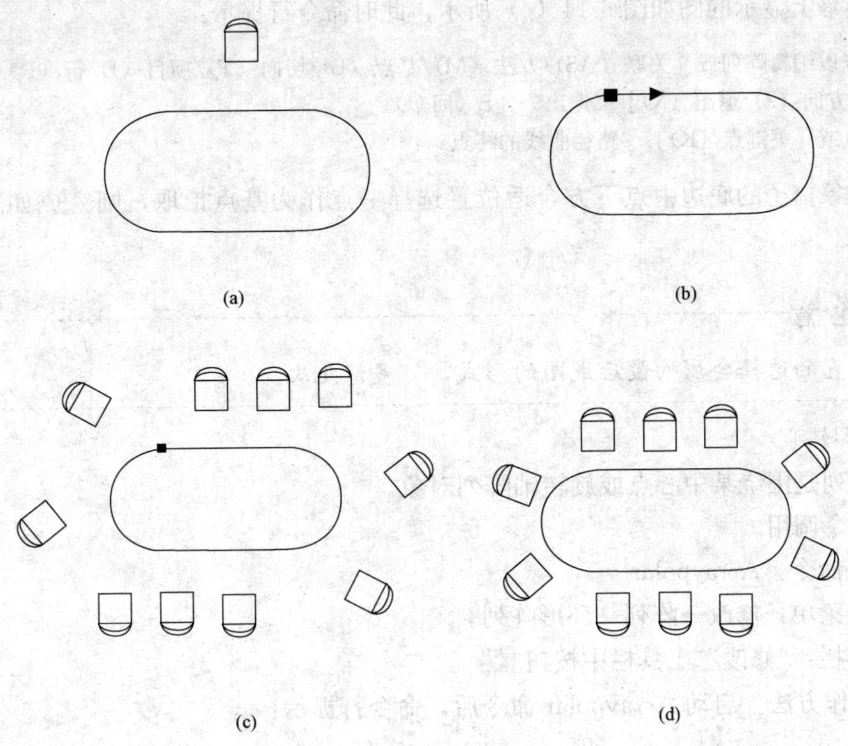


图 6-14　椅子的路径阵列

操作步骤如下：

命令：Arraypath
选择对象：（选择椅子）
选择对象：（回车）
选择路径曲线：（选择圆桌）

完成选择后，图中显示为 6-14（b）所示，此时命令行提示：

选择夹点以编辑阵列或［关联（AS）/方法（M）/基点（B）/切向（T）/项目（I）/行（R）/层（L）/对齐项目（A）/方向（Z）/退出（X）］＜退出＞：M（回车）

此时可选择夹点编辑或命令输入两种方式完成路径阵列，该例题选择以命令输入方式完成。

输入路径方法［定数等分（D）/定距等分（M）］<定距等分>：D（回车）

此时屏幕上出现了沿圆桌阵列的数个椅子图形，椅子的个数是上一次操作的默认个数，同时命令行提示：

选择夹点以编辑阵列或［关联（AS）/方法（M）/基点（B）/切向（T）/项目（I）/行（R）/层（L）/对齐项目（A）/Z 方向（Z）/退出（X）］<退出>：I（回车）

输入沿路径的项目数或［表达式（B）］<13>：10（回车）

此时屏幕上显示的图如图 6-14（c）所示，此时命令行提示：

选择夹点以编辑阵列或［关联（AS）/方法（M）/基点（B）/切向（T）/项目（I）/行（R）/层（L）/对齐项目（A）/Z 方向（Z）/退出（X）］<退出>：B（回车）
指定基点或［关键点（K）］<路径曲线的终点>：

在源对象椅子的底边中点下方合适位置选择一点作为基点拾取，则完成如图 6-14（d）所示的图。

基点位置的选择会影响最后成图的形式，可多试几次。

3. 环形阵列

环形阵列是围绕某中心点或旋转轴阵列对象。

（1）命令调用。

- 输入命令：Arraypolar
- 下拉菜单：修改→阵列→环形阵列
- 工具栏：“修改”工具栏中按钮

（2）操作方法。启动 Arraypolar 命令后，命令行提示：

命令：Arraypolar
选择对象：

选择阵列对象后命令行提示：

类型＝矩形　关联＝是
指定阵列的中心点或［基点（B）/旋转轴（A）］：（拾取一阵列中心点）

选取一中心点后，屏幕上自动生成了 6 个环形阵列后的图形，此时命令行提示：

选择夹点以编辑阵列或［关联(A S)/基点(B)/项目(I)/项目间角度(A)/填充角度(F)/行(ROW)/层(L)/旋转项目(ROT)退出(X)］<退出>

部分选项的含义与矩形阵列相同，在此不重复介绍。主要选项含义如下：

1）项目（I）：设置阵列后显示的对象总数。

2）项目间的角度（A）：设置阵列对象基点和阵列中心间包含角。只能是正值。

3）填充角度（F）：设置环形阵列的范围。角度为正值按逆时针方向阵列，角度为负值按顺时针方向阵列。

4）旋转项目（ROX）：确定环形阵列时对象本身是否自转。

说明：选中环形阵列生成的图形对象后，屏幕上会出项如图 6-15 所示的快捷菜单，在该菜单中可很方便地设置环形阵列的选项。

| 阵列(环形) | |
|---|---|
| 图层 | 0 |
| 方向 | 逆时针 |
| 项数 | 10 |
| 项目间的角度 | 36 |
| 填充角度 | 360 |
| 旋转项目 | 是 |

图 6-15　环形阵列快捷菜单

**【例 6-7】** 对图 6-16（a）所示的椭圆进行环形阵列。

操作步骤如下：

命令：_ Arraypolar
选择对象：(选择椭圆)
类型＝矩形　关联＝是
指定阵列的中心点或［基点（B)/旋转轴（A)］:（拾取椭圆中心点）

屏幕上自动生成椭圆的阵列图形，见图 6-16（b)，命令行提示：

选择夹点以编辑阵列或［关联（A S)/基点（B)/项目（I)/项目间角度（A)/填充角度（F)/行（ROW)/层（L)/旋转项目/（ROT）退出（X)］<退出>:（输入项目 I)
输入阵列中的项目数或［表达式（E)］<6>:（输入 30)

完成的阵列图形见图 6-16（c)。

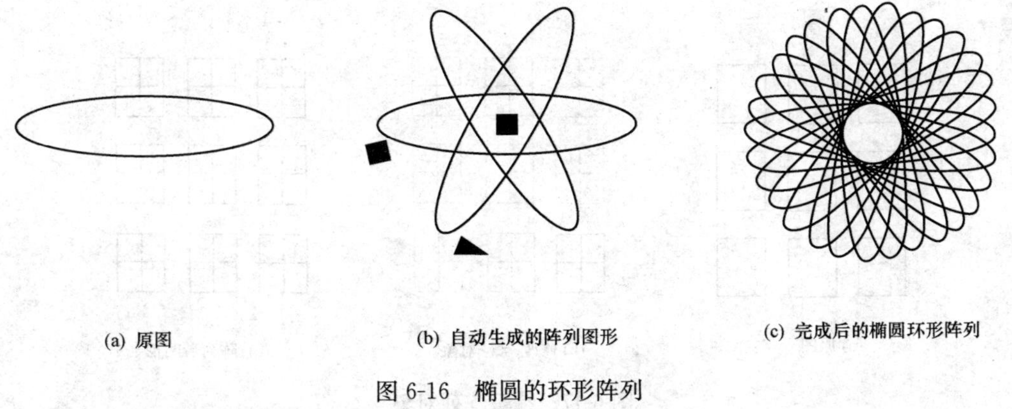

(a) 原图　(b) 自动生成的阵列图形　(c) 完成后的椭圆环形阵列

图 6-16　椭圆的环形阵列

4. 阵列对象的编辑

对于已完成的阵列对象，可以利用阵列编辑命令进行修改完善。

（1）命令调用。

- 输入命令：Arrayedit
- 下拉菜单：修改→对象→阵列
- 工具栏："修改Ⅱ"工具栏中按钮

（2）操作方法。

启动 Arrayedit 命令后，命令行提示：

命令：_ Arrayedit

选择阵列：(选择已生成的矩形阵列图形对象)

选择对象后，命令行提示：

输入选项[关源(S)/替(REP)/基点(B)/行(R)/列(C/)层(L)/重置(RES)退出(X)]<退出>:

在此提示下可以对阵列对象中的相关项目进行修改。下面以一个例题说明 Arrayedit 命令的应用。

**【例 6-8】** 将图 6-17（a）所示阵列对象进行编辑。

操作步骤如下：

命令：_ Arraypedit

选择阵列：(选取图 6-17（a))

输入选项[源(S)/替换(REP)/基点(B)/行(R)/列(C)/层(L)/重置(RES)/退出(X)]<退出>:（输入 S）回车

选择阵列中的项目：(选取阵列对象)

此时屏幕上出现如图 6-18 所示的"阵列编辑状态"对话框，单击"确定"按钮，屏幕上出现如图 6-19 所示的"阵列编辑"工具栏。此时，阵列图形中只有"源"矩形亮显，可以对"源"矩形进行各种修改。用画线命令在"源"矩形中绘制两条线，见图 6-17（b)，完成修改单击"阵列编辑"工具栏中的"保存更改"按钮，完成的图如图 6-17（c）所示。

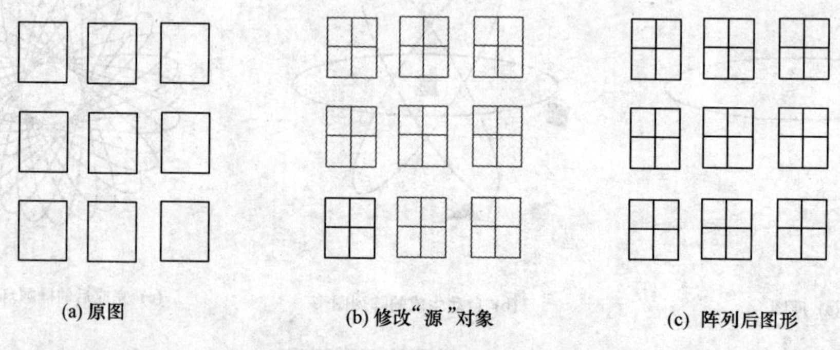

(a) 原图　　(b) 修改"源"对象　　(c) 阵列后图形

图 6-17　编辑阵列对象

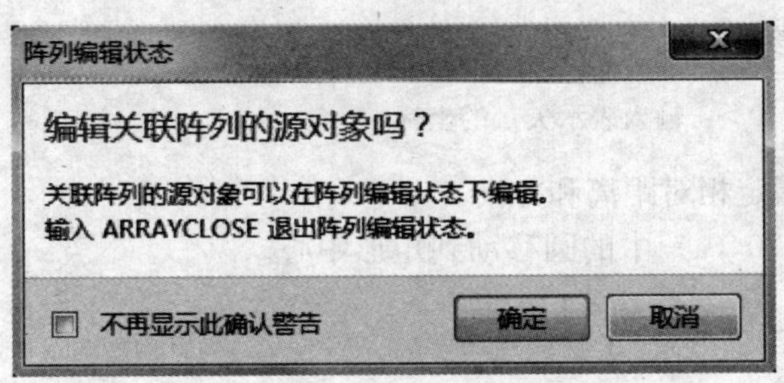


图 6-18　“阵列编辑状态”对话框

图 6-19　阵列编辑工具栏

阵列编辑命令的其他选项可自行操作练习，在此不再赘述。

## 第四节　对象方位处理

在绘图过程中通常需要调整图形的位置和角度，AutoCAD 提供了移动与旋转命令。

### 一、移动对象

1. 功能

不改变图形对象的大小和方向，将其由原位置移动到新位置。

2. 命令调用

- 输入命令：Move
- 下拉菜单：修改→移动
- 工具栏：“修改”工具栏中按钮 ✥

3. 操作方法

执行 Move 命令后，命令行提示：

命令：Move
选择对象：

用鼠标选取要移动的对象后回车，命令行提示：

指定基点或［位移（D）］<位移>：

指定基点：在屏幕上指定一点后，命令行提示：

指定第二个点或<使用第一个点作为位移>：

指定第二个点：在屏幕上指定另外一点，则所选择的移动对象按指定的两点指示的距离和方向移动。

使用第一个点作为位移：如果在“指定第二个点”提示下回车，则指定的基点被认为是相对 X，Y，Z 位移。例如，如果指定基点为（3，5）并在下一个提示下回车，则该对象从它当前的位置开始在 X 方向上移动 3 个单位，在 Y 方向上移动 5 个单位。

位移（D）：选择该项，命令行提示：

指定位移＜2000，0，0＞：输入表示矢量的坐标

输入的坐标值将指定相对距离和方向。

**【例 6-9】** 将图 6-20（a）中的圆移动到矩形中心。

命令：Move
选择对象：（选取圆）
选择对象：（回车）
指定基点或［位移（D）］＜位移＞：捕捉圆心
指定第二个点或＜使用第一个点作为位移＞：（捕捉到矩形中心点后拾取）

操作结果如图 6-20（b）所示。

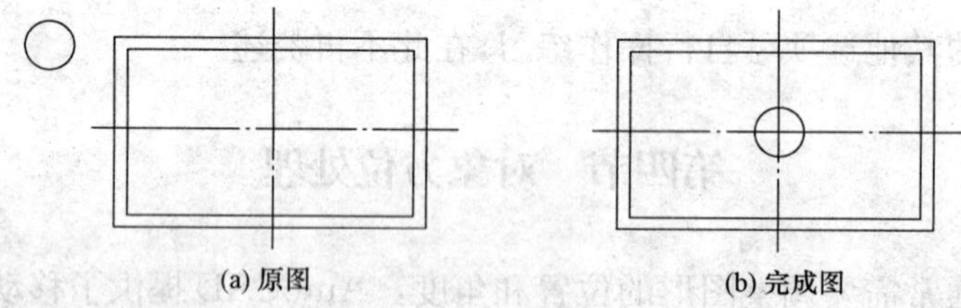

(a) 原图　　(b) 完成图

图 6-20　移动图形

## 二、旋转对象

1. 功能

将图形对象绕某一指定的基准点旋转，改变图形对象的方向。

2. 命令调用

- 输入命令：Rotate
- 下拉菜单：修改→旋转
- 工具栏："修改"工具栏中按钮

3. 操作方法

启动 Rotate 命令后，命令行提示：

命令：Rotate
UCS 当前的正负方向：ANGDIR＝0 逆时针 AGBASE＝0
选择对象：

选择要旋转的对象，选择完成后回车。命令行提示：

指定基点：

在屏幕上指定一点后，命令行提示：

指定旋转角度或［复制（C）/参照（R）］：

各选项含义如下：

（1）指定旋转角度：旋转角度可输入 0～360 之间的角度值，角度为正值，按逆时针旋转；角度为负值，按顺时针旋转。

（2）复制（C）：将对象在旋转的同时进行复制。

（3）参照（R）：该选项表示将所选对象以参照方式旋转，即将对象从指定的角度旋转到新的绝对角度。选择该项，命令行提示：

指定参照角 <0>：

通过输入角度值或指定两点来指定角度，输入参照角度后回车，命令行提示：

指定新角度或［点（P）］<0>：

（4）输入新角度或选择“点（P）”通过指定两点来指定新角度，指定新角度后回车，选取的对象即按照新角度与参照角度的之差旋转，这样免去了繁琐的计算。

**【例 6-10】** 将图 6-21(a)所示的图形旋转 30°。

命令：Rotate
UCS 当前的正负方向：ANGDIR＝0 逆时针 AGBASE＝0
选择对象：(选取图形)
选择对象：(回车)
指定基点：(捕捉 A 点)
指定旋转角度或［复制（C）/参照（R）］：30

操作结果见图 6-21（b）。

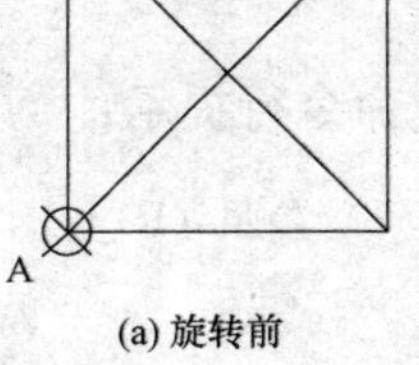

(a) 旋转前

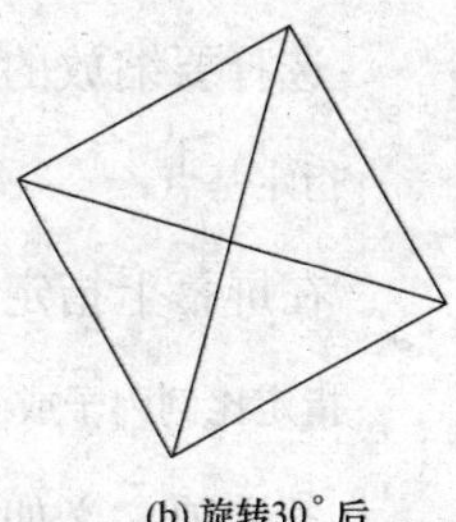
(b) 旋转30° 后

图 6-21　旋转图形

**【例 6-11】** 将图 6-22（a）所示中门的开启线旋转到 45°角。

操作如下：

命令：
命令：_Rotate
UCS 当前的正角方向：ANGDIR＝逆时针　ANGBASE＝0
选择对象：(选择门的开启线)
选择对象：(回车)
指定基点：(捕捉 A 点)
指定旋转角度，或［复制（C）/参照（R）］<0>：R
指定参照角 <0>：　(捕捉 A 点) 指定第二点：(捕捉 B 点)
指定新角度或［点（P）］<0>：(输入 45)

操作结果见图 6-22（b）。

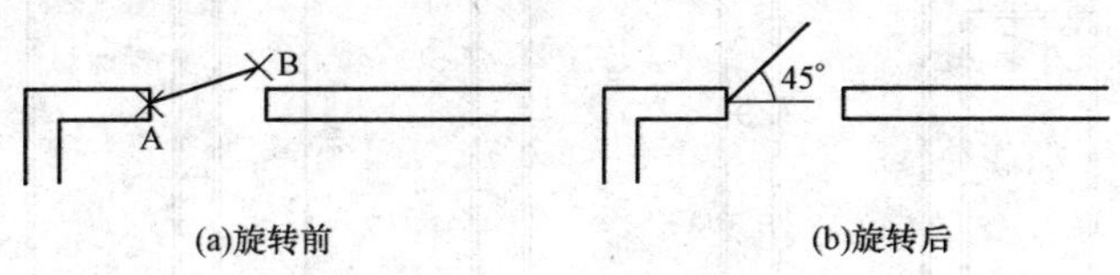

(a)旋转前　(b)旋转后

图 6-22　参照方式旋转

# 第五节　对象变形处理

## 一、比例缩放

1. 功能

将图形按需要的比例任意放大或缩小。

2. 命令调用

- 输入命令：Scale
- 下拉菜单：修改→缩放
- 工具栏："修改"工具栏中按钮

3. 操作方法

启动 Scale 命令后，命令行提示：

命令：Scale
选择对象：

选择要缩放的对象，选择完成后回车，命令行提示：

指定基点：

在屏幕上指定一点，命令行提示：

指定比例因子或 [复制 (C)/参照 (R)]：

各选项含义如下：

(1) 指定比例因子：是默认选项，比例因子小于 1 时缩小对象，比例因子大于 1 时放大对象。

(2) 复制 (C)：将源对象在缩放同时进行复制。

(3) 参照 (R)：该选项表示将所选对象以参照方式缩放。选择该项，命令行提示：

指定参照长度<0>：(输入参照长度值)
指定新长度：(输入新长度值)

参照方式实质是 AutoCAD 根据参照长度和新长度自动算出比例因子（比例因子＝新长度/参照长度），然后按该比例因子进行缩放。

**【例 6-12】** 将图 6-23 (a) 所示的门放大 1.5 倍。

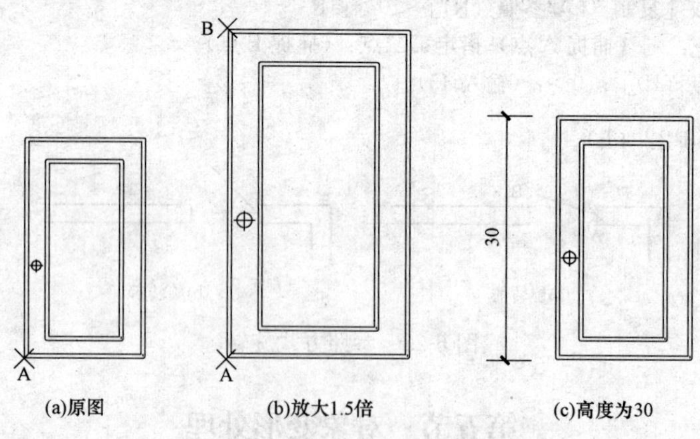


图 6-23　图形的比例缩放

操作如下：

指定基点：(捕捉 A 点)

指定比例因子或［复制（C）/参照（R）］：（输入比例因子 1.5）

操作结果如图 6-23（b）所示。

**【例 6-13】** 用比例缩放的参照方式将图 6-23（b）中的门进行缩放，使其高度为 30。

操作如下：

指定旋转角度或［复制（C）/参照（R）］：R
指定参照长度＜0＞：（捕捉 A 点）
指定第二点：（捕捉 B 点）
指定新长度：（输入 30）

操作结果见图 6-23（c）。

4. 技巧

如果想要将现有图形放大（缩小）到一定尺寸时，应用参照方式最适合。若已知参照长度和新长度可直接输入长度值，若未知则可以通过在屏幕上定点确定，如［例 6-12］中未知的参照长度是通过在屏幕上定 A、B 点获得。

## 二、拉伸对象

1. 功能

将图形对象按指定的方向或角度拉长、缩短或移动。

2. 命令调用

- 输入命令：Stretch
- 下拉菜单：修改→拉伸
- 工具栏："修改"工具栏中按钮

3. 操作方法

启动 Stretch　命令后，命令行提示：

命令：Stretch
以交叉窗口或交叉多边形选择要拉伸的对象……

选择对象：

选择要拉伸的对象。

注意

Stretch 命令一定要用交叉窗口或交叉多边形选择要拉伸的对象。同时注意以下几点：①对象端部包含在窗口内时，该对象将会被拉长或缩短；②对象全部包含在窗口内时，该对象执行移动操作；③对象中间部分包含在窗口内时，拉伸命令对其不起作用。

选择对象完成后回车，命令行提示：

指定基点或［位移（D）］＜位移＞：

（1）指定基点：在屏幕上指定一点后，命令行提示：

指定第二个点或＜使用第一个点作为位移＞：

指定第二个点：在屏幕上指定另外一点，则所选择的对象按指定的两点指示的距离和方向拉伸。

(2) 使用第一个点作为位移：如果在“指定第二个点”提示下回车，则指定的基点被认为是相对 X，Y，Z 拉伸。

(3) 位移 (D)：选择该项，命令行提示：

指定位移 <2000，0，0>：输入表示矢量的坐标

输入的坐标值将指定相对距离和方向。

**【例 6-14】** 将图 6-24 (a) 中的墙段中的窗向右侧拉长 10。

操作如下：

命令：Stretch
以交叉窗口或交叉多边形选择要拉伸的对象……
选择对象：(用交叉窗口选择对象)
选择对象：(回车)
指定基点或 [位移 (D)] <位移>：捕捉 M 点 (或任意点)
指定第二个点或<使用第一个点作位移> (将光标拉向 M 点右侧后输入 900)

操作结果见图 6-24 (b)。

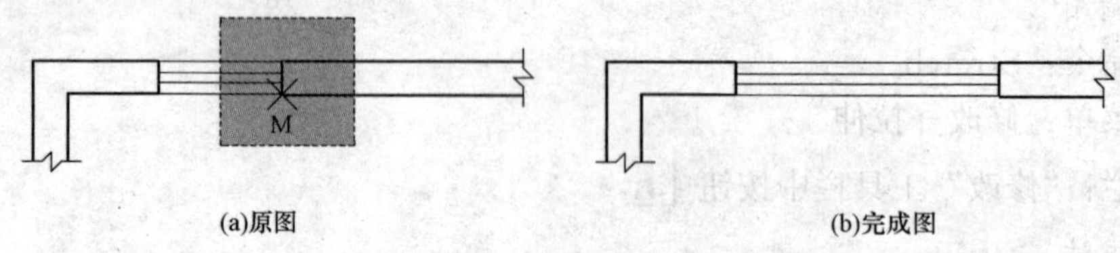


图 6-24 图形的拉伸

4. 说明

(1) 拉长或缩短可按给定的数值操作。

(2) 沿水平或竖直方向拉伸时一定要处于正交状态或极轴状态。

**三、拉长对象**

1. 功能

可改变非闭合的直线、圆弧、多段线等的长度。

2. 命令调用

- 输入命令：Lengthen
- 下拉菜单：修改→拉长

3. 操作方法

结合例题，讲述该命令的操作方法。

**【例 6-15】** 对图 6-25 (a) 中的直线和圆弧操作 Lengthen 命令，启动 Lengthen 后，命令行提示：

命令：Lengthen
选择对象或 [增量 (DE)/百分数 (P)/全部 (T)/动态 (DY)]：选择直线

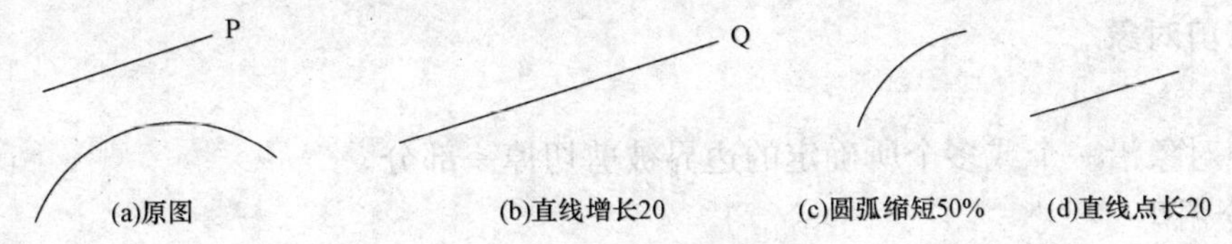


图 6-25　直线与圆弧的拉长

选择对象为默认项，在此提示下选择对象，每选择一个对象 AutoCAD 就会显示对象的长度和包含角（如果对象有包含角）。

选择直线后命令行提示：

当前长度：24
选择对象或［增量(DE)/百分数(P)/全部(T)/动态(DY)］：

（1）增量（DE）：在提示下输入 DE，进入增量操作模式，命令行提示：

输入长度增量或［角度（A)］：(输入数值 20)
选择要修改的对象或［放弃（U)］：选择直线 P
选择要修改的对象或［放弃（U)］：回车

操作结束后，直线增长了 20。所选的圆弧或直线在离拾取点近的一端变长或缩短（以下操作相同）。操作结果见图 6-25（b）。

长度增量值为负时，直线将缩短。

“角度（A）”选项是针对圆弧的操作，在此不再举例。

（2）百分数（P）：以总长百分比的方式改变圆弧角度或直线长度。执行该选项，命令行提示：

输入长度百分数＜100.0000＞：(输入 50)
选择要修改的对象或［放弃（U)］：(选择圆弧)

操作结束后，圆弧缩短了 50%。操作结果见图 6-25（c）。

（3）全部（T）：以圆弧或直线的新总长度为基准，将圆弧或直线拉长或缩短。执行该选项，命令行提示：

输入总长度或［角度（A)］＜1.0000＞：(输入 20)
选择要修改的对象或［放弃（U)］：(选择直线 Q)

操作结束后，直线 Q 的总长度是 20，操作结果见图 6-25（d）。

（4）动态（DY）：通过动态拖动模式改变对象的长度。执行该选项，命令行提示：

选择要修改的对象或［放弃（U)］：

选择对象后，在绘图区内对象随着鼠标的拖动不断变换长度，同时命令行提示：

指定新端点：

拾取一点后可确定对象的长度。

### 四、修剪对象

1. 功能

可以使对象沿一个或多个所确定的边界被剪切掉一部分。

2. 命令调用

● 输入命令：Trim

● 下拉菜单：修改→修剪

● 工具栏："修改"工具栏中按钮

3. 操作方法

启动 Trim 命令后，命令行提示：

命令：Trim
当前设置：投影＝UCS，边＝无
选择剪切边……
选择对象或＜全部选择＞：

注意

此处提示的选择对象是选择剪切的边界。

选择边界对象完成后回车，命令行提示：

选择要修剪的对象，或按住 Shift 键选择要延伸的对象，或
[栏选（F）窗交（C）/投影（P）/边（E）删除/（R）/放弃（U）]：

各选项含义如下：

（1）选择要修剪的对象：选择要修剪的对象时，一定选择要被剪掉的部分。

（2）按住 Shift 键选择要延伸的对象：若剪切边与被修剪对象不相交，则不能进行修剪，可以在选择剪切边（包括被剪切对象）后，按住 Shift 键同时让剪切边与被修剪对象相交后再进行修剪。

（3）栏选（F）/窗交（C）：以栏选和窗交方式选择要修剪的对象。

（4）投影（P）：确定执行修剪空间。

（5）边（E）：确定修剪方式。执行该选项时，提示如下：

输入隐含边延伸模式［延伸（E）/不延伸（N）］＜不延伸＞：

延伸（E）：如果剪切边界与被修剪边不相交，选择该项 AutoCAD 会假设将剪切边界延长，然后再修剪。

不延伸（N）：默认项。选择该项如果剪切边界与被修剪边不相交，则不能进行剪边。

（6）删除（R）：执行该选项后，能将选择的对象删除。

4. 说明

（1）可以修剪的对象包括直线、圆弧、圆、椭圆弧、打开的二维和三维多段线、射线、构造线和样条曲线。可以作为剪切边的对象包括直线、圆弧、圆、椭圆、多段线、射线、构造线、样条曲线和区域填充。

（2）使用修剪命令还可以修剪尺寸标注线。

**【例 6-16】** 将图 6-26（a）中直线超出圆弧部分的 PA 段剪切掉。

操作如下：

启动 Trim 命令后，命令行提示：

命令：Trim

当前设置：投影＝UCS，边＝无

选择剪切边……

选择对象或＜全部选择＞（选择圆弧）

选择对象（回车）

选择要修剪的对象，或按住 Shift 键选择要延伸的对象，或

［栏选（F）/窗交（C）/投影（P）/边（E）/删除（R）/放弃（U）］：拾取框选择直线的 PA 段

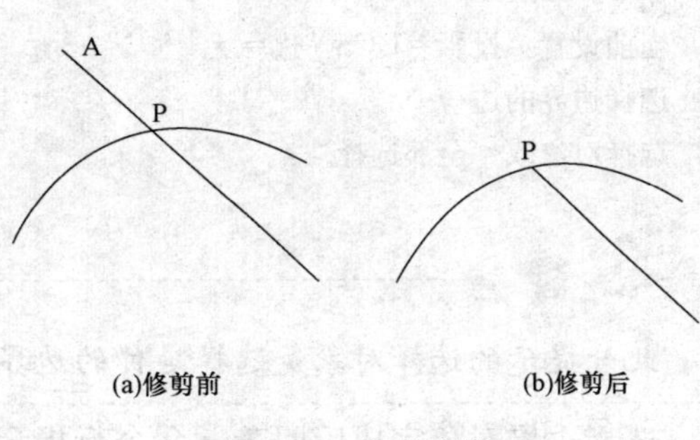


(a)修剪前　　(b)修剪后

图 6-26　修剪直线

操作结果见图 6-26（b）。

**【例 6-17】** 将图 6-27（a）中“井”字图形中的 AB、BC、CD、DA 段剪切掉。

操作如下：

启动 Trim 命令，命令行提示：

命令：Trim

当前设置：投影＝UCS，边＝无

选择剪切边……

选择对象或＜全部选择＞（用窗口方式将四条线全部选择）

选择对象（回车）

选择要修剪的对象，或按住 Shift 键选择要延伸的对象，或

［栏选(F)/窗交(C)/投影(P)/边(E)/删除(R)/放弃(U)］：(拾取框分别点取 AB、BC、CD、DA 段)

操作结果见图 6-27（b）。

从［例 6-17］可看出：剪切边同时可作为被修剪的对象。另外如果被修剪的对象较多，可以用窗口选择或栏选的方式将被修剪的部分一次选上，避免了一次又一次点取的麻烦。

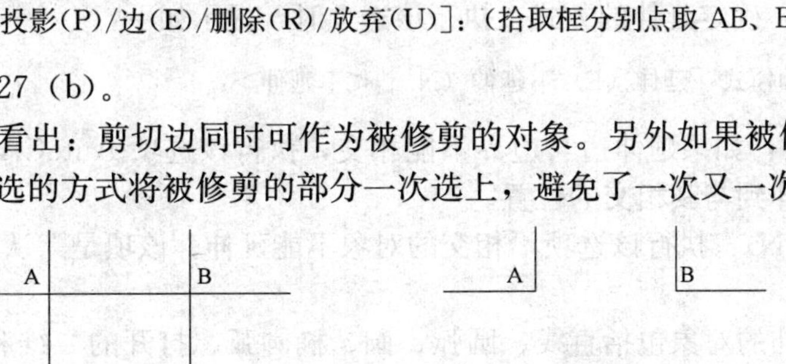

(a)修剪前　　(b)修剪后

图 6-27　图形的修剪

## 五、延伸对象

1. 功能

使用该命令，可以将直线、圆弧等对象精确地延伸至指定的边界。该命令的操作步骤和

方法与修剪命令类似。

2. 命令调用

● 输入命令：Extend

● 下拉菜单：修改→拉伸

● 工具栏："修改"工具栏中按钮--/

3. 操作方法

启动 Extend 命令后，命令行提示：

命令：Extend
当前设置：投影＝UCS，边＝无
选择边界的边……
选择对象或＜全部选择＞：

此处提示的选择对象是选择延伸的边界。

选择边界对象完成后回车，命令行提示：

选择要延伸的对象，或按住 Shift 键选择要修剪的对象，或
[栏选(F)/窗交(C)/投影(P)/边(E)/放弃(U)]：

各选项含义如下：

(1) 选择要延伸的对象：选择要延伸的对象，注意选择时一定要靠近延伸边界选择。

(2) 按住 Shift 键选择要修剪的对象：选择边界对象后，按住 Shift 键同时可执行修剪命令。

(3) 投影（P）：确定执行延伸的空间。

(4) 边（E）：确定延伸的方式。执行该选项时，提示如下：

输入隐含边延伸模式 [延伸（E）/不延伸（N）] ＜不延伸＞：

1) 延伸（E）：如果延伸边与边界不能相交，执行该选项 AutoCAD 会假想延长延伸边界，使延伸边延伸到与其相交的位置。

2) 不延伸（N）：执行该选项不相交的对象不能延伸。该项是默认项。

4. 说明

(1) 可以延伸的对象包括直线、圆弧、圆、椭圆弧、打开的二维和三维多段线、射线；可以作为延伸边界的对象包括直线、圆弧、圆、椭圆、多段线、射线、构造线、样条曲线、面域和文字。

(2) 延伸边界对象同时可作为被延伸对象。

**【例 6-18】** 将图 6-28（a）中直线 AB、CD 延伸至圆弧和竖直线。

操作如下：

启动 Extend 命令后，命令行提示：

命令：Extend
当前设置：投影＝UCS，边＝无

选择边界的边……
选择对象或<全部选择>（选择圆弧和竖线）
选择对象（回车）
选择要延伸的对象，或按住 Shift 键选择要修剪的对象，或
[栏选（F）/窗交（C）/投影（P）/边（E）/放弃（U）]：（分别靠近 A、B、C、D 四点选直线）

操作结果见图 6-28（b）。

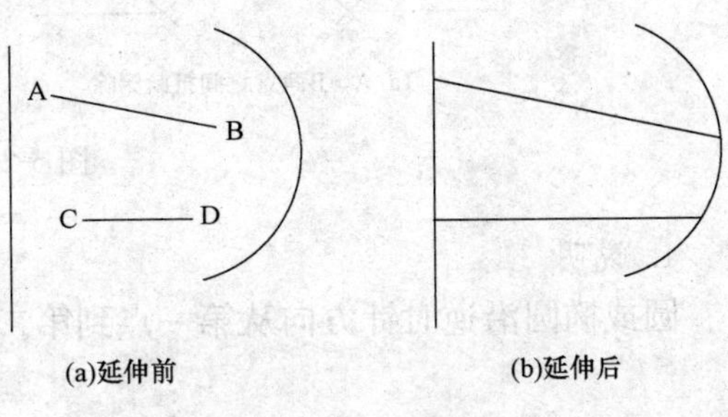

图 6-28 延伸直线

## 六、打断对象

1. 功能

使用该命令可以把对象的某一部分打断、删除，或者将对象分为两部分。可以打断的对象包括直线、圆弧、圆、椭圆、多段线、射线、样条曲线。

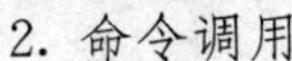

2. 命令调用

- 输入命令：Break
- 下拉菜单：修改→打断
- 工具栏："修改"工具栏中按钮

3. 操作方法

启动 Break 命令后，命令行提示：

命令：Break 选择对象：

选择对象后提示：

指定第二个打断点或[第一点（F）]：

各选项含义如下：

（1）指定第二个打断点：该选项默认为选择对象时拾取的点为打断的第一点，所以直接指定打断的第二点即可。选择第二点时有以下方式：

1）若直接在对象上点取第二点，则两点之间的部分被切断；

2）若在对象端部的外部拾取一点，则第一点到对象端部被全部切断删除；

3）若键入"@"，则将对象在第一点处断为两部分。该结果也可通过工具栏中的"打断于点"命令实现，图标为 。

（2）第一点（F）：若输入"F"，则提示：

指定第一个打断点：
指定第二个打断点：

则两点之间部分被切断删除。此选项是先选择对象，再指定两个打断点打断对象。

**【例 6-19】** 将图 6-29 中的直线打断。

操作如下：

命令：Break 选择对象：（用拾取框在直线上点取 A 点）
指定第二个打断点或[第一点（F）]：

在直线上点取另外一点 B（或点取直线外部的一点，该点向 AB 线上作垂线，垂足是 B

点），则将 A、B 两点之间的线切断删除，见图 6-29（a）。

在直线端部的外部拾取一点 B，则对象从 A 点至端点处的线被切断删除，见图 6-29（b）。

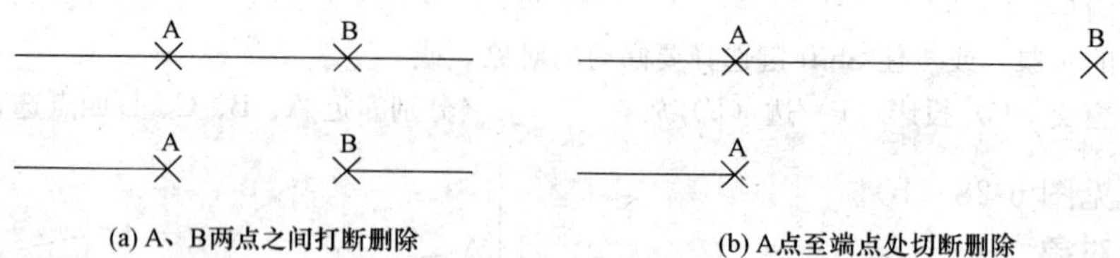


(a) A、B两点之间打断删除　　(b) A点至端点处切断删除

图 6-29　打断直线

4. 说明

圆或椭圆沿逆时针方向从第一点到第二点打断。

## 第六节　对　象　倒　角

### 一、对象倒圆角

1. 功能

可以用指定半径的圆弧将两个对象光滑地连接起来。可操作的对象包括直线、圆弧、椭圆弧、多段线、射线、构造线和样条曲线。

2. 命令调用

- 输入命令：Fillet
- 下拉菜单：修改→圆角
- 工具栏："修改"工具栏中按钮

3. 操作方法

启动 Fillet 命令后，命令行提示：

命令：Fillet
当前设置：模式＝修剪，半径＝0.0000
选择第一个对象或［放弃（U）/多段线（P）/半径（R）/修剪（T）/多个（M）]：

各选项含义如下：

（1）选择第一个对象：该项是默认项。若当前的半径是用户所需要的，可直接点取目标，接着命令行提示：

选择第二个对象，或按住 Shift 键选择要应用角点的对象：

在此提示下点取另外一个目标，就会按照当前的半径对其倒圆角。

（2）多段线（P）：对二维多段线倒圆角。输入"P"后提示：

选择二维多段线：

选取多段线，则一次可将用多段线命令画出的多边形所有边倒角。多边形若是用 Close 命令封闭的，则多边形的各个顶点均倒圆角，但多边形若是用目标捕捉或输入坐标值封闭的，则最后一个顶点不倒圆角。用矩形或多边形命令完成的图形，也按二维多段线倒角。

（3）半径（R）：指定圆角半径。执行该项，命令行提示：

指定圆角半径<0.0000>：

在此提示下，输入圆角半径后回车，命令行提示：

选择第一个对象或［放弃（U）多段线（P）/半径（R）/修剪（T）/多个（M）］：

在此提示下，AutoCAD可按照给定的圆角半径倒角。

（4）修剪（T）：确定在倒圆角时是否对相应的两条边修剪。输入“T”后提示：

输入修剪模式选项［修剪（T）/不修剪（N）］<修剪>：

默认模式是修剪。两种模式的操作结果如图6-30所示。

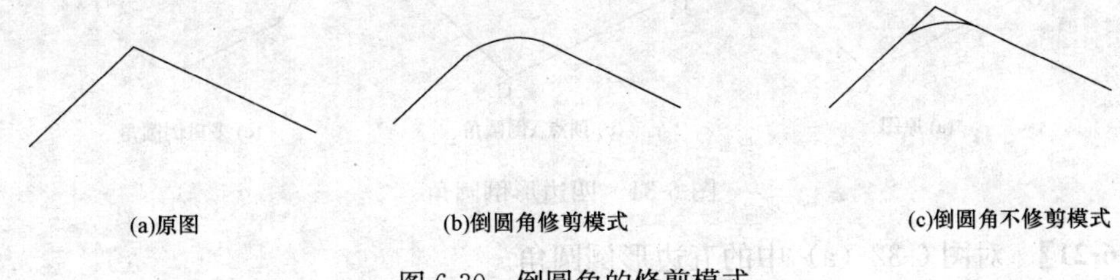


图6-30　倒圆角的修剪模式

（5）多个（M）：多重倒角。执行该项，命令行提示：

选择第一个对象或［放弃（U）/多段线（P）/半径（R）/修剪（T）/多个（M）］：
选取第一个倒角对象后，AutoCAD继续提示：
选择第二个对象，或按住Shift键选择要应用角点的对象：
选取第二个倒角对象后，AutoCAD重复以上提示，直至回车完成倒角命令。

4. 说明

（1）如果圆角半径设置过大，则不能进行倒圆角，这时AutoCAD会给出相应提示。

（2）对两条平行线倒圆角时，AutoCAD自动将圆角半径设为两条平行线距离的一半，两条平行线不等长时，以先点取的线端为基准画半圆弧线。

**【例6-20】** 将图6-31（a）中的四边形四角用半径为5的圆弧连接。

操作如下：

命令：Fillet
当前设置：模式＝修剪，半径＝0.0000
选择第一个对象或［放弃（U）/多段线（P）/半径（R）/修剪（T）/多个（M）］：R
指定圆角半径<0.0000>：（输入数值5）
选择第一个对象或［放弃（U）/多段线（P）/半径（R）/修剪（T）/多个（M）］：（选取直线AB）
选择第二个对象，或按住Shift键选择要应用角点的对象：（选取直线AD）
命令：

倒角命令结束，操作结果见图6-31（b）。

如果接着对另外三个角进行倒圆角，则回车重新执行Fillet命令。此时应选择多重倒角简化作图步骤。操作如下：

选择第一个对象或［放弃（U）/多段线（P）/半径（R）/修剪（T）/多个（M）］：M
选择第一个对象或［放弃（U）/多段线（P）/半径（R）/修剪（T）/多个（M）］：（选取直线BA）
选择第二个对象，或按住Shift键选择要应用角点的对象：（选取直线BC）
选择第一个对象或［放弃（U）/多段线（P）/半径（R）/修剪（T）/多个（M）］：（选取直线CB）
选择第二个对象，或按住Shift键选择要应用角点的对象：（选取直线CD）
选择第一个对象或［放弃（U）/多段线（P）/半径（R）/修剪（T）/多个（M）］：（选取直线DA）
选择第二个对象，或按住Shift键选择要应用角点的对象：（选取直线DC）

操作结果见图6-31（c）。

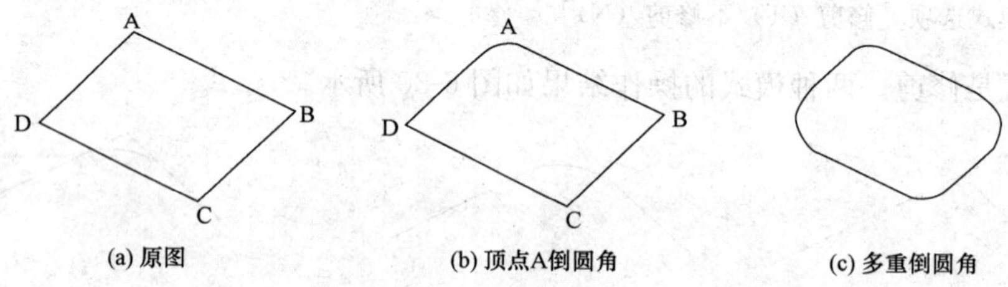


图6-31　四边形倒圆角

**【例6-21】** 对图6-32（a）中的五边形倒圆角。

命令：Fillet
当前设置：模式＝修剪，半径＝5.0000
选择第一个对象或［放弃（U）/多段线（P）/半径（R）/修剪（T）/多个（M）］：P

选择二维多段线：（选取图6-32（a）所示的五边形）

则一次将多边形的所有边倒角，结果如图6-32（b）所示。注意，该五边形必须是多边形命令完成的整体。

5. 技巧

倒圆角有一个非常实用的功能，可将两个对象延长相交或剪掉对象相交后多余部分，见图6-33。操作方法是将圆角半径设为0或者是倒圆角时按住Shift键。

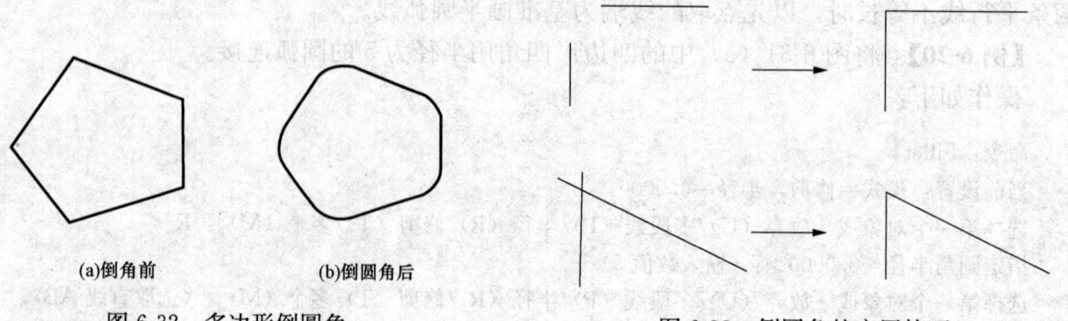


图6-32　多边形倒圆角　　　图6-33　倒圆角的应用技巧

## 二、对象倒切角

1. 功能

用斜线将对象所形成的角切掉。可操作的对象包括直线、多段线、射线和参照线。

2. 命令调用

● 输入命令：Chamfer

- 下拉菜单：修改→倒角
- 工具栏："修改"工具栏中按钮

3. 操作方法

启动 Chamfer 命令后，命令行提示：

命令：_ Chamfer

（"修剪"模式）当前倒角距离 1＝0.0000，距离 2＝0.0000

选择第一条直线或［放弃(U)/多段线(P)/距离(D)/角度(A)/修剪(T)/方式(E)/多个(M)］：

各选项含义如下：

（1）选择第一条直线：该项是默认项。若当前的倒角距离是用户所需要的，可直接点取目标，接着提示：

选择第二个对象，或按住 Shift 键选择要应用角点的对象：

在此提示下点取另外一个目标，就会按照当前的倒角距离倒切角。

（2）多段线（P）：该选项与倒圆角的"多段线（P）"项的操作方法相同，可参考。

（3）距离（D）：指定倒角的距离。执行该项，命令行提示：

指定第一个倒角距离 ＜10.0000＞：

输入第一个倒角距离后回车，AutoCAD 继续提示：

指定第二个倒角距离 ＜20.0000＞：

在此提示下，输入第二个倒角距离后回车，AutoCAD 会提示：

选择第一条直线或［放弃（U）/多段线（P）/距离（D）/角度（A）/修剪（T）/方式（E）/多个（M）］：

（4）角度（A）：根据一个倒角距离和角度进行倒切角。执行该项，命令行提示：

指定第一条直线的倒角长度 ＜50.0000＞：

输入倒角距离后，提示：

指定第一条直线的倒角角度 ＜30＞：

输入角度值后回车，命令行提示：

选择第一条直线或［放弃(U)/多段线(P)/距离(D)/角度(A)/修剪(T)/方式(E)/多个(M)］：

（5）修剪（T）：该选项的操作用户可参考 Fillet 命令。

（6）方式（E）：用于确定按距离方式还是按角度方式进行倒角。选择该项，命令行提示：

输入修剪方法［距离（D）/角度（A）］＜距离＞：

（7）多个（M）：该选项与倒圆角的"多个（M）"项的操作方法相同，可参考。

**【例 6-22】** 对图 6-34（a）中的四边形倒切角。

操作如下：

命令：_ Chamfer

（“修剪”模式）当前倒角距离 1＝5.0000，距离 2＝10.0000

选择第一条直线或［放弃（U)/多段线（P)/距离（D)/角度（A)/修剪（T)/方式（E)/多个（M)]：(输入 D)

指定第一个倒角距离 <5.0000>：(输入 5)

指定第二个倒角距离 <20.0000>：(输入 8)

选择第一条直线或［放弃（U)/多段线（P)/距离（D)/角度（A)/修剪（T)/方式（E)/多个（M)]：(选择 AB 边)

选择第二条直线，或按住 Shift 键选择要应用角点的直线：(选择 AD 边)

操作结果见图 6-34（b)。

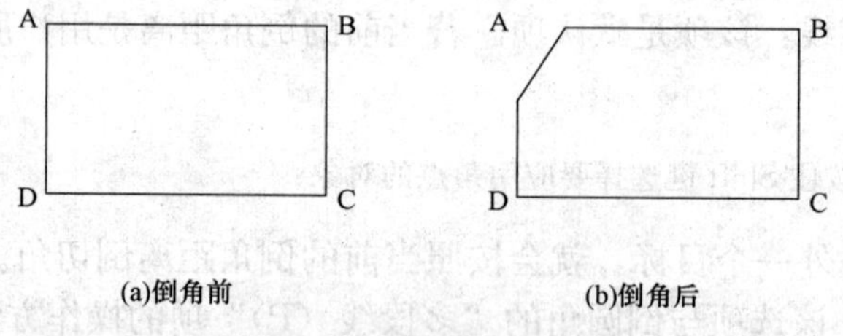


图 6-34 四边形倒切角

## 第七节 合并和分解

### 一、合并对象

1. 功能

使用该命令，可以将分离的直线、多段线、圆弧、椭圆弧等合并成一个完整的对象。

2. 命令调用

- 输入命令：Join
- 下拉菜单：修改→合并
- 工具栏：“修改”工具栏中按钮

3. 操作方法

启动 Join 命令后，命令行提示：

命令：_Join 选择源对象或者要一次合并的多个对象：

在此提示下可以选择以下对象进行合并操作。

(1) 直线。要合并的直线必须共线，直线之间可以有空隙。

**【例 6-23】** 将图 6-35（a）直线 P、Q 合并。

操作如下：

命令：_Join 选择源对象或者要一次合并的多个对象：(选直线 P)

选择要合并到源的直线：(选择直线 Q) 找到 1 个

选择要合并到源的直线：(回车)

已将 1 条直线合并到源

合并结果见图 6-35（b)

（2）多段线。合并到多段线上的对象可以是直线、多段线或圆弧。对象之间不能有间隙和重叠，应首尾相接，并且必须位于与 UCS 的 XY 平面平行的同一平面上。

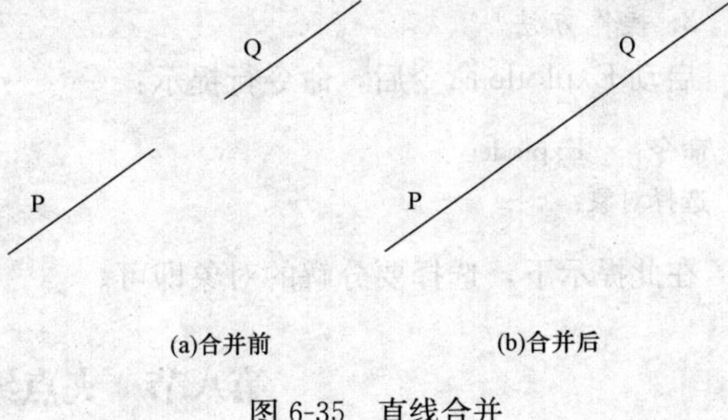


图 6-35 直线合并

**【例 6-24】** 将图 6-36（a）中直线 BC、CD 与多段线 AB 合并。

操作如下：

命令：_ Join 选择源对象或者要一次合并的多个对象：(选择多段线 AB)
选择要合并到源的对象：(用窗口选择目标的方式选择直线 BC、CD)

合并结果见图 6-36（b）。

（3）圆弧。要合并的圆弧对象必须位于同一假想的圆上，但是它们之间可以有间隙。

**【例 6-25】** 将图 6-37（a）中的三段圆弧合并。

操作如下：

命令：_ Join 选择源对象或者要一次合并的多个对象：
选择圆弧，以合并到源或进行［闭合（L）］：(选择一个圆弧)
选择要合并到源的圆弧：(用窗口选择目标的方式选择另外两个圆弧)
已将 2 个圆弧合并到源

合并结果见图 6-37（b）。

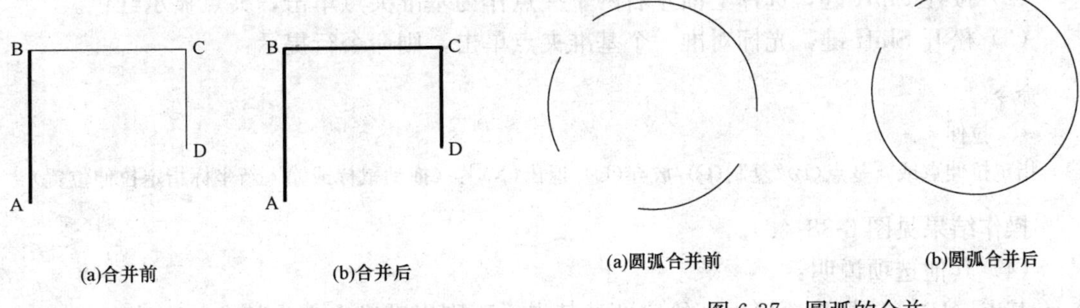


图 6-36 直线与多段线合并

图 6-37 圆弧的合并

合并后的圆弧不封闭，若选择“闭合（L）”选项，源圆弧可以封闭。

合并两条或多条圆弧时，将从源对象开始按逆时针方向合并。另外，Join 命令还可以合并椭圆弧、样条曲线等，用户可以自行操作练习。

## 二、分解对象

1. 功能

可以将多段线 或块等由多个单一对象组合的整体对象分散。

2. 命令调用

- 输入命令：Explode
- 下拉菜单：修改→分解
- 工具栏：“修改”工具栏中按钮

3．操作方法

启动 Explode 命令后，命令行提示：

命令：_ Explode
选择对象：

在此提示下，选择要分解的对象即可。

## 第八节　夹点编辑的操作

在命令状态下直接选择对象时，对象显示带有句柄方式的夹点，若对所选择的对象进行夹点编辑操作，首先应激活夹点，方法是将光标对准一个句柄夹点单击，则夹点显示红色，这表示该点已成为夹点编辑操作的基点，同时，命令行提示：

* * 拉伸 * *
指定拉伸点或［基点（B）/复制（C）/放弃（U）/退出（X）］：

在此提示下，直接按回车键、空格键或输入命令的前两个字母，就可以重复执行拉伸、移动、旋转、比例缩放和镜像的命令操作。

**【例 6-26】** 对图 6-38（a）中的洗手盆利用夹点编辑进行操作。

1．将图中上面部分的矩形拉伸

操作步骤如下：

（1）用交叉窗口选择目标，在图中出现夹点，见图 6-38（b）、（c）。

（2）按住 Shift 键，选择上面左右两个夹点作为基准夹点单击，夹点显示红色。

（3）松开 Shift 键，光标对准一个基准夹点单击，则命令行提示：

命令：
* * 拉伸 * *
指定拉伸点或［基点(B)/复制(C)/放弃(U)/退出(X)］：(拖动鼠标或输入新坐标指定拉伸位置)

操作结果见图 6-38（d）。

（4）其他选项说明：

基点（B）：选择该项可重新给定新的基点，否则以基准夹点为基点。

复制（C）：选择该项，能进行多重拉伸。

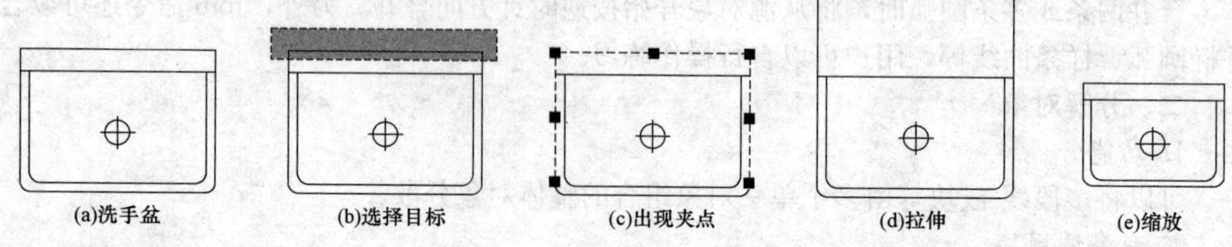


图 6-38　利用夹点拉伸

2．移动排水孔

用窗口选择目标方式选择排水孔，确定圆心位置的夹点为基准夹点单击，命令行提示：

命令：

＊＊拉伸＊＊
指定拉伸点或［基点（B）/复制（C）/放弃（U）/退出（X）］：mo（移动命令的前两个字母）
＊＊移动＊＊
指定移动点或［基点（B）/复制（C）/放弃（U）/退出（X）］：（拖动鼠标指定移动位置）

即将排水孔移动到指定位置。

3. 将排水孔放大 1.5 倍

选择排水孔，确定圆心位置为基准夹点单击，命令行提示：

命令：
＊＊拉伸＊＊
指定拉伸点或［基点（B）/复制（C）/放弃（U）/退出（X）］：sc（比例缩放命令的前两个字母）
＊＊比例缩放＊＊
指定比例因子或［基点（B）/复制（C）/放弃（U）/参照（R）/退出（X）］：1.5
命令：

操作结果见图 6-38（e）。

4. 镜像操作

选择要镜像的对象，确定一个基准夹点单击，命令行提示：

命令：
＊＊拉伸＊＊
指定拉伸点或［基点（B）/复制（C）/放弃（U）/退出（X）］：mi（镜像命令的前两个字母）
＊＊镜像＊＊
指定第二点或［基点（B）/复制（C）/放弃（U）/退出（X）］：B
指定基点：（在屏幕上拾取一点）
指定第二点或［基点（B）/复制（C）/放弃（U）/退出（X）］：c（选择复制）
指定第二点或［基点（B）/复制（C）/放弃（U）/退出（X）］：（拖动鼠标给定另一点）

说明：

（1）指定的基点和第二点实质是指定镜像线上的两点。

（2）若不选择“复制（C）”选项，镜像后源对象将被删除。

夹点编辑的旋转操作与上面各项的操作基本相同。

## 第九节　对　象　特　性

利用 AutoCAD 绘制的图形，具有颜色、图层及线型等各种特性，在绘图过程中可以利用“对象特性管理器”和“特性匹配”命令对所选图形的特性进行编辑和修改。

### 一、对象特性管理器

1. 功能

方便地修改对象的特性。

2. 命令调用

● 输入命令：Properties

- 下拉菜单：修改→特性
- 工具栏："标准"工具栏中按钮
- 快捷键：Ctrl + 1

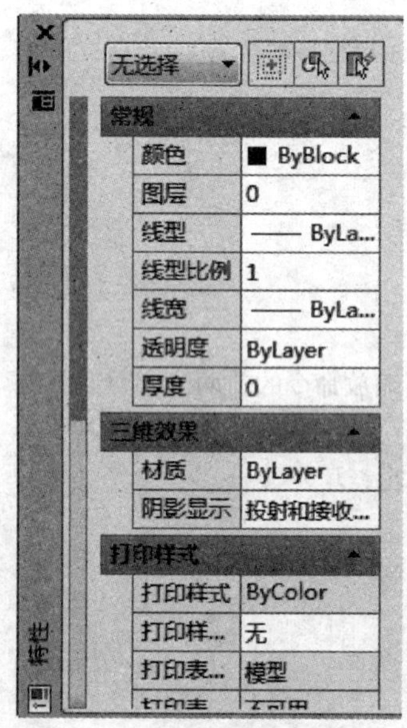


图 6-39 "特性"选项卡

3. 操作

启动"对象特性管理器"后，在绘图窗口内弹出"特性"选项卡，如图 6-39 所示。显示的状态有三种：固定状态、浮动状态和隐藏状态。固定状态和浮动状态可以通过拖动窗口的标题条自由切换。为了节省绘图空间，在浮动状态的标题条上单击"自动隐藏"按钮，则选项卡处于隐藏状态。

若要关闭"特性"选项卡，只要单击窗口右上角的关闭按钮即可。

当未选择任何对象时，"特性"选项卡将显示整个图纸的特性以及它们的当前设置，如颜色、线型、线宽、线型比例等基本特性，图层附着的打印样式和用户坐标系等，如图 6-39 所示。

当选择一个或多个对象时，显示"全部"选项，选项卡中显示所选对象的通用特性，见图 6-40（a），而当选择某一类对象，如选择一个圆，对话框中显示所选对象的全部特性，见图 6-40（b）。

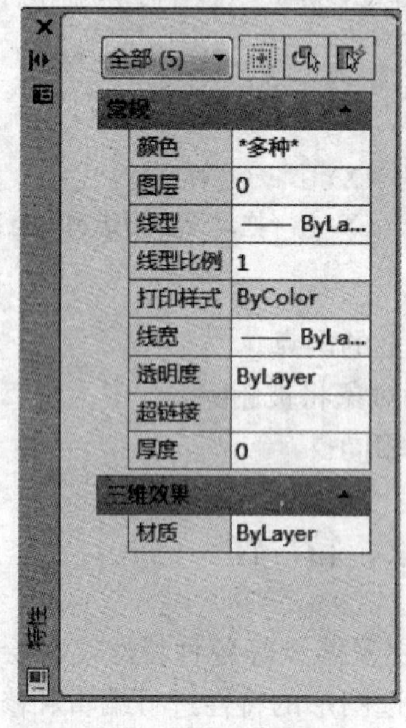


(a)"全部"选项

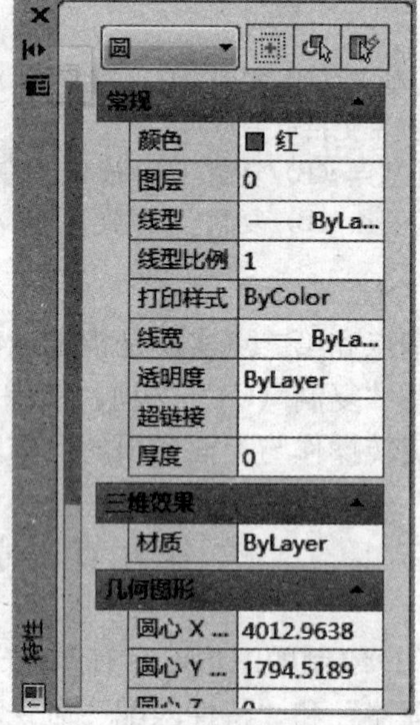


(b)"圆"选项

图 6-40 选择不同对象时的"特性"选项卡

**【例 6-27】** 改变图 6-41（a）中的文字特性。

操作步骤如下：

计算机绘图　　计算机绘图

(a) 原文字　　(b) 改变结果

图 6-41 改变文字特性

(1) 启动“对象特性管理器”，单击“选择对象”按钮，则命令行提示选择对象，选择图 6-41 (a) 中文字，则在“特性”选项板中显示“文字”选项区域，如图 6-42 所示。

图 6-42 “特性”选项板“文字”选项

(2) 在“文字”选项中，可以改变文字的高度、内容、样式、对正方式、倾斜角度等特性。在“高度”列表框中输入数值 6，“倾斜”列表框中输入数值 30 后，回车，结果见图 6-41 (b)。

**二、特性匹配**

1. 功能

将源对象的特性复制给其他对象，使对象的全部或部分特性与源对象相同。

2. 命令调用

- 输入命令：Matchprop
- 下拉菜单：修改→特性匹配
- 工具栏：“标准”工具栏 中按钮

3. 操作

**【例 6-28】** 将图 6-43 (a) 中的文字与图 6-41 (b) 中的文字匹配。

启动“特性匹配”后命令行提示：

命令：'_Matchprop

选择源对象：(拾取框点取图 6-41 (b) 中的文字“计算机绘图”)

当前活动设置： 颜色 图层 线型 线型比例 线宽 透明度 厚度 打印样式 标注 文字 图案填充 多段线 视口 表格材质 阴影显示 多重引线

选择目标对象或 [设置 (S)]：(拾取框点取 6-43 (a) 中的文字)

则“天天向上”具有了与“计算机绘图”相同的字型、字高和倾斜角度，操作结果见图 6-43 (b)。

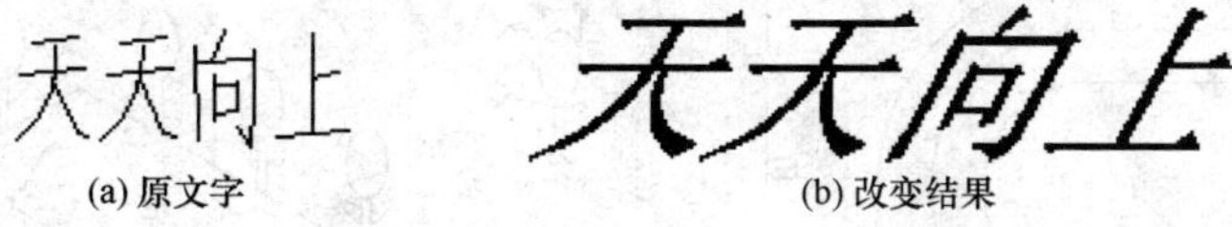


(a) 原文字　　(b) 改变结果

图 6-43 文字的匹配

4. 说明

(1) 目标对象可以同时选择多个，选择目标对象时光标变为 。

(2) 设置 (S)：选择该项，屏幕上将显示“特性设置”对话框，见图 6-44，通过该对话框可以重新设置需要复制的对象特性。

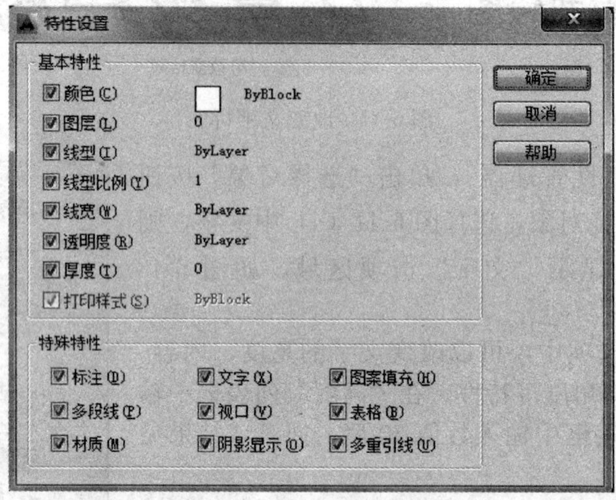


图 6-44 “特性设置”对话框

## 课后练习

1. 利用 Polygon、Copy、Dount 等命令完成如图 6-45 所示的图形（六边形边长为 10）。
2. 由图 6-46（a）图利用 Mirror 命令完成图 6-46（b）。

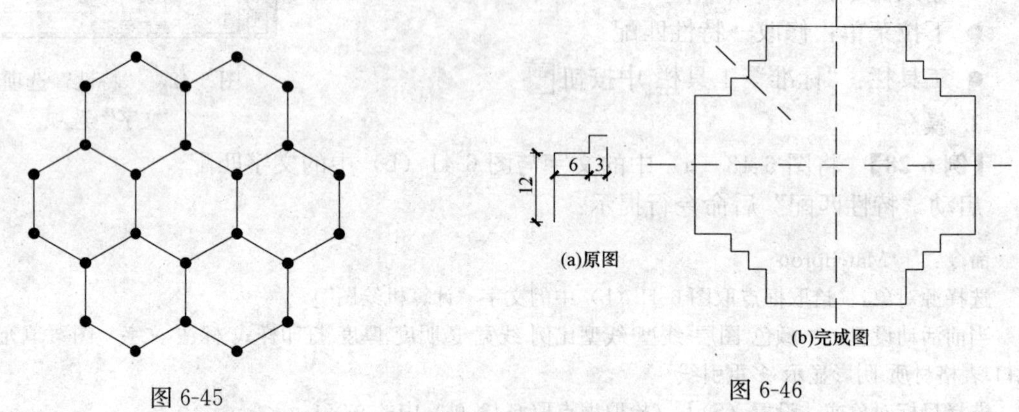


图 6-45

图 6-46

3. 利用 Line、Air、Offset 命令完成图 6-47 所示图形。
4. 利用 Ellipse、Array、Mirror 等命令完成图 6-48 所示图形。

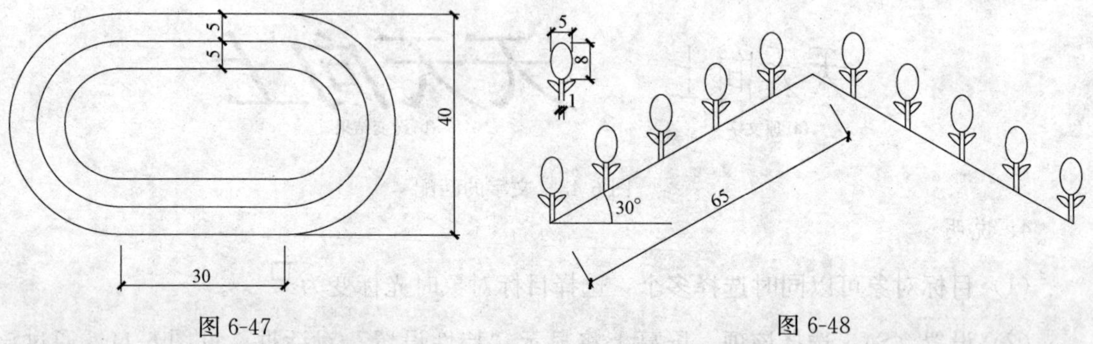


图 6-47

图 6-48

5. 利用 Array 命令完成图 6-49 所示空花栏杆的绘制。

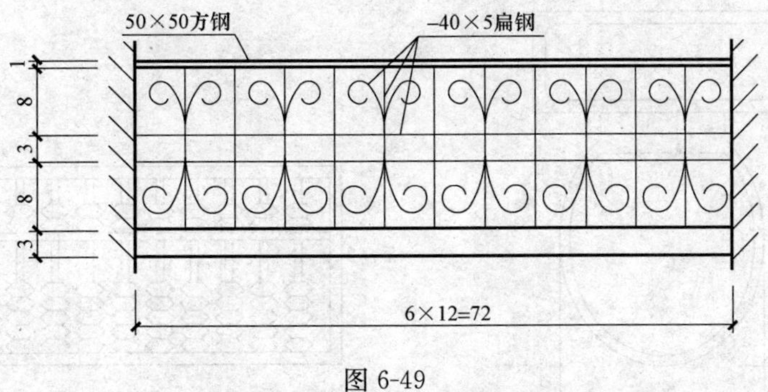


图 6-49

6. 利用 Circle、Move 命令完成图 6-50 所示图形（圆的半径为 5、10、15、20、25）。

7. 利用 Ellipse、Copy、Rotate 等命令完成图 6-51 所示图形。

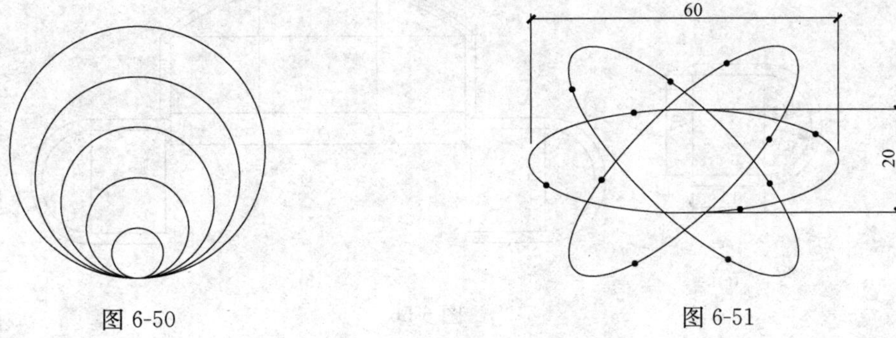


图 6-50　　图 6-51

8. 利用 Polygon、Copy、Scale 命令完成图 6-52 所示图形。

9. 利用 Rectang、Air、Trim 命令完成图 6-53 所示图形。

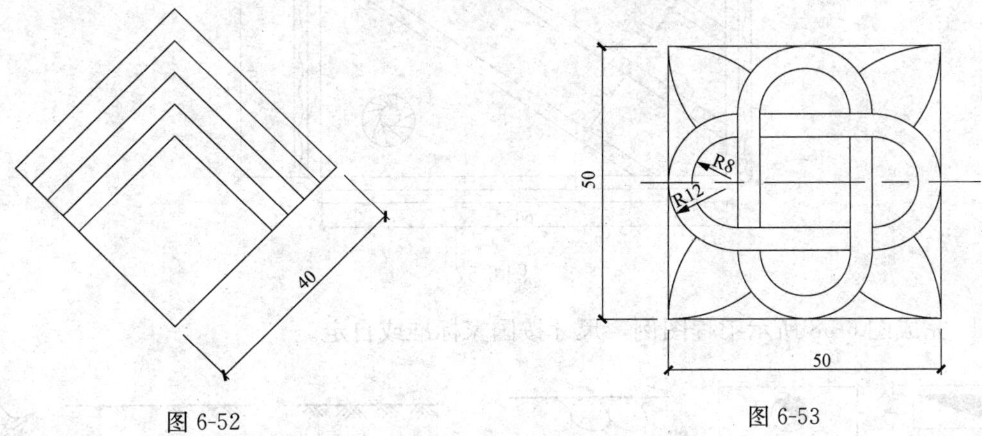


图 6-52　　图 6-53

10. 应用 Offset、Fillet、Trim 等命令完成图 6-54 所示图形。

11. 用 Array、Stretch 等命令完成图 6-55 所示图形（算盘珠由正六边形拉伸完成）。

12. 绘制图 6-56（a）所示图形，然后应用 Stretch、Mirror 等编辑命令完成图 6-56（b）所示图形。

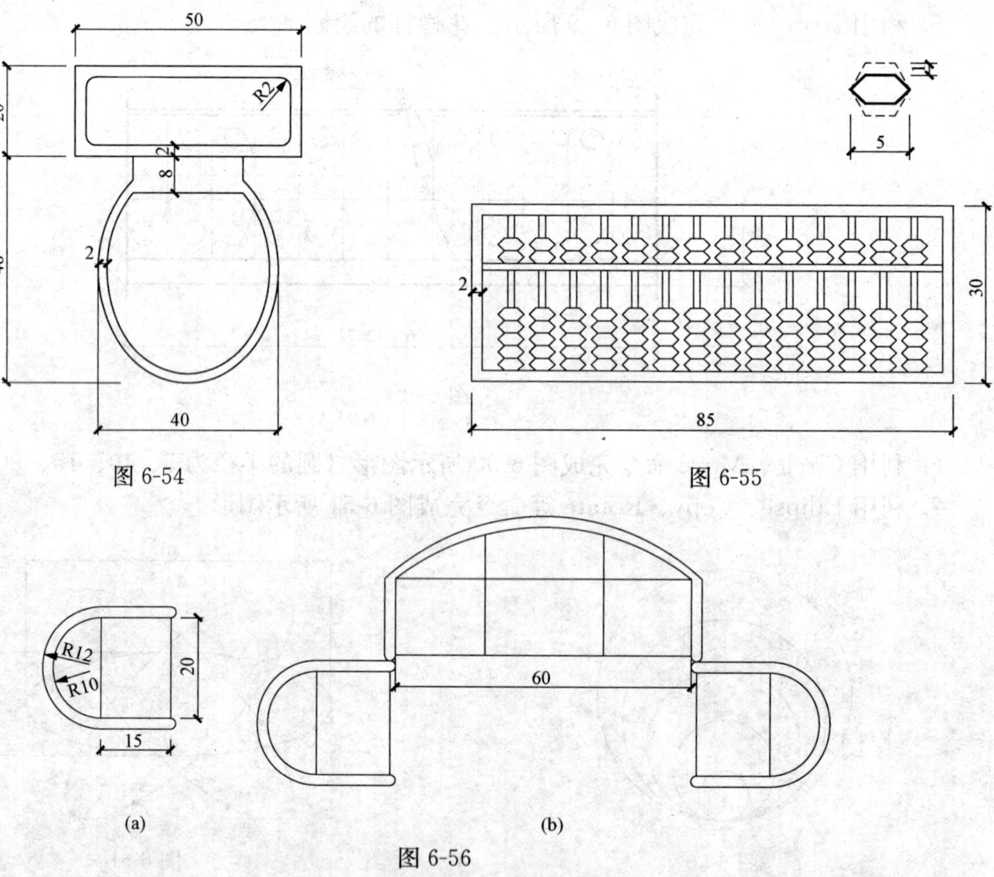


图 6-54

图 6-55

(a)

(b)

图 6-56

13. 利用 Offset、Mirror、Fille、Extend 等命令完成如图 6-57 所示茶几示意图。

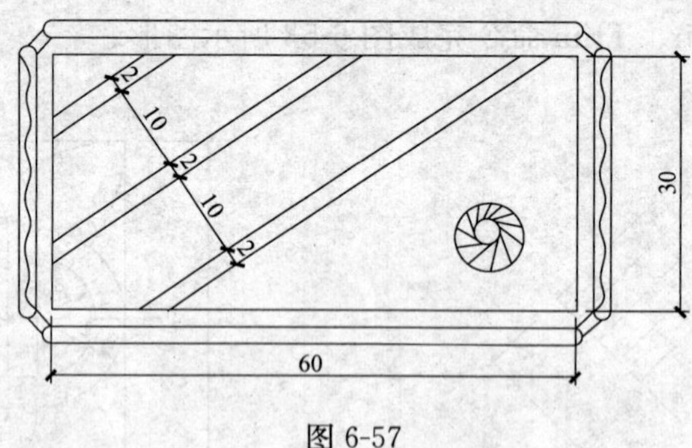


图 6-57

14. 完成图 6-58 所示工程图例，尺寸按国家标准或自定。

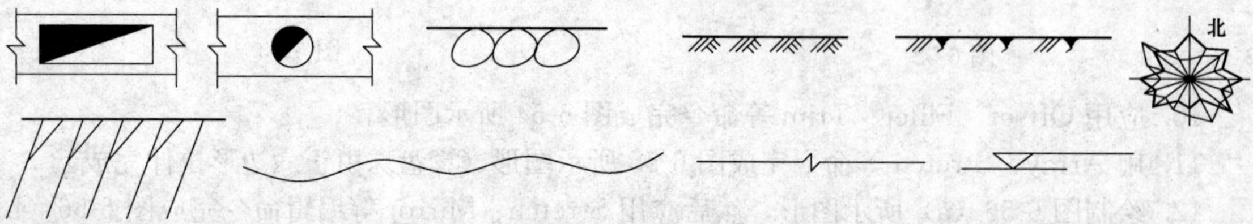


图 6-58

15. 完成图 6-59（a）的绘制，然后利用 Stretch 命令完成图 6-59（b）和图 6-59（c）。

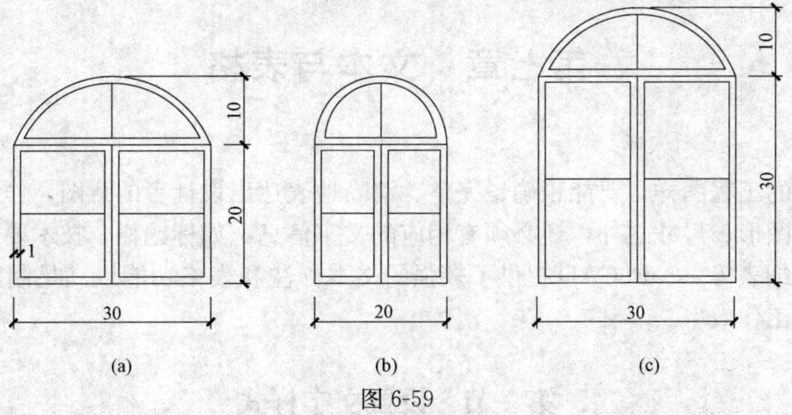


图 6-59

16. 利用 Rectang、Air、Offset、Array 等命令完成图 6-60 所示图形绘制。

17. 利用 Fillet 命令完成图 6-61 所示立交桥的绘制（比例 1∶100）。

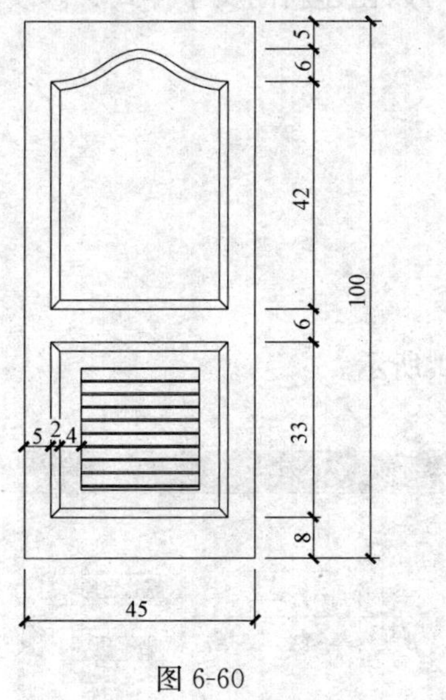


图 6-60

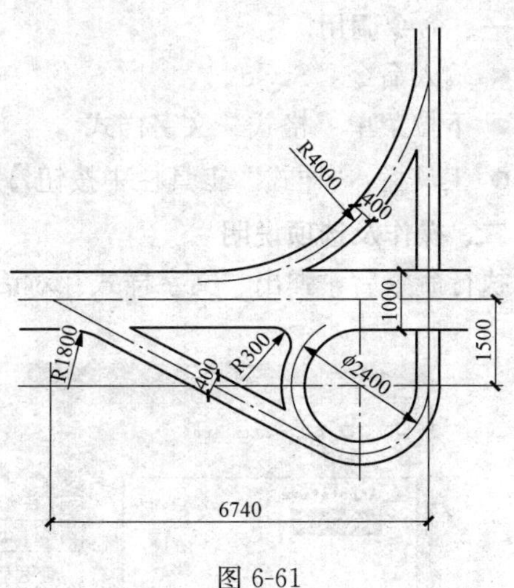


图 6-61

# 第七章　文本与表格

一张完整的工程图样，要能正确、完整、清晰地表达出设计者的意图，作为施工、制造的依据，除了图形、尺寸之外，还必须有相应的文字信息，如标题栏、技术要求、对某些图形的说明和明细表等。AutoCAD 提供了较强的文本标注和表格功能以满足制图设计中不同的需要，提高工作效率。

## 第一节　设置文字样式

设置文字样式是进行文字注释和尺寸标注的首要任务。文字样式用于控制图形中所使用文字的字体、高度、宽度系数等。利用文字样式命令可以创建新的文字样式、修改已存在的文字样式，并设置当前文字样式。

**一、命令调用**

- 输入命令：Style
- 下拉菜单：格式→文字样式
- 工具栏："样式"工具栏中按钮

**二、操作及选项说明**

执行命令后，弹出"文字样式"对话框，如图 7-1 所示。

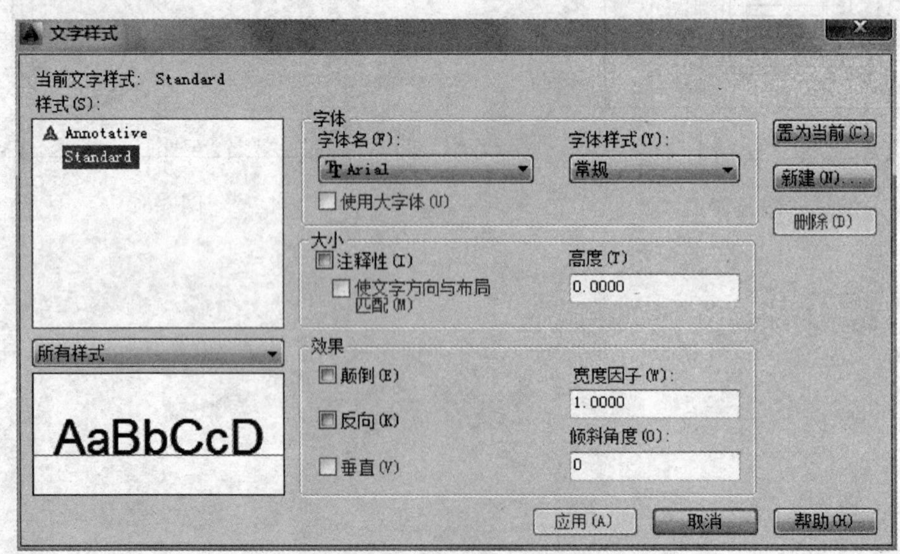


图 7-1　"文字样式"对话框

对话框中的选项及操作说明如下：

1. “样式（S）”列表框

表中显示当前图形中所有的文字样式或正在使用的样式。AutoCAD 提供了名称为“Standard”的标准样式。

2. “所有样式”下拉列表

用于控制“样式（S）”列表框中显示的文字样式是当前图形中所有的文字样式还是正在使用的文字样式。

3. 文字样式操作

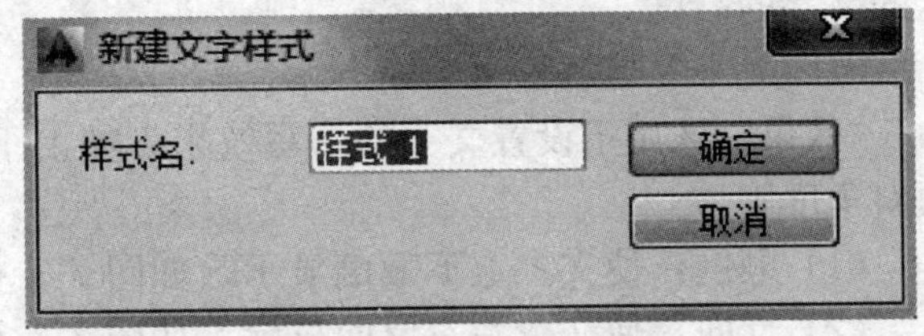

图 7-2 “新建文字样式”对话框

（1）新建文字样式。单击图 7-1 中“新建”按钮，弹出如图 7-2 所示的“新建文字样式”对话框。AutoCAD 会自动建立名为“样式 n”的样式名。用户可以输入自己定义的新样式名，然后单击“确定”按钮，回到“文字样式”对话框，这时，在“样式（S）”列表框中会显示新建的样式名。

（2）删除文字样式。在“样式（S）”列表框中选择不需要的样式，然后单击“删除”按钮即可。但是，Standard 样式、图形文件中已使用的文字样式和当前的文字样式不能被删除。

（3）当前文字样式：将一个文字样式作为当前使用的文字样式。在样式名列表框中选择样式名，然后单击“置为当前”按钮即可。

4. “字体”选项区

对于新建的文字样式指定字体，或原有的文字样式更改字体时，可以通过“字体”选项区完成。

（1）“字体名（F）”下拉列表框：列表框中列出“TrueType”和“Shx”两类字体，其中 TrueType 字体是由 Windows 系统提供的已注册的字体，Shx 字体是 AutoCAD 本身特有的存放在 AutoCAD Fonts 文件夹中的字体。

注意

字体名前面带有“T”的文字横向排列；字体名前面带有“T@”的文字竖向排列。

（2）“使用大字体”复选框：大字体，就是指支持汉字和西文的字体文件。只有在“字体名”下拉列表框选择了“Shx”字体时，该复选框才有效。

（3）“字体样式（Y）”下拉列表框：只有选择“使用大字体”复选框，该下拉列表才允许操作，下拉列表中列出大字体文件，同时下拉列表框的名变为“大字体”。

在列表框中选择了需要的字体后，预览窗口中会显示效果，以便用户观察所设置的样式是否满足要求。

5. “大小”选项区

该选项区可以将文字指定为注释性对象及指定文字的高度。包括下面选项：

（1）“注释性”复选框：选择该项可以指定文字为注释性对象。

（2）“使文字方向与布局匹配”复选框：指定图纸空间视口中的文字方向与布局方向匹

配。如果清除“注释性”选项，则该选项不可用。

(3)“高度或图纸文字高度”文字框：

1）不选择“注释性”复选框，显示“高度”文字框，用于设置使用“Dtext（单行文字)”输入文字时字体的高度。用户应设置高度为 0，这样在写文字时可任意给定高度。否则，每次只能写固定高度的文字。

2）选择“注释性”复选框，显示“图纸文字高度”文字框，则设置要在图纸空间中显示的文字的高度。

6.“效果”选项区

“效果”区用于设置文字的书写效果，如上下颠倒、左右反向、纵向垂直、宽度比例和倾斜角度等。

(1) 颠倒：使文本上下颠倒显示，如图 7-3（a）所示。

(2) 反向：使文本左右反向显示，如图 7-3（b）所示。

(3) 垂直：使文本垂直排列，该复选框只有在 Shx 字体下才可用，如图 7-3（c）所示。

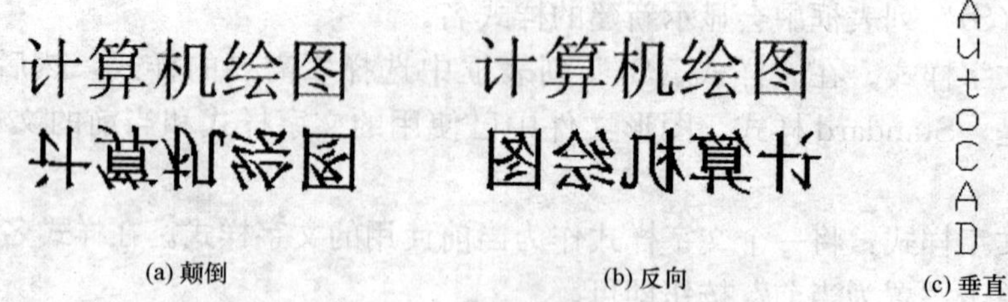


(a) 颠倒　　(b) 反向　　(c) 垂直

图 7-3　文字的效果

(4) 宽度比例：宽度比例是指字体宽度与高度的比值。当比例小于 1 时，文字变窄；当比例大于 1 时，文字变宽。

(5) 倾斜角度：是指文字字符本身相对 Y 轴正方向的倾斜角度，范围为$-85°\sim85°$，默认值为 0°。角度值为正，文字向右倾斜；角度值为负，向左倾斜。

将对话框中所做的样式更改完成后，单击“应用”按钮保存，再单击“关闭”按钮退出设置文字样式对话框。

## 第二节　单　行　文　字

AutoCAD 提供不同的方式输入文本，其中单行文字是使用 Text 或 Dtext 命令，在图形中按指定文字样式并以动态方式输入单行或多行文字。它适合于不需要多种文字的简短内容的输入。

### 一、命令调用

- 输入命令：Text 或 Dtext
- 下拉菜单：绘图→文字→单行文字
- 工具栏：“文字”工具栏中按钮 AI

### 二、操作及选项说明

执行该命令后，命令行提示：

命令：Text

当前文字样式："Standard"　文字高度：2.5000　注释性：否　对正:左
指定文字的起点或[对正(J)/样式(S)]:

其中各选项含义如下：

1. 指定文字的起点：用任何指定点的方式在屏幕上指定一点后，命令行继续提示：

指定高度 <2.5>:(输入高度值或用鼠标在屏幕上指定高度)
指定文字的旋转角度 <0>:(输入文字行的旋转角度)
输入文字:(输入文字的内容)

**注 意**

如果在"文字样式"对话框中设置高度为 0，AutoCAD 则每次都在命令行提示用户确定字符高度，否则没有该提示，而直接使用文字样式中设置的高度。旋转角度是指文字基线相对于 X 轴绕插入点的旋转角度。

2. 对正（J）：指定文本行的对齐方式，选择该选项后，命令行提示：

输入选项
[左(L)/居中(C)/ 右(R)/对齐(A)/ 中间(M)/ 布满(F)/ 左上(TL)/ 中上(TC)/ 右上(TR)/ 左中(ML)/ 正中(MC)/右中(MR)/ 左下(BL)/中下(BC)/右下(BR)]:

AutoCAD 为文字行定义了顶线、中线、基线、底线共 4 条定位线，如图 7-4 所示，各种对齐方式均以定位线上的点为基准点。

图 7-4　文字的定位线

(1) 对齐（A）：指定输入文字基线的起点和终点后，在保持字符宽度比例不变的情况下，系统自动调整字符高度以使文字在两端点之间均匀分布。选择该项后，命令行提示：

指定文字基线的第一个端点:(拾取矩形的左下角点)
指定文字基线的第二个端点:(拾取矩形的右下角点)

显示书写文字的标志后输入文字"abfgh"，结果如图 7-5（a）所示。

(2) 布满（F）：指定输入文字基线的起点和终点后，在保持字符高度不变的情况下，系统自动调整字符宽度以使文字在两端点之间均匀分布。选择该项后，命令行提示：

指定文字基线的第一个端点:(拾取矩形的左下角点)
指定文字基线的第二个端点:(拾取矩形的右下角点)
指定高度 <37.9834>:(输入矩形的高度)

显示书写文字的标志后输入文字"abfgh"，结果如图 7-5（b）所示。

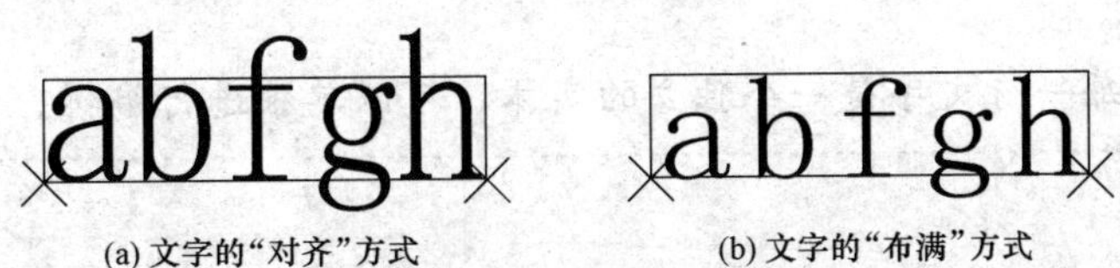


(a) 文字的"对齐"方式　(b) 文字的"布满"方式

图 7-5　文字的对正方式

（3）居中（C）：指定文本行基线的中点定位文本行。选择该项后，命令行提示：

指定文字的中心点：（拾取矩形底边的中点）
指定高度 <22.7900>：（输入矩形的高度）
指定文字的旋转角度 <0>：（回车）

显示书写文字的标志后输入文字“abcdfgh”，结果见图 7-6（a）。

（4）中间（M）：指定文本行的中间点，即文本行的水平中点和竖直中点定位文本行，如图 7-6（b）所示，选择该项后，命令行提示：

指定文字的中间点：（拾取矩形的中心点）
指定高度 <22.7900>：（输入矩形的高度）
指定文字的旋转角度 <0>：（回车）

显示书写文字的标志后输入文字“abcdfgh”，结果如图 7-6（b）所示。在绘制建筑平面图时，用这种对齐方式书写定位轴线的编号能很准确地写在圆的中心位置。

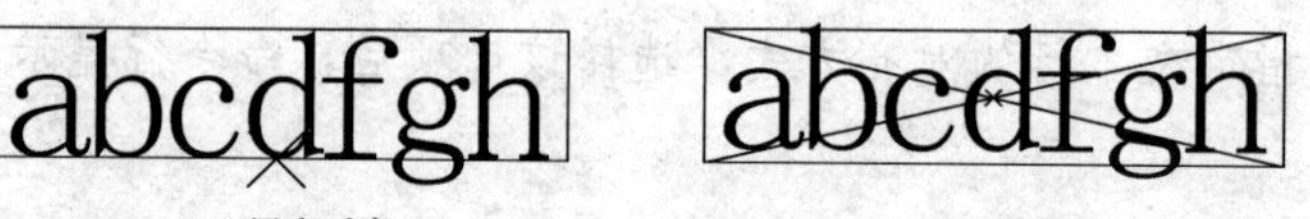


(a) 居中对齐　　(b) 中间对齐

图 7-6　文字的对正方式

（5）左(L)：指定文字基线第一个字符左下角的点定位文字，为默认选项。

（6）右(R)：指定文字基线最后一个字符右下角的点定位文字。

（7）左上(TL)/中上(TC)/右上(TR)：通过指定文本行顶线的起点/中点/终点定位文本。

（8）左中(ML)/正中(MC)/右中(MR)：通过指定文本行中线的左端点/中心点/右端点定位文本。

（9）左下(BL)/中下(BC)/右下(BR)：通过指定文本行底线的左端点/中心点/右端点定位文本。

**注意**

（1）在输入文字时，同时显示在屏幕上的不是文字的最终状态，文字的对齐方式临时以“左对齐”方式显示，只有在命令结束后，才会按指定的方式对齐。

（2）在输入文字的过程中，可以随时改变文字的位置，将光标移动到新位置单击即可在此继续输入文字。

（3）如果上次输入的命令为“Text”，则在“指定文字的起点”提示下按回车键，将跳过高度和旋转角度的提示。在单行文字的在位文字编辑器中输入的文字将直接放置在前一行文字下。

（4）单行文字每一行文字是一个独立的实体，可以单独进行编辑。

3. 样式（S）

将当前图形中已定义的某种文字样式设置为当前样式。

## 第三节　多　行　文　字

在绘图过程中需要大段、复杂的段落文字时应用单行文字比较麻烦，因此 AutoCAD 提供了多行文字（Mtext）命令增强文字的功能。多行文字是由任意数目的文字行或段落组成的，布满指定的宽度，还可以沿垂直方向无限延伸。该命令可以将书写的段落文字作为整体对象进行编辑。

**一、命令调用：**

- 输入命令：Mtext
- 下拉菜单：绘图→文字→多行文字
- 工具栏："绘图"工具栏中的按钮 A

**二、操作及选项说明**

执行该命令后，命令行提示：

命令：_Mtext 当前文字样式："Standard"　文字高度：2.5　注释性：否
指定第一个角点：

Mtext 命令的使用方法是在屏幕上指定一个矩形边界，并打开"多行文字编辑器"。在编辑器内可以创建、编辑多行文字，结束编辑后，所建立的文本布满边界。在屏幕上指定矩形边界的第一个角点后，命令行提示：

指定对角点或[高度(H)对正(J)行距(L)旋转(R)样式(S)宽度(W)栏(C)]：

以上各选项的含义如下：

1. 指定对角点

该项是默认选项，在屏幕上指定矩形边界的另一个角点后，系统打开如图 7-7 所示的多行文字编辑器，它包括"文字格式"工具栏和"多行文字在位编辑器"两部分。

"文字格式"工具栏中所包括的各个选项含义见图 7-7（a）中的文字说明。部分选项说明如下：

"文字样式"下拉列表：向多行文字对象应用文字样式。打开下拉列表，将显示当前图中的所有字体样式。

"字体"下拉列表：为新输入的文字指定字体或改变选定文字的字体类型。

"文字高度"下拉列表：按图形单位设置新文字的高度或更改选定文字的高度。每个多行文字对象可以包含不同高度的字符。

"粗体"和"斜体"按钮：控制新输入的文字或选定的文字是否为粗体或斜体，此选项只适用于使用 TrueType 字体的字符。

"下划线"和"上划线"按钮：控制新输入的文字或选定的文字设置是否生成下划线和上划线。

"堆叠"按钮：当在文本框中有"/""#""^"3 种堆叠字符的文本时，可以创建一种垂直对齐的文字或分数。方法是选中这一部分文字，单击堆叠按钮，则符号左侧文字作为分子，右侧文字作为分母堆叠，结果如图 7-8 所示。

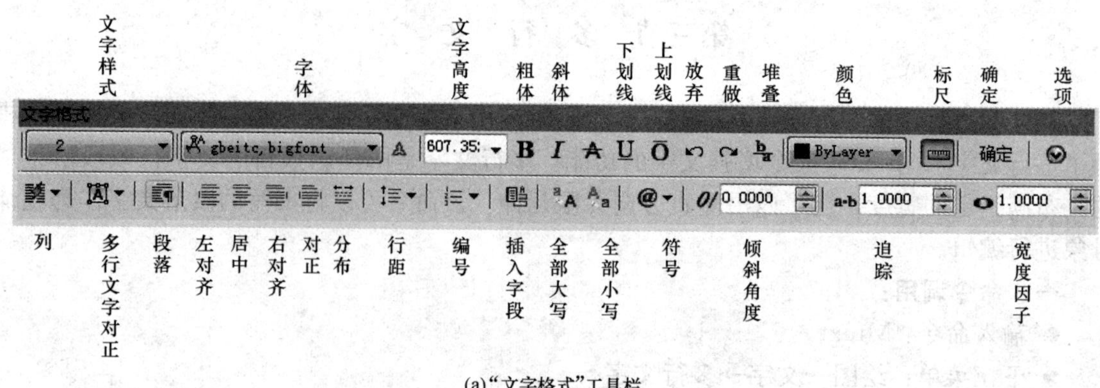


(a)“文字格式”工具栏

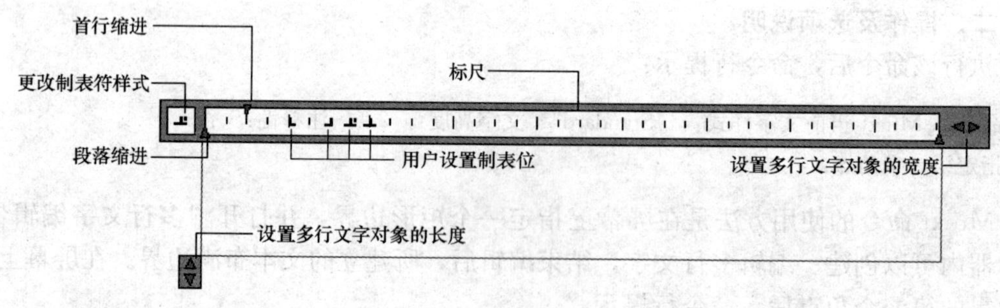


(b) 多行文字在位编辑器

图 7-7　多行文字编辑器

计算机#绘图 ——→ 计算机/绘图

(a) 堆叠前　　(b) 堆叠后

图 7-8　文字的堆叠

“标尺”按钮：控制是否显示在编辑器顶部的标尺。

“确定”按钮：文字的输入或修改完成后应单击“确定”按钮，则关闭多行文字编辑器并保存所做的所有更改。

“选项”按钮：单击按钮显示多行文字选项菜单（见图 7-9），用于控制文字格式工具栏的显示，并提供其他选项。

“列”按钮：单击该按钮，弹出图如图 7-10 所示的“栏”菜单。通过该菜单可以将多行文字对象的格式设置为多栏，并可以指定栏和栏间距的宽度、高度及栏数，两栏设置如图 7-11 所示。

“多行文字对正”按钮：单击该按钮，弹出“多行文字对正”菜单，并且有九个对齐选项可用。“左上”为默认选项。

“段落”按钮：单击该按钮，弹出如图 7-12 所示的“段落”对话框，通过对话框可为段落和段落的第一行设置缩进，指定制表位和缩进，控制段落对齐方式、段落间距和段落行距。

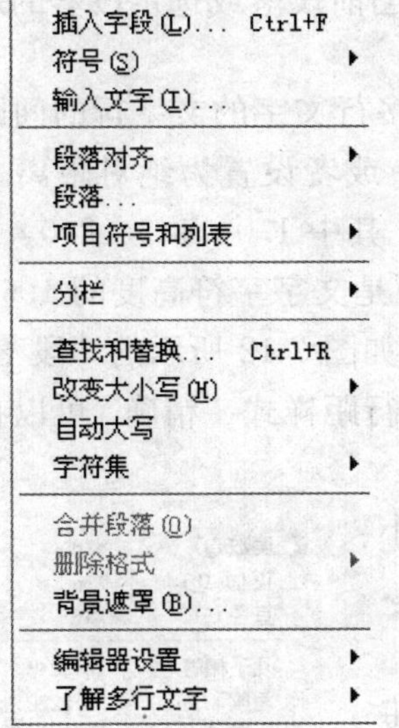


图 7-9　选项菜单

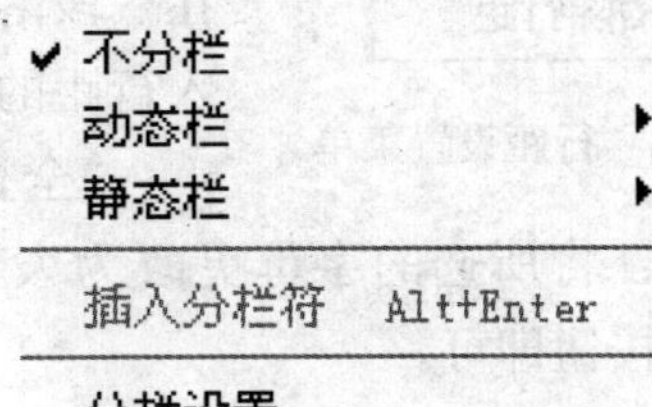


图 7-10　“栏”菜单

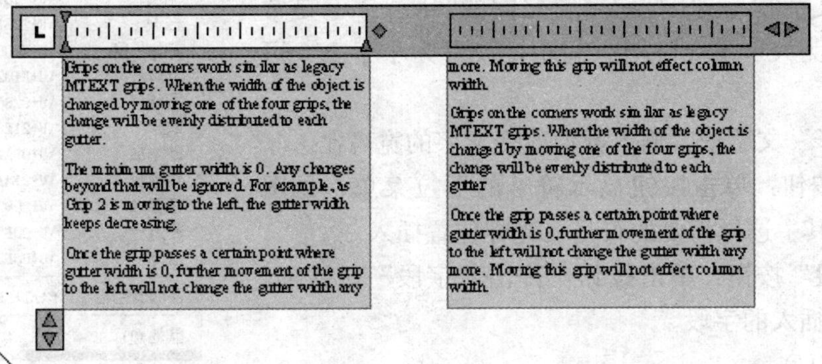


图 7-11　栏的设置

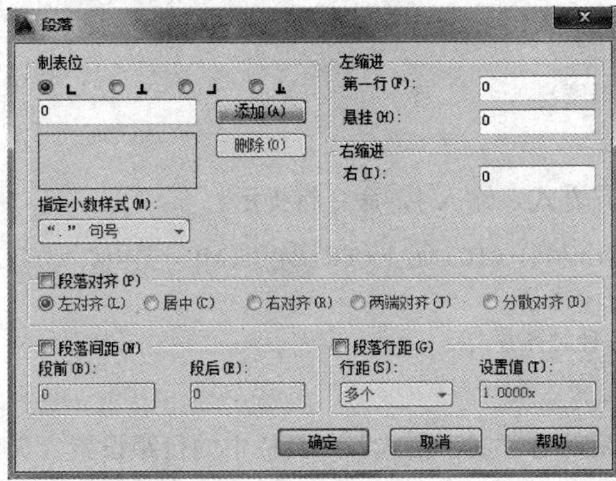


图 7-12　“段落”对话框

“左对齐、居中、右对齐、对正和分布”按钮：设置当前段落或选定段落的左、中或右文字边界的对正和对齐方式。

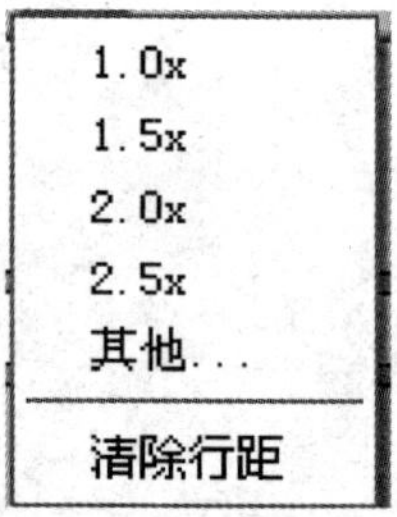

1.0x
1.5x
2.0x
2.5x
其他...
清除行距

图 7-13 行距设置菜单

“行距”按钮：用于设置多行文字的文字行的间距。可以将间距设置为单倍行距的倍数，或者设置为绝对距离。单击该按钮，弹出如图 7-13 所示菜单，其中 1.0、1.5、2.0、2.5 等是设置单倍行距的倍数，单倍行距是文字字符高度的 1.66 倍。单击菜单中的“其他”选项，弹出如图 7-12 所示的“段落”对话框，在“段落行距”中选择另一个行距样式“精确”可以在表中的输入行距的绝对距离。

“全部大写”和“全部小写”按钮：将所选的字母更改为大写或小写。选中文字，然后单击按钮即可。

“倾斜角度”文字框：倾斜角度是指文字相对于 90°角方向的偏移角度。可以在文字框中输入一个－85～85 之间的数值使文字倾斜。

“追踪”文字框：设定选定字符之间的间距。1.0 是常规间距，设置为大于 1.0 可增大间距，设置为小于 1.0 可减小间距。

“宽度因子”文字框：输入数值改变文字的宽高比。

“符号”按钮：单击按钮显示符号的下拉菜单，见图 7-14，可以在其中选择需要的符号在光标位置插入。

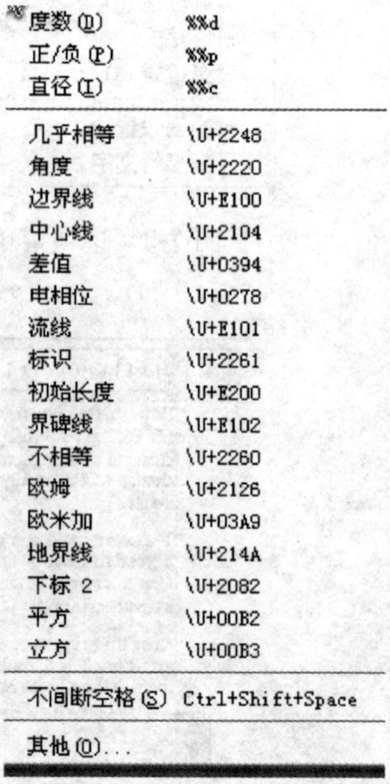

“插入字段”按钮：单击按钮，弹出“字段”对话框，可以选择需要插入的字段。

| | |
|---|---|
| 度数(D) | %%d |
| 正/负(P) | %%p |
| 直径(I) | %%c |
| 几乎相等 | \U+2248 |
| 角度 | \U+2220 |
| 边界线 | \U+E100 |
| 中心线 | \U+2104 |
| 差值 | \U+0394 |
| 电相位 | \U+0278 |
| 流线 | \U+E101 |
| 标识 | \U+2261 |
| 初始长度 | \U+E200 |
| 界碑线 | \U+E102 |
| 不相等 | \U+2260 |
| 欧姆 | \U+2126 |
| 欧米加 | \U+03A9 |
| 地界线 | \U+214A |
| 下标 2 | \U+2082 |
| 平方 | \U+00B2 |
| 立方 | \U+00B3 |
| 不间断空格(S) | Ctrl+Shift+Space |
| 其他(O)... | |

图 7-14 “符号”下拉菜单

2. 高度（H）

用于指定文字的高度，与“文字格式”工具栏中的高度设置相同。

输入 H，命令行提示：

指定高度 <5>:(指定高度)

3. 对正（J）

指定多行文本的对齐方式，输入 J，命令行提示：

输入对正方式［左上(TL)/中上(TC)/右上(TR)/左中(ML)/正中(MC)/右中(MR)/左下(BL)/中下(BC)/右下(BR)］

<左上(TL)>:(选择一种对齐方式)

4. 行距（L）

设置多行文本的行距，与“文字格式”工具栏中的行距设置含义相同。输入 L，命令行提示：

输入行距类型［至少(A)/精确(E)］<精确(E)>::(选择行距的型)

5. 旋转（R）

指定文字边界的旋转角度。输入 R，命令行提示：

指定旋转角度 <0>:(输入角度值)

6. 样式（S）

选择多行文字的样式。输入 S，命令行提示：

输入样式名或 [?] <Standard>:(输入文字样式名)

7. 宽度（W）

设置矩形边界宽度。输入 W，命令行提示：

指定宽度:(指定一点确定宽度或直接输入宽度值)

8. 栏（C）

与“文字格式”工具栏中的“列”设置含义相同，输入 C，命令行提示：

输入栏类型 [动态(D)/静态(S)/不分栏(N)] <动态(D)>:

**注意**

（1）矩形边界宽度即为段落文本的宽度。多行文字对象每行中的单字可自动换行，以适应文字边界的宽度。整个段落文本的高度不受边界高度的限制。

（2）如果指定宽度值为 0，文字换行功能将关闭，文本将变成单行文字，且段落的宽度与最长的文字行宽度一致。

（3）多行文字整个段落文本作为一个独立的对象，可以使用 Explode（分解）命令进行分解，分解后，每一行作为一个独立的对象。

## 第四节　特殊字符的输入

在工程图中，经常要标注一些特殊字符，如度符号“°”、公差符号“±”、直径符号“ϕ”，有时还要给文字添加上划线、下划线等修饰。在 AutoCAD 中，这些字符无法通过键盘直接输入，故称为特殊字符。利用多行输入文字命令，可在“多行文字编辑器”中由快捷菜单的“符号”选项选择所需的字符。而在用单行输入文字命令时，必须输入特定的控制代码来创建特殊字符。表 7-1 列出了特殊字符的控制代码和含义。

表 7-1　特殊字符的控制代码及其含义

| 特殊字符 | 控制代码 | 特殊字符 | 控制代码 |
|---|---|---|---|
| 度符号（°） | %%D | 公差符号（±） | %%P |
| 直径符号（ϕ） | %%C | 百分号（%） | %%% |
| 上划线（‾‾‾） | %%O | 下划线（___） | %%U |

（1）在输入上下划线符号时，第一次出现控制代码时上下划线开始，第二次出现控制代码时上下划线结束。

（2）应该注意当前文字样式的字体与特殊字符的兼容。如果一些特殊字符（包括汉字）在使用的字体无法辨认时，则会显示若干“?”，更改字体可以恢复正确的显示。

（3）有些特殊字符，如“×”“÷”“～”“Ⅱ”等可以通过软键盘来输入。

## 第五节 编 辑 文 字

文字的编辑和修改主要包括两个方面：文本内容的编辑和修改；文字特性的编辑和修改。

### 一、编辑和修改文本内容

1. 命令调用

- 输入命令：Ddedit
- 下拉菜单：修改→对象→文字→编辑
- 工具栏：“文字”工具栏中的按钮

2. 操作及选项说明

执行该命令后，命令行提示：

命令：Ddedit

选择注释对象或[放弃(U)]：(直接点取要编辑、修改的文字)。

选择用单行文字 Text 或 Dtext 命令书写的文字时，文字亮显（显示蓝色），可以调节光标位置删除单个文字或增加文字内容。选择用多行文字 Mtext 命令书写的文字时，AutoCAD 将弹出“多行文字编辑器”，在此编辑器内，不仅可以修改文本内容，还可以修改文字特性。

编辑文本内容的快捷方法：将光标对准欲编辑、修改的单行或多行文字，双击鼠标左键即可。

### 二、修改所选文本的特性

1. 命令调用

- 输入命令：Properties 或 Ddmodify
- 下拉菜单：修改→特性
  
  工具→选项板→特性
- 工具栏：“标准”工具栏中的按钮

2. 操作及提示说明

选择要修改的文字后，执行“Properties”或“Ddmodify”命令，弹出如图 7-15 所示的对话框。该对话框列出了所选文本的所有特性和内容，可以在文字“特性”窗口内的各选项列表中编辑修改文字的各种特性和内容，修改后单击左上角的“×”按钮，关闭对话框。

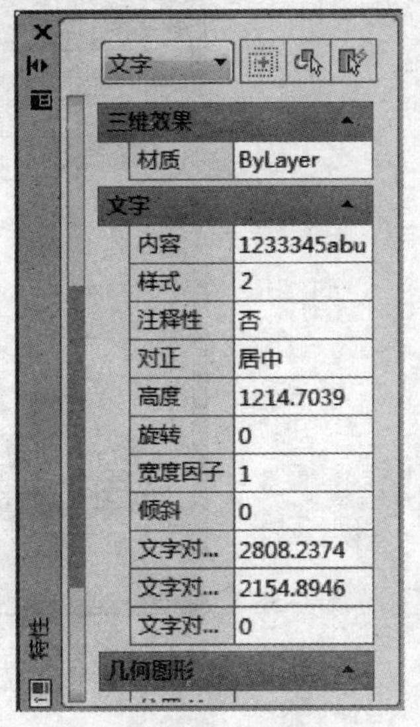


图 7-15　文字“特性”对话框

### 三、快速显示文字

在绘图过程中，如果输入过多的文字，会使缩放、刷新等操作变慢，影响绘图速度。因此 AutoCAD 提供了 Qtext 命令，用轮廓线即文本框来显示相应的文字，减少重新显示所占用的时间。

1. 命令调用：

- 输入命令：Qtext
- 下拉菜单：工具→选项→显示→显示性能→

2. 操作及选项说明

执行该命令后，命令行提示：

```
命令:Qtext
输入模式[开(ON)/关(OFF)]<关>:
```

选项说明：

(1) 开（ON)：采用快速显示方式。

(2) 关（OFF)：采用正常显示方式。

当 Qtext 处于打开状态时，文字行显示时只显示文字的边框。

**注意**

改变 Qtext 状态后，必须用 Regen 命令重生成图形才能显示效果。

## 第六节　创　建　表　格

在 AutoCAD 中，可以根据创建表命令创建数据表和标题块，从 Microsoft Excel 中直接复制表格，还可以输出来自 AutoCAD 的表格数据到 Microsoft Excel 或其他应用程序。

### 一、新建表格样式

表格样式控制一个表格的外观，用于保证标准的字体、颜色、文本、高度和行距。

1. 命令调用：

- 输入命令：Tablestyle
- 下拉菜单：格式→表格样式

2. 操作及提示说明

执行该命令后，打开“表格样式”对话框，如图 7-16 所示。单击“新建”按钮，打开“创建新的表格样式”对话框，如图 7-17 所示。在“新样式名”文本框中输入新的表格样式名，在“基础样式”下拉列表框中选择一种基础样式，新样式将在该样式的基础上进行修改。然后单击“继续”按钮，将打开“新建表格样式”对话框，如图 7-18 所示。用户可以在其中设置数据、列标题和标题样式等。

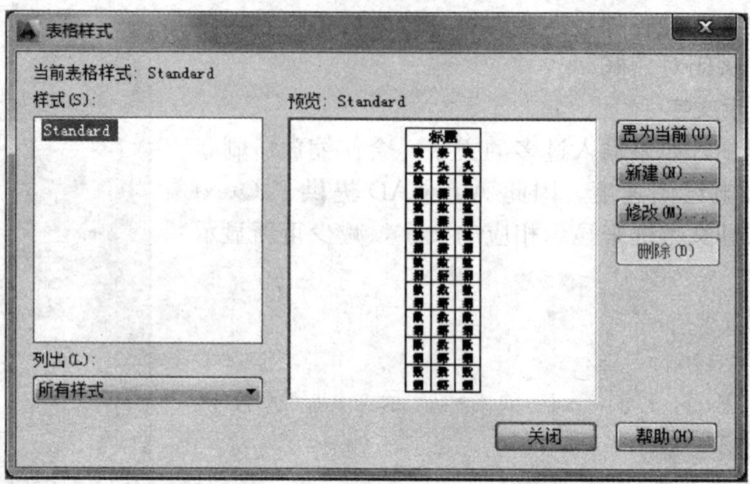


图 7-16 “表格样式”对话框

图 7-17 “创建新的表格样式”对话框

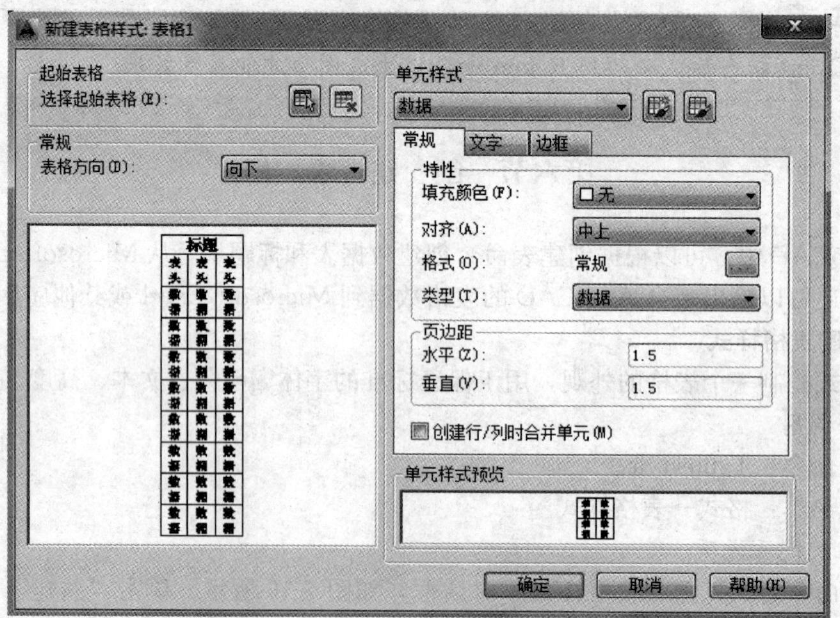


图 7-18 “新建表格样式”对话框

“新建表格样式”对话框中选项说明：

(1)“起始表格”选项组：用作设置新表格样式格式样例的表格。创建新的表格样式时，可以指定一个起始表格，也可以从表格样式中删除起始表格。

（2）“常规”选项组：完成表格方向的设置。“表格方向”中有“向上”和“向下”两个选择：“向上”创建由上而下读取的表格；“向下”创建由下而上读取的表格。表格方向下面的预览框里显示“向上”和“向下”方式的预览。

（3）“单元样式”选项组：分别设置表格的数据、标题和表头对应的样式。

（4）“常规”选项卡：设置表格的填充颜色、对齐方向、格式、类型及页边距等特性。

（5）“文字”选项卡：设置表格单元中的文字样式、高度、颜色和角度等特性。

（6）“边框”选项卡：单击边框设置按钮，可以设置表格的边框是否存在。当表格具有边框时，还可以设置表格的线宽、线型、颜色和间距等特性。

## 二、创建表格

1. 命令调用：

- 输入命令：Table
- 下拉菜单：绘图→表格
- 工具栏：“绘图”工具栏中的按钮

2. 操作及选项说明

执行“Table”命令后，打开“插入表格”对话框，如图 7-19 所示。

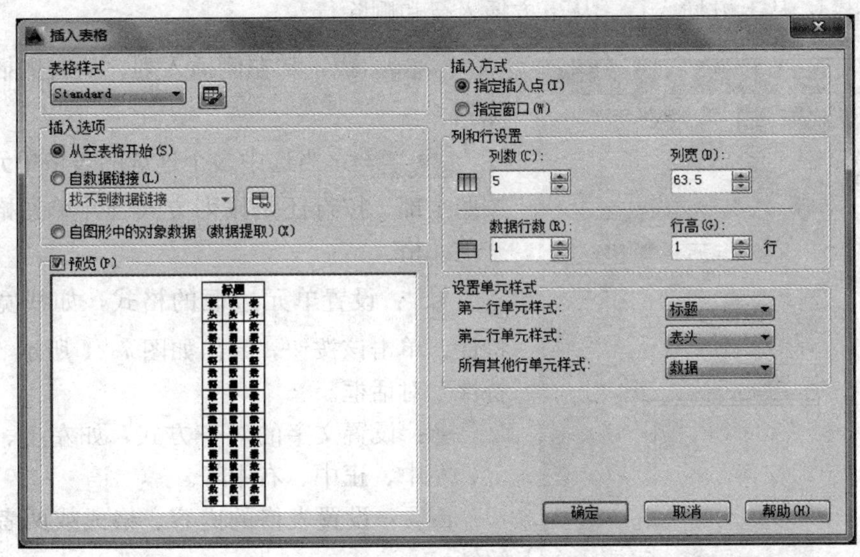


图 7-19　“插入表格”对话框

选项说明：

（1）“插入选项”选项区：选择“从空表格开始”可以创建一个空的表格；选择“自数据链接”可以从外部导入数据来创建表格；选择“自图形中的对象数据（数据提取）”可以从可输出到表格或外部文件的图形中提取数据来创建表格。

（2）“插入方式”选项区：选择“指定插入点”可以在绘图窗口中的某点插入固定大小的表格；选择“指定窗口”可以在绘图窗口中通过拖动表格边框来创建任意大小的表格。

（3）“列和行设置”选项区：可以通过改变“列”“列宽”“数据行数”和“行高”文本框的数值来调整表格的外观大小。

**三、编辑表格和表格单元**

1. 编辑表格

当选中表格后，在表格的四周、标题行上将显示许多夹点，可以通过拖动这些夹点来编辑表格，还可以单击鼠标右键弹出快捷菜单，对表格进行剪切、复制、移动、删除、缩放和旋转等简单操作，还可以均匀调整表格的行、列大小，删除所有特性替代。当选择“输出”命令时，还可以打开“输出数据”对话框，以“.csv”格式输出表格中的数据。

2. 编辑表格单元

当选中单元格时，会弹出“表格”工具栏，如图 7-20 所示，通过工具栏可以对表格单元进行编辑。

图 7-20 “表格”工具栏

选项说明如下：

：从上方插入行、从下方插入行和删除行。

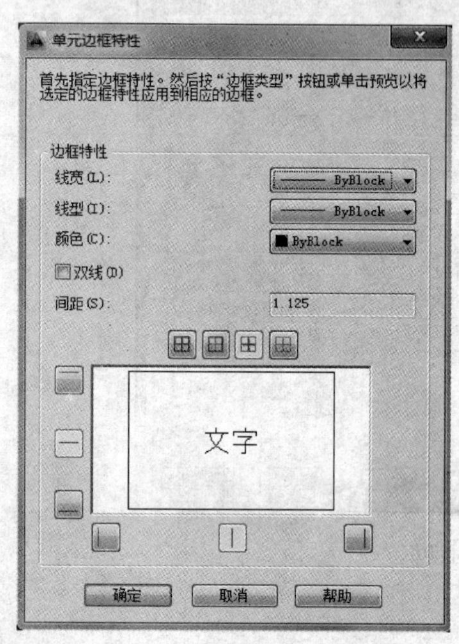


图 7-21 “单元边框特性”对话框

：从左侧插入列、从右侧插入列和删除列。

：当选中多个连续的表格单元后，可以按照全部、按行还是按列方式合并单元格和取消合并单元格。

：设置单元边框的格式，如线宽、颜色等特性。单击该按钮，弹出如图 7-21 所示“单元边框特性”对话框。

：设置文字的对齐方式，如左上、中上、右上、左中、正中、右中等。

：设置表格的内容、格式或两者都锁定或解锁。

：设置表格的数据格式，如文字、角度、货币、日期等。

：匹配单元，用当前选中的表格单元格式（源对象）匹配其他表格单元（目标对象），此时鼠标指针变成刷子形状，单击目标对象即可进行匹配。

## 课后练习

1. 完成墙身根部构造详图（见图 7-22），并注意文字文字书写的对齐方式。

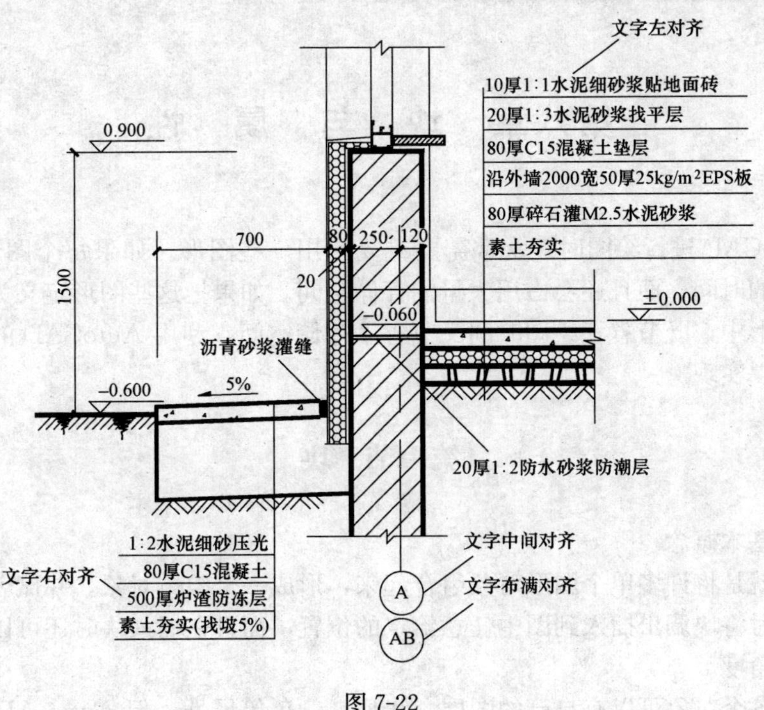


图 7-22

2. 以 Mtext 方式完成图 7-23 所示文字，要求采用不同字体：标题为黑体，文本为楷体，数字为 Italic。

## 设计说明

1. 工程概况：本工程为某学校的变电检修大厅，建筑面积*1513.56m2*，建筑高度*17.30m*，为单层厂房。

2. 设计依据：建设单位提供的规划地形图；《民用建筑设计通则》（*GB50352-2005*）。

3. 设计类别：建筑耐火等级二级，建筑耐久年限*50*年，屋面防水等级三级，抗震烈度七度。

4. 结构形式：钢筋混凝土排架结构。

图 7-23

# 第八章 块 与 属 性

使用 AutoCAD 进行绘图时，常常需要重复使用一些图形。如果每个图形都重新绘制，不仅浪费大量的时间，而且还会占用大量的存储空间。如果把这些图形定义为一个整体，需要时插入到图形中，既节省了绘图时间又节省了存储空间，利用 AutoCAD 的图块及图块的属性功能就可以实现。

## 第一节 块

### 一、块的基本概念

所谓块，就是将许多单个图形对象组合起来，形成一个整体对象，并赋名加以保存。用户需要时可随时将块调出插入到图中任意给定的位置，而且在插入块时还可以指定不同的比例系数和旋转角度。

组成块的各个对象可以有自己的图层、线型、颜色等属性，但 AutoCAD 把块当作一个单一的对象来处理，点取块内的任何一个对象，就可以对整个块进行编辑操作，这些操作与块的内容结构无关。块还可以嵌套，即一个块中可以包含另外一个或几个块。

块主要有以下功能：

(1) 避免了大量的重复工作，大大提高了绘图效率和质量。

(2) 节省存储空间。图块作为一个整体图形每次插入时，AutoCAD 仅需记住块的特征参数（如图块名、插入点坐标等），而不需记住图块中具体每一个对象的特征参数，大大节省了磁盘空间。

(3) 便于图形修改。在工程设计中，经常要反复修改图纸，如果将图形文件中已定义的某图块修改，AutoCAD 将会自动地更新图中已插入的该图块。

(4) 携带属性。属性是从属于图块的文本信息，它可以在每次插入块时赋予不同的信息，非常方便画图。

### 二、创建块

1. 命令调用

- 输入命令：Block
- 下拉菜单：绘图→块→创建
- 工具栏：绘图工具栏中的按钮

2. 操作及选项说明

启动 Block 命令后，AutoCAD 打开“块定义”对话框，如图 8-1 所示。

(1)“名称”下拉列表框：为块命名，在编辑框中输入图块名即可，它可以由字母、数字和下划线组成，也可以用中文命名。单击将显示当前图形中所有块的名称。

(2)“基点”选项区：为块指定插入基点坐标。可以用三种方式定义基点：

图 8-1 “块定义”对话框

1）选取“在屏幕上指定”复选框，当块的设置完成后，单击“确定”按钮，回到绘图区时，命令行提示：

指定插入基点：

在此提示下，通过输入点的坐标或用鼠标拾取指定基点。

2）单击“拾取点”按钮，马上回到绘图窗口，用鼠标直接在绘图区上拾取点即可；

3）在 X、Y、Z 编辑框中输入坐标值。

(3)“对象”选项区：主要用于选择组成块的对象。

选择对象的方式有以下三种：

1）“在屏幕上指定”复选框：选取该复选框，当块的设置完成后，单击“确定”按钮，回到绘图区选择对象。

2）“选择对象”按钮：单击该按钮，马上回到绘图窗口，在图形窗口中选择要定义为块的图形对象即可。

3）“快速选择”按钮：单击该按钮，弹出“快速选择”对话框，如图 8-2 所示。可以方便地快速选取所需的图形。

选项区内的单选按钮的含义如下：

“保留”单选按钮：将定义为图块的原图形对象继续保留，但不是块。

“转换为块”单选按钮：将定义为图块的原图形对象继续保留，但转换为块。

“删除”单选按钮：将图形定义为块后，原图形自动删除。删除后可以用 Oops 命令恢复。

(4)“方式”选项区：用于设置组成块的对象的显示方式。

1）“注释性”复选框：指定块为注释性。

2）“使块方向与布局匹配”复选框：指定在图纸空间视口中的块参照的方向与布局的方向匹配。如果未选择“注释性”选项，则该选项不可用。

3）“按统一比例缩放”复选框：若选择该复选框，则在插入块时 X、Y 的比例因子按统

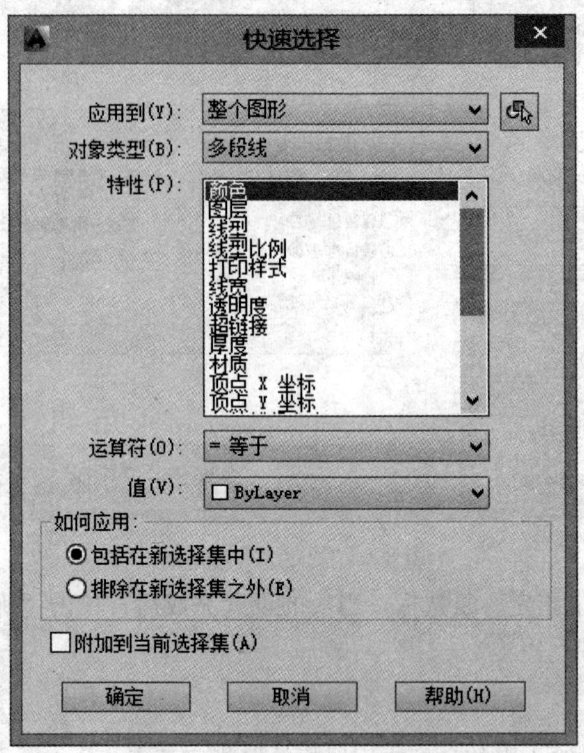


图 8-2 “快速选择”对话框

一的比例缩放；否则在插入块时要分别指定 X、Y 方向的比例因子。

4）“允许分解”复选框：若选择该复选框，所创建的块在插入后可以用“分解”命令分解，否则所创建的块在插入后不能被分解。

(5)“设置”选项区：用于设置块的基本属性。

1）“块单位”下拉列表框：单击下拉箭头将弹出一个下拉列表，可从下拉列表选项中选取所插入图块的单位，包括毫米、厘米、米等。

2）“超链接”按钮：单击该按钮，弹出“插入超链接”对话框，可以使用该对话框将某个超链接与块定义相关联。

(6)“在块编辑器中打开”复选框：用于能否在块编辑器中打开当前的块定义。

(7)“说明”文本框：用于输入与块有关的说明文字。

3. 说明

(1) 创建图块时，必须事先绘出要创建为块的对象。

(2) 如果新给定的块名与已定义的块名重复，则 AutoCAD 弹出如图 8-3 所示的对话框，指出已定义某块，询问是否重新定义。若选择“重新定义块”，则新建块将代替旧块；若选择“不重新定义”，AutoCAD 会返回块定义对话框，从新设定块名即可。

(3) 基点是以后插入该图块时的插入点。可以选择图形上任意一点作为基点，但为了作图方便，应选择图形的中心、左下角或其他有特征的位置。如果不选择基点，系统会自动将坐标原点定义成基点。

**【例 8-1】** 将图 8-4 所示的窗创建为块。

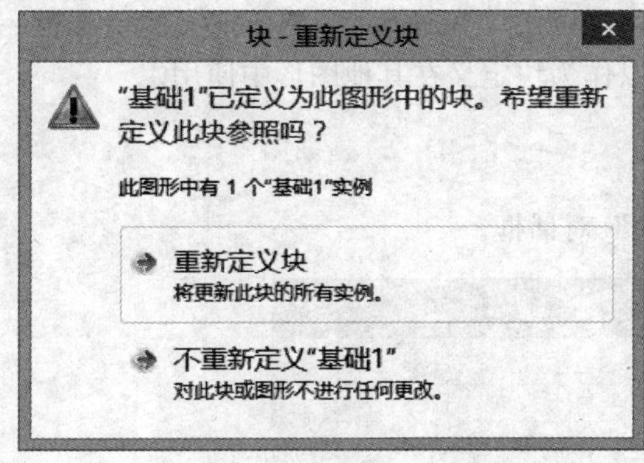


图 8-3 “块替换”对话框

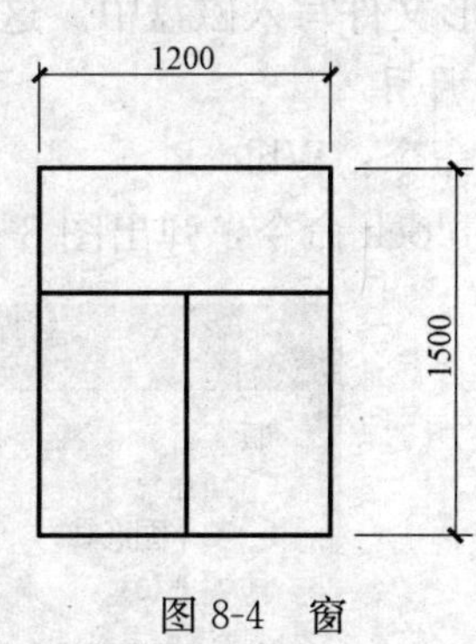


图 8-4 窗

操作过程如下：

(1) 绘制图 8-4 所示的窗立面图形。

(2) 启动 Block 命令，打开“块定义”对话框。

(3) 在“名称”文本框中输入块的名称“窗”。

(4) 在“基点”选项区域内，单击“拾取点”按钮，切换到绘图窗口，用鼠标拾取窗的左下角点，确定基点位置。

(5) 在“对象”选择区域内选择“保留”单选按钮，再单击“选择对象”按钮，切换到绘图窗口，使用窗口选择方法选择所有图形，然后按回车键返回“块定义”对话框。

(6) 在“说明”文本框中输入对图块的说明，如“窗立面，宽 1200，高 1500”。

(7) 完成后，单击“确定”按钮保存设置，即完成了“窗”块的设置，如图 8-5 所示。

图 8-5 “窗”块的设置

## 三、块文件

用 Block 命令创建的块，只能由块所在的图形文件使用，而不能在其他图形文件中使用。如果希望在任何图形文件中都可以使用某块，可以用 Wblock 命令把所定义的块作为一个独立的图形文件写入磁盘中。这个图形文件可以作为块定义在其他图形中使用。

1. 命令调用

● 输入命令：Wblock

启动 Wblock 命令，弹出图 8-6 所示的“写块”对话框。

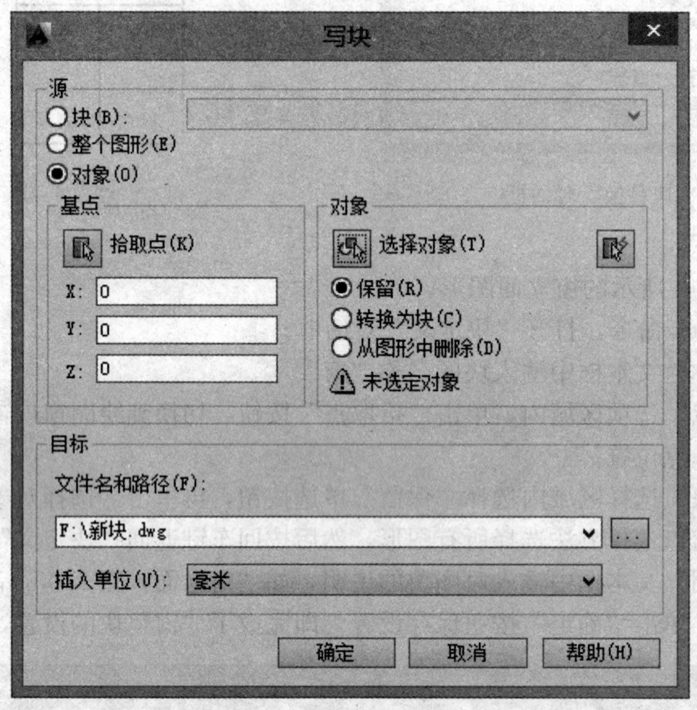


图 8-6 “写块”对话框

2. 操作及选项说明

(1)“源”选项区：用于确定块文件的对象来源。

“块”单选按钮：将已定义的块写入图形文件，在下拉列表中选取所需的图块名即可。

“整个图形”单选按钮：将当前整个图形作为一个图块写入图形文件。

“对象”单选按钮：选择该项，可以在绘图窗口中选择对象，所选对象同时作为块写入图形文件，该操作实质是同时完成对所选对象的创建块和写块的两个操作，所以，下面的“基点”和“对象”的含义与操作与“创建块”中的相同。注意：只有选中“对象”单选按钮，“基点”和“对象”选项区才可选。

(2)“目标”选项区：用于确定块定义的图形文件存储的文件名、路径和单位。

“文件名和路径”下拉列表：用于确定图形文件的保存路径。单击[...]按钮，打开如图 8-7 所示的“浏览图形文件”对话框，可在此对话框中选择存储文件的路径。

“插入单位”下拉列表：用于指定从设计中心中拖动新文件并将其作为块插入到使用不同单位的图形中时自动缩放所使用的单位值。如果选择“无单位”插入时不自动缩放图形。

**【例 8-2】** 将图 8-4 所示的窗创建为块文件，文件名为窗，文件存储在 D：\ My Documents 下。

图 8-7 “浏览图形文件”对话框

操作步骤如下：

(1) 在绘制如图 8-4 所示的窗立面图形。

(2) 在命令行中输入命令 Wblock，弹出“写块”对话框。

(3) 在“源”选项区中选取“对象”单选按钮。

(4) 在“基点”选项区域中单击“拾取点”按钮，拾取图形左下角点作为基点。

(5) 在“对象”选择区域内选择“保留”单选按钮，再单击“选择对象”按钮，切换到绘图窗口，选取窗后按回车键返回到“写块”对话框。

(6) 在“目标”选项区的“文件名和路径”选项中单击按钮，打开“浏览图形文件”对话框，选择存储文件的路径“F:\ CAD 练习”，将文件名命名为“窗”，选取保存，如图 8-8 所示。

(7) 完成后，单击“确定”按钮保存设置。

**四、插入块**

在绘图过程中，可以根据需要将已定义的块插入到当前的图形文件中。块可以使用“Insert”命令插入，也可以使用设计中心插入。

1. 使用“Insert”命令插入块

(1) 命令调用。

- 输入命令：Insert
- 下拉菜单：插入→块
- 工具栏：“绘图”工具栏中按钮

执行上面操作后，弹出如图 8-9 所示的“插入”对话框。

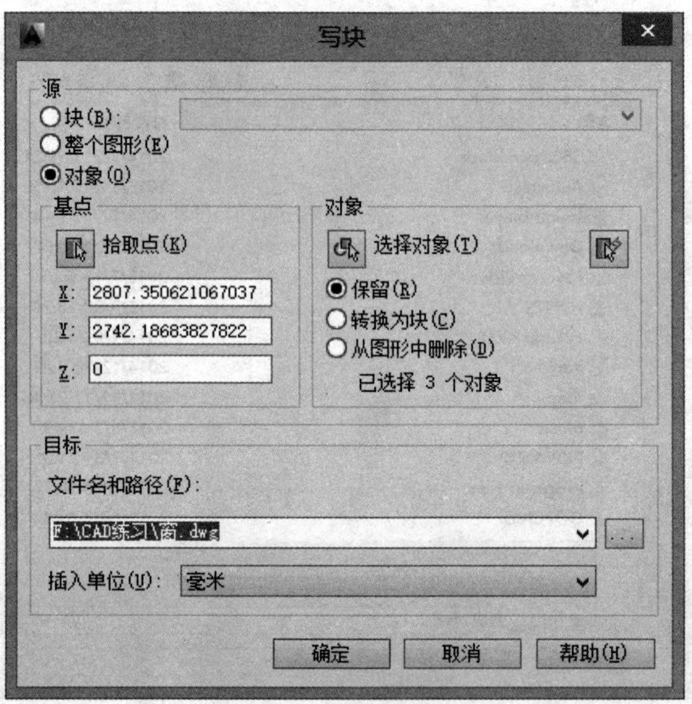


图 8-8 “窗”块文件的存储路径

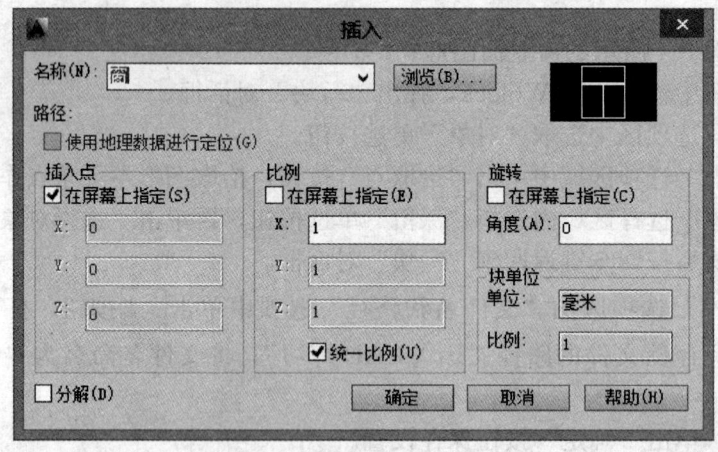


图 8-9 “插入”对话框

(2) 操作及选项说明。

1)“名称”下拉列表框：用于指定要插入的块，下拉列表框中将列出当前图形文件中已定义的块名，可以直接选择。另外，AutoCAD 还可以直接将“.dwg”图形文件作为块插入到当前的图形中，方法是单击“浏览”按钮，打开“选择图形文件”对话框，如图 8-10 所示，选择需要插入的文件即可。

2)“插入点”选项区域：此区域用于指定块在当前图形中的插入点位置。若选择“在屏幕上指定”，则可以通过鼠标在屏幕上指定插入点，否则直接输入 X、Y、Z 的值确定插入点的位置。

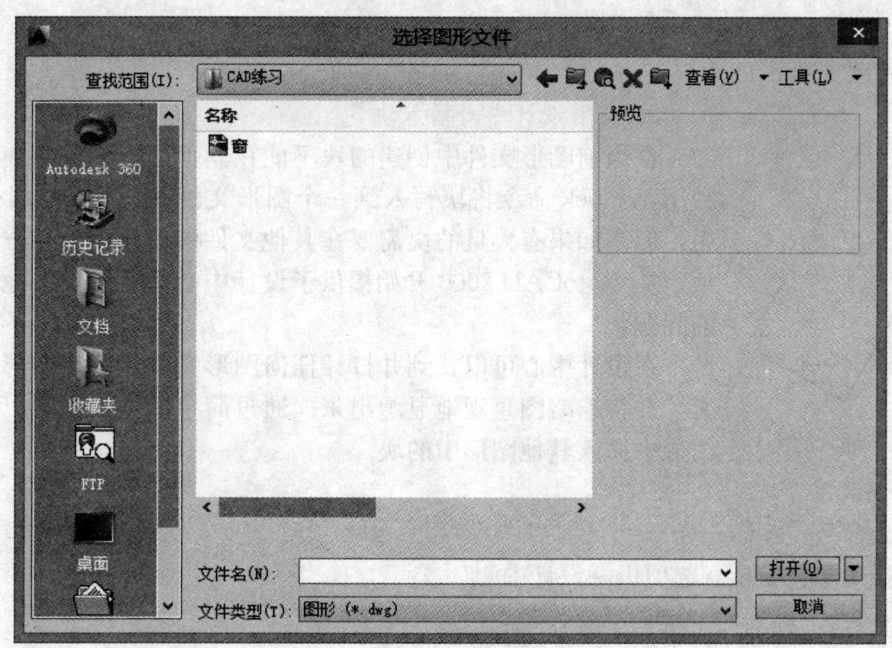


图 8-10 “选择图形文件”对话框

3)“比例”选项区域：此区域设置块插入时的比例。用户若选中“在屏幕上指定”复选框，则在插入块时可以用键盘输入比例值，否则在 X、Y、Z 对应的文本框中直接输入各方向比例值。选中“统一比例”复选框，则为 X、Y、Z 方向设置同一个比例值。

4)“旋转”选项区域：设置图块插入时的旋转角度。用户若选中“在屏幕上指定”复选框，则在插入图块时可以用键盘输入角度，否则，直接在“角度”文本框中输入角度值。

5)“分解”复选框：控制图块在插入后是自动分解成原始的图形对象还是作为一个块对象。

因为块是一个整体，将块插入到图形中后，若需要修改，应将块分解成原始的图形对象。分解的方法有两种：一种方法是选中上面“分解”复选框；另一种是插入块后用 Explode 命令来分解。

对话框的右上角将显示当前块的图形预览。

**【例 8-3】** 插入［例 8-1］中所创建的块“窗”。

操作步骤如下：

(1) 启动“Insert”命令，打开“插入”对话框。

(2) 在“名称”下拉列表框中选择“窗”。

(3) 在“插入点”“比例”“旋转”选项区域中均选择“在屏幕上指定”复选框，不选择“统一比例”复选框。

(4)“块单位”选项区域设为默认状态。

(5) 设置完成后单击“确定”按钮后，切换到绘图窗口，此时命令行提示：

指定插入点或［基点(B)/比例(S)/X/Y/Z/旋转(R)］:(在屏幕上指定一点)
输入 X 比例因子，指定对角点，或［角点(C)/XYZ(XYZ)］<1>：↙
输入 Y 比例因子或 <使用 X 比例因子>:(输入 Y 方向比例因子 2)

指定旋转角度 <0>:(输入旋转角度 30)↙

插入的图见图 8-11。

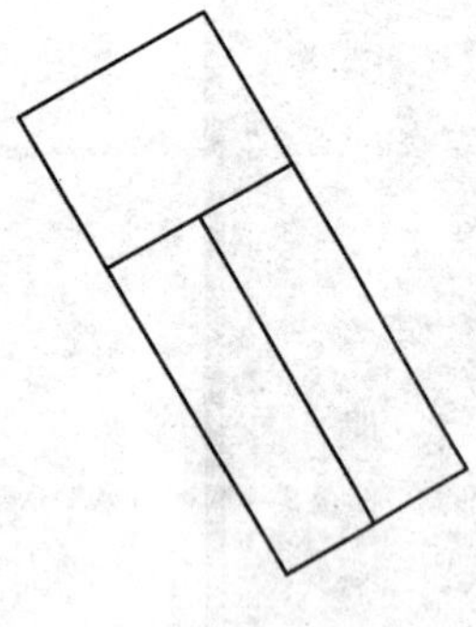

图 8-11　插入的窗

2. 利用设计中心插入块

在当前图形文件中创建的块不能在其他图形文件中使用，只有利用 Wblock 命令将块写入到一个图形文件中，其他文件才可以调用，但是如果有大量的块需要在其他文件中使用，这种方法就太麻烦。从 AutoCAD 2000 开始提供了设计中心，可以很好地解决这样的问题。

在设计中心可以找到并打开任何图形文件以获得图形里的块定义，并将缩略图直观地显示出来。通过简单的拖动就可以实现当前图形中插入其他图形中的块。

1. 命令调用

- 输入命令：Adcenter
- 下拉菜单：工具→选项板→设计中心
- 工具栏：“标准”工具栏中按钮

执行上面操作后，弹出如图 8-12 所示的“设计中心”对话框。

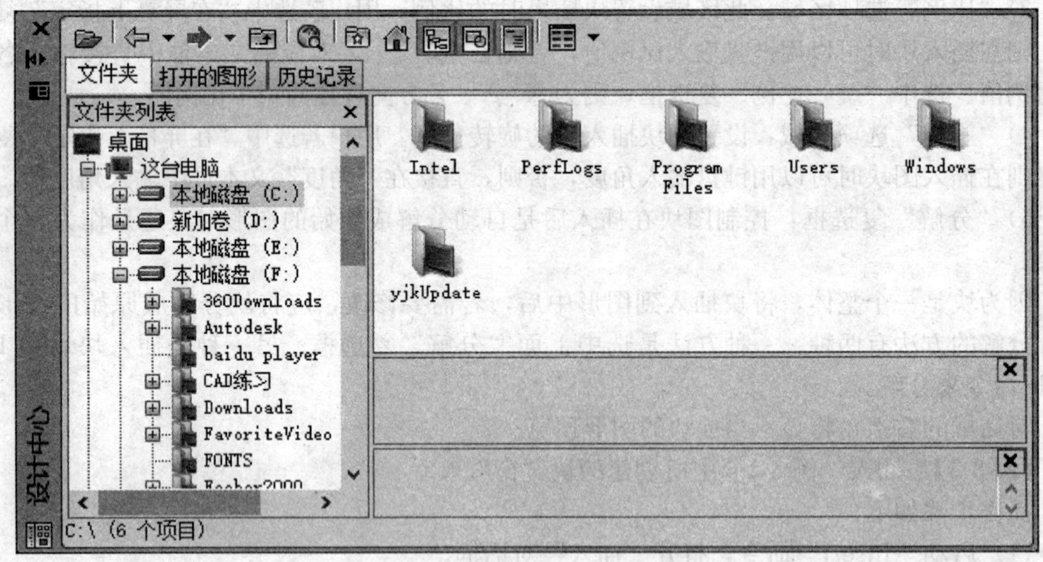


图 8-12　“设计中心”对话框

3. 选项卡说明

AutoCAD 设计中心包含“文件夹”“打开的图形”“历史记录”三个选项卡，使用它们可以选择和观察设计中心中的图形。

(1)“文件夹”选项卡：显示设计中心的资源（见图 8-12），可以将设计中心的内容设置为本地计算机的桌面，或是本地计算机的资源信息，也可以是网上邻居的信息。

(2)“打开的图形”选项卡：显示当前打开的所有图形文件，单击某个图形文件图标前的“+”，可以显示用户选定的某一图形文件的多种元素，如标注样式、表格样式、布局、块等，如图 8-13 所示。单击“块 . dwg”图形文件中的元素“块”，则在预览区就会出现图形中所有的块的图形及其名称，如图 8-14 所示，用鼠标选中所需图块，按住左键将其拖动到正在绘制的图形中的相应位置即可。

图 8-13 “打开的图形”选项卡

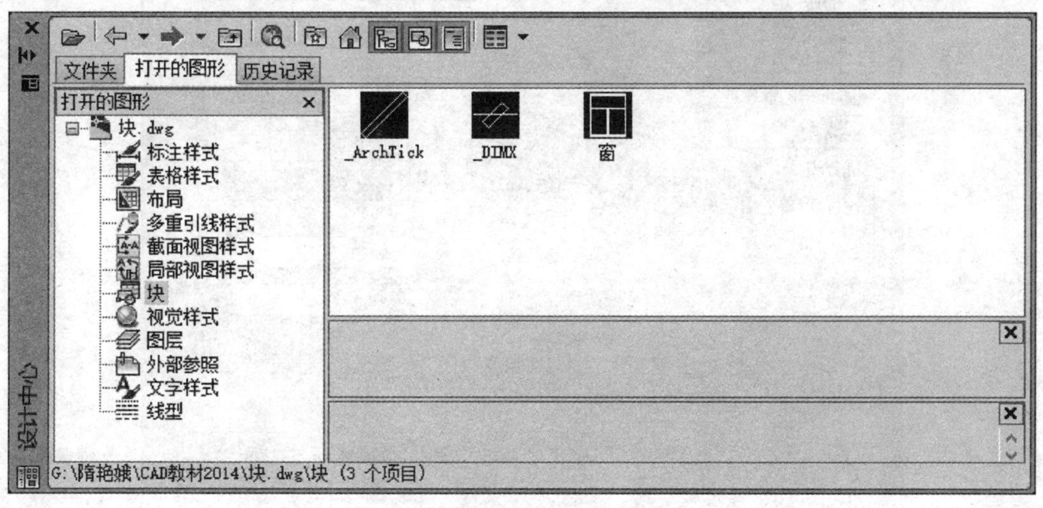


图 8-14 元素“块”的显示

(3)“历史记录”选项卡：显示设计中心最近访问过的文件，包括这些文件的完整路径。

AutoCAD 设计中心可以实现对不同资源文件（如块、填充、文字、外部参照等）进行浏览、查找、预览和管理，可以将位于本地计算机、局域网和互联网上的图形文件中的任何内容拖动到当前图形中，方便地实现重复利用和图形共享，提高图形管理和图形设计的效率。

## 第二节 块 属 性

经常使用的图形可以做成块，但是有些块需要说明一些特征。例如，将建筑图中常用的标高做成块，标高符号上的标高值是块中的文本信息，称之为属性。标高值不是固定的，因此希望其随着不同位置标高块的插入而不断变化，AutoCAD 的定义块的属性的功能，就可以实现这个目的。

带有属性的块称为属性快，定义属性块应首先对图形定义属性，然后再定义一个包括图形信息和属性的块。

### 一、定义属性

1. 命令调用

● 输入命令：Attdef

● 下拉菜单：绘图→块→定义属性

2. 选项说明

执行上面命令后，弹出如图 8-15 所示的“属性定义”对话框。

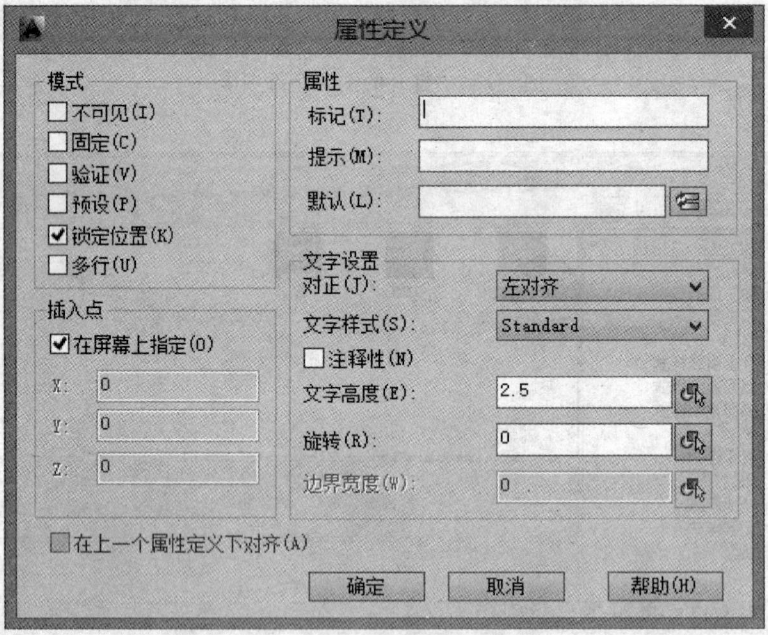

图 8-15 “属性定义”对话框

对话框中包含“模式”“属性”“插入点”和“文字设置”四个选项区。

(1)“模式”选项区域：用于设置属性的模式。其中包括六个复选框：

“不可见”复选框：用于确定插入块后是否显示其属性值。若选择该项，插入属性块时将不显示属性值。

“固定”复选框：用于设置属性是否为固定值。选择该项，插入块后该属性值不再发生变化。

“验证”复选框：用于验证所输入的属性值是否正确。选择该项，插入块时系统将提示用户验证属性值是否正确，否则不予提示。

“预设”复选框：用于确定是否将属性值直接预置成它的默认值；选择该项，插入块时将使用默认值作为该属性的属性值。

“锁定位置”复选框：用于固定插入块的坐标位置；

“多行”复选框：用于使用多段文字来标注块的属性值。

（2）“属性”选项区域：用于定义块的属性。

“标记”文本框：用于输入属性的标记，相当于为属性起名，当属性产生时，它显示在图形上，当块产生时消失。

“提示”文本框：用于输入属性提示信息，在插入块时命令行显示属性提示，以便引导用户正确输入属性值；

“默认”文本框：用于输入属性的默认值。

（3）“插入点”选项区域：用于确定属性文本的插入点。可以直接在X、Y、Z文本框中输入插入点的坐标值，也可以选择“在屏幕上指定”，用鼠标在绘图区选取一点。

（4）“文字设置”选项区域：用于设置属性文字的格式。

“对正”下拉列表框：用于设置属性文本相对于插入点的对齐方式。

“文字样式”下拉列表框：用于选取属性文本的文字样式。

“文字高度”编辑框：可以在文本框中输入属性文字的高度，也可以单击按钮在屏幕上指定其高度。

“旋转”编辑框：可以在文本框中输入属性文字的旋转角度，也可以单击按钮在屏幕上指定其旋转角度。

（5）“在上一个属性定义下对齐”复选框：如果选取该项，系统将使当前属性采用上一个属性的文字样式、高度及旋转角度，且属性定义的标记直接放在上一个属性定义的下面。若在其之前没有定义属性，则该选项灰白显示，不可用。

完成上面的设置后，单击“确定”按钮，关闭对话框，属性标签将显示在图形中。

**【例 8-4】** 定义标高的属性块。

首先应先给标高图形定义属性，然后再创建块。具体操作步骤如下：

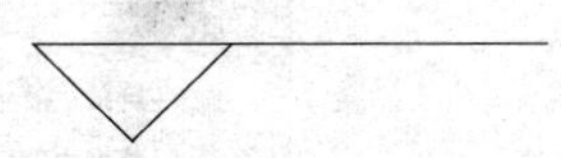

图 8-16 标高符号的图形对象

（1）绘出高度为3的标高符号，如图8-16所示。

（2）定义属性。

1）打开“属性定义”对话框。

2）“模式”和“属性”区域的设置如图8-17所示，“标记”设为“标高”，“提示”设为“输入标高”，“默认”设为“±0.000”。

3）“插入点”区域选择“在屏幕上指定”复选框。

4）“文字设置”区域设定“对正”方式选择“左对齐”，“文字样式”为“Standard”，“文字高度”为“3”，“旋转角度”为0，如图8-17所示。

5）单击“确定”按钮，切换到绘图区，命令行提示：

指定起点：

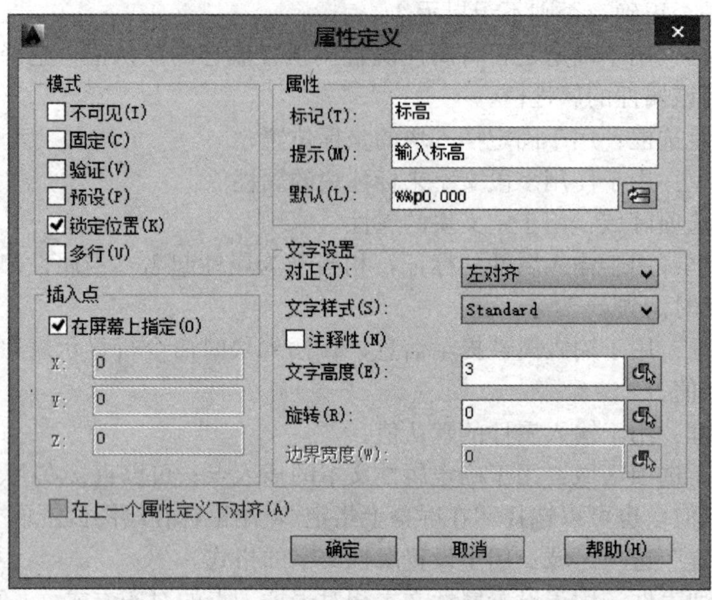


图 8-17 标高属性定义的设置

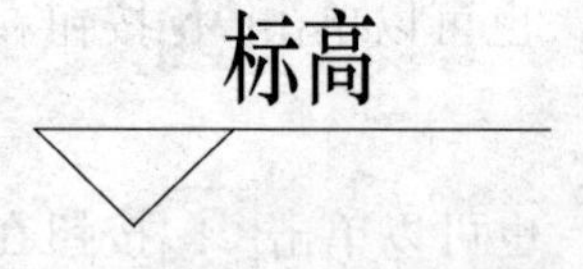


图 8-18 定义好的标高属性

然后在标高符号的图形上方指定一点作为插入点后，命令即结束，结果如图 8-18 所示。

（3）将图 8-18 所示的图形定义为块。

1）单击“绘图工具条”中的创建块，弹出“块定义”对话框。

2）块名命名为“标高”，如图 8-19 所示。

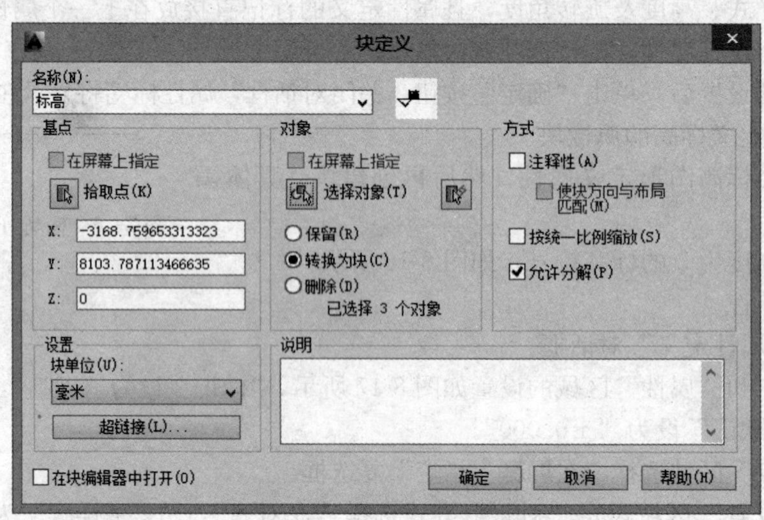


图 8-19 “标高”属性块的创建

3）基点在图形中拾取，拾取标高三角形下面的顶点为基点。

4）单击“选择对象”按钮，在绘图区选取标高图形及定义的属性。

5）单击“确定”按钮，即可以得到一个带有属性的“标高”块。

## 二、插入属性块

设定了属性块后就可以利用“Insert”命令插入带属性的块。插入带有属性的块和插入一个不带属性的块操作完全相同，只是插入带有属性的块时增加了属性输入提示。可在各种属性提示下输入属性值或接受默认值。

**【例 8-5】** 插入［例 8-3］的“标高”属性块。

具体操作步骤如下：

（1）启动 Insert 命令，打开“插入”对话框。

（2）在“名称”下拉列表中选择“标高”块。

（3）在“插入点”区选取“在屏幕上指定”，在“缩放比例”区域中 X、Y、Z 比例因子都为默认值 1，在“旋转”区域的“角度”编辑框中为默认值 0，如图 8-20 所示。

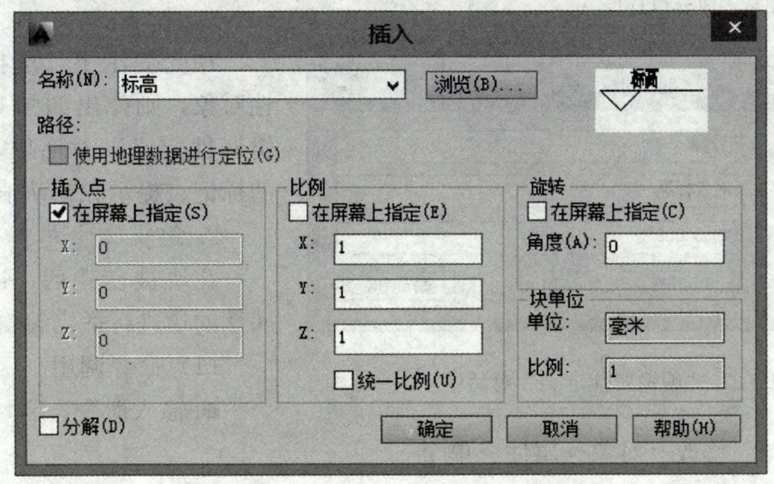


图 8-20 “插入”对话框设置

（4）单击“确定”按钮，关闭“插入”对话框，切换到绘图区，命令行提示：

命令：_Insert
指定插入点或［基点(B)/比例(S)/X/Y/Z/旋转(R)］：(在屏幕上指定一点)
输入属性值
输入标高 ＜±0.000＞：回车

重复执行 Insert 命令，提示：

输入属性值
输入标高 ＜±.000＞：(输入 3.600)

结果如图 8-21 所示。可以重复以上操作，输入不同的标高值。

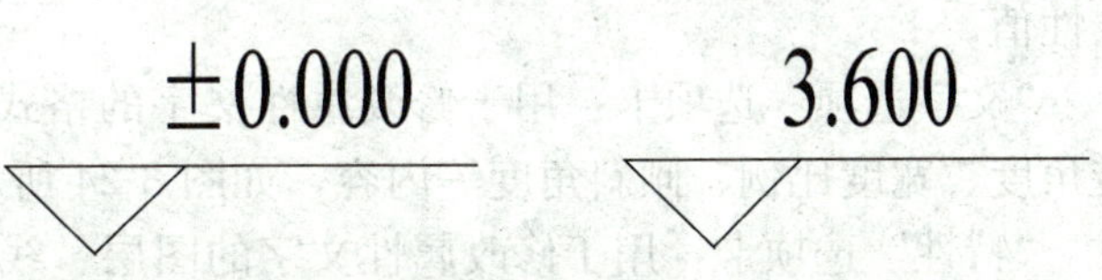


图 8-21 利用属性插入的建筑标高

## 三、属性编辑

属性编辑可以对创建块之前的属性定义进行编辑，也可以对创建块之后的属性块进行编辑。

1. 编辑属性

在属性附着于块之前，每个属性都是独立的对象，可以对其进行编辑，以修改属性。

(1) 命令调用。

- 输入命令：Ddedit
- 下拉菜单：修改→对象→文字→编辑
- 工具栏："文字"工具栏中按钮
- 快捷方式：直接在属性上双击鼠标左键

(2) 操作步骤。启动 Ddedit 命令，命令行提示：

命令：_Ddedit
选择注释对象或[放弃(U)]：

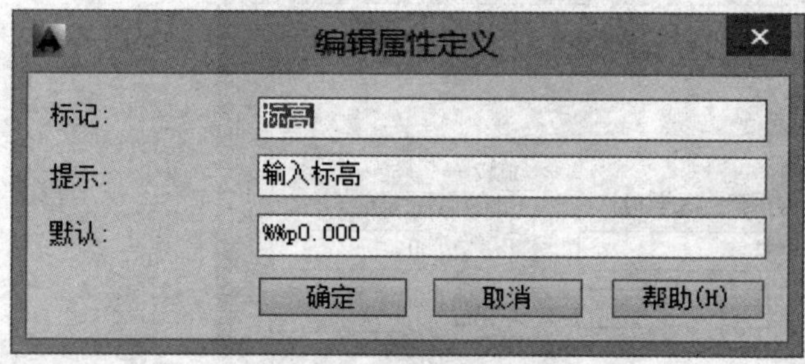


图 8-22 "编辑属性定义"对话框

在此提示下，选择被编辑的属性对象，则弹出如图 8-22 所示"编辑属性定义"对话框，可以对属性的标记、提示和默认值重新定义。

2. 编辑属性块

在块被创建后，还可以对带有属性的块进行适当编辑。

(1) 命令调用。

- 输入命令：Eattedit
- 下拉菜单：修改→对象→属性→单个
- 工具栏："修改Ⅱ"工具栏中按钮
- 快捷方式：直接在附带属性的块上双击鼠标左键

(2) 操作方法。

激活 Eattedit 命令后，命令行提示：

命令：_Eattedit
选择块：

选取属性块之后，系统将打开如图 8-23 所示"增强属性编辑器"对话框，在其中进行编辑即可。

"增强属性编辑器"对话框有 3 个选项卡，功能分别如下：

"属性"选项卡：显示了块中每个属性的标记、提示和值。在"值"文本框中可以修改属性值。

"文字选项"选项卡：用于修改属性文字的格式，包括文字样式、对齐方式、高度、旋转角度、宽度比例、倾斜角度等内容，如图 8-24 所示。

"特性"选项卡：用于修改属性文字的图层、线型、颜色、线宽及打印样式等，如图 8-25 所示。

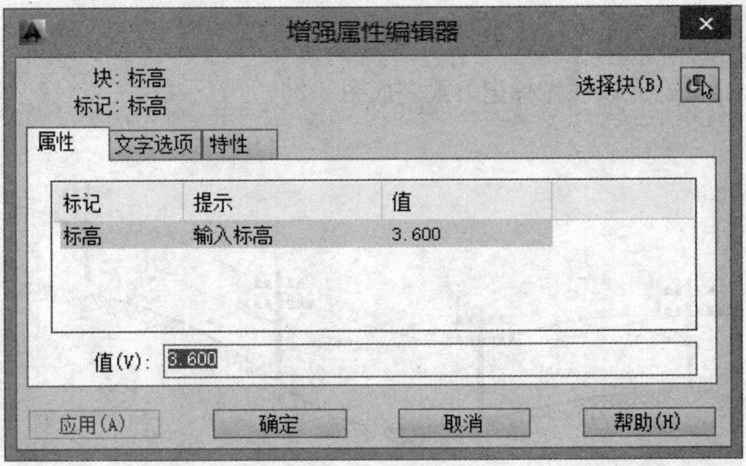

图 8-23 “增强属性编辑器”对话框

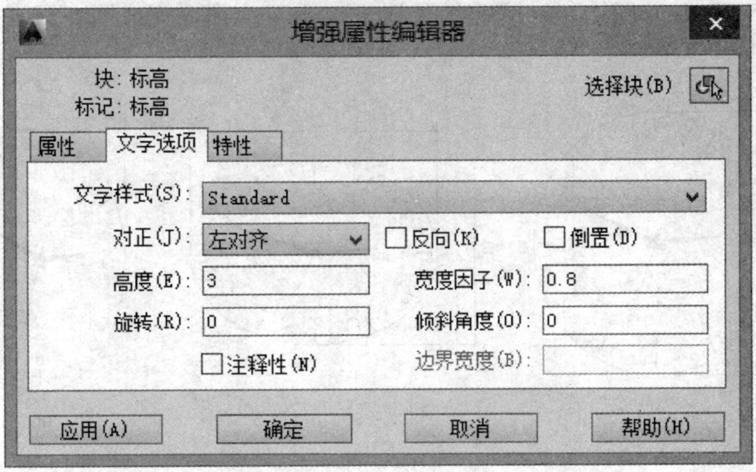

图 8-24 “文字选项”选项卡

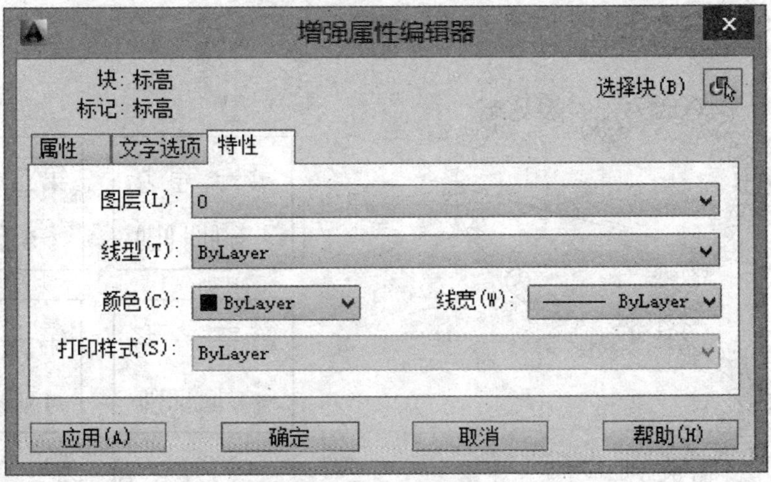

图 8-25 “特性”选项卡

## 课后练习

1. 利用 Measure 命令以块做标记方式完成图 8-26。

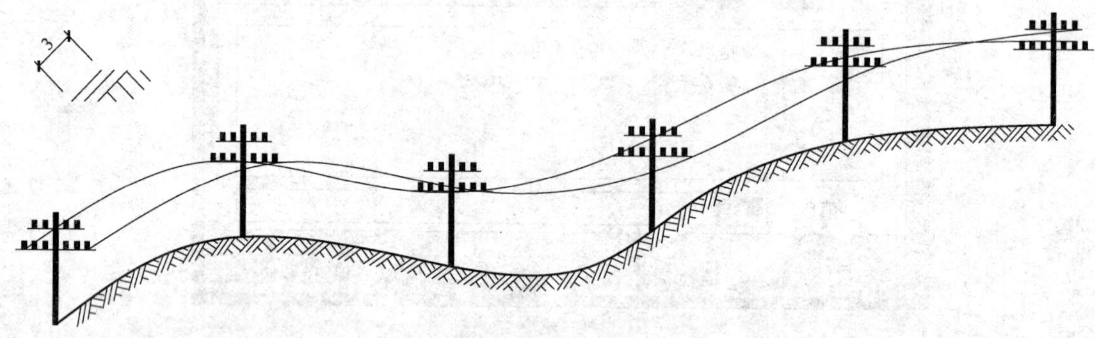


图 8-26

2. 完成图 8-27（a）图绘制，然后利用 Block、Insert 命令完成图 8-27（b）、（c）图。

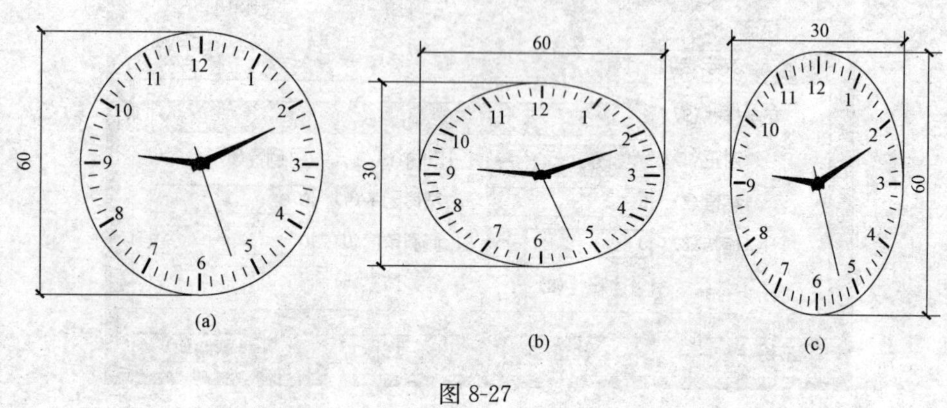


图 8-27

3. 利用 Divide 命令以块做标记方式完成图 8-28 所示图形绘制。
4. 利用 Attdef 命令完成图 8-29。

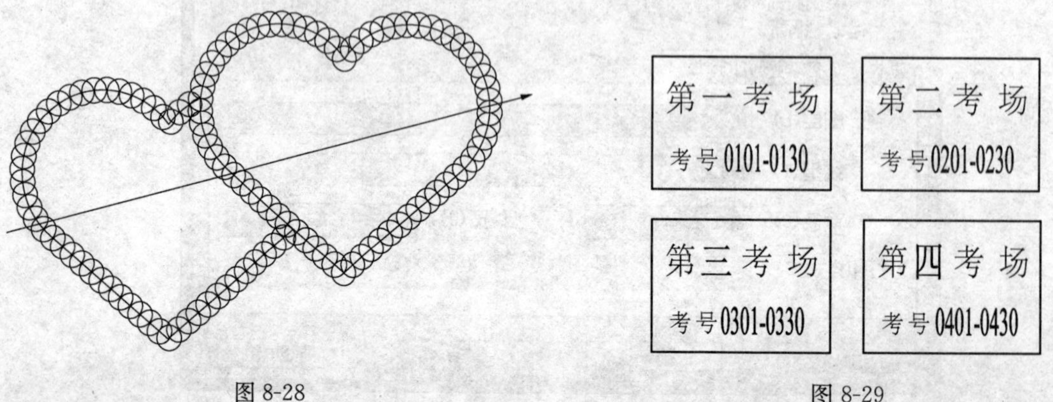


图 8-28

图 8-29

# 第九章　尺　寸　标　注

尺寸标注是工程制图中一项必不可少的内容，因为图形只表达了物体的形状，而物体的大小和相对位置必须用尺寸标注来完成，尺寸标注所描述的一些重要的几何信息，是工程制造和施工的重要依据。为此，AutoCAD 提供了一套完整、灵活的尺寸标注系统，不仅可以使用户轻松快捷地为图形创建一组符合标准的尺寸标注样式，进行各种对象标注，而且能够自动精确地测量标注对象的尺寸大小，同时还提供了强大的尺寸编辑功能。

## 第一节　尺寸标注概念

### 一、尺寸标注的组成

工程图中的尺寸标注一般由尺寸线、尺寸界线、尺寸起止符号（箭头）、尺寸标注文字四要素组成，如图 9-1 所示。它以块的形式存在于图形中。

### 二、尺寸标注类型

AutoCAD 2014 为用户提供了十余种尺寸标注类型，分别位于“标注”下拉菜单（见图 9-2 ）或“标注”工具栏中（见图 9-3）。

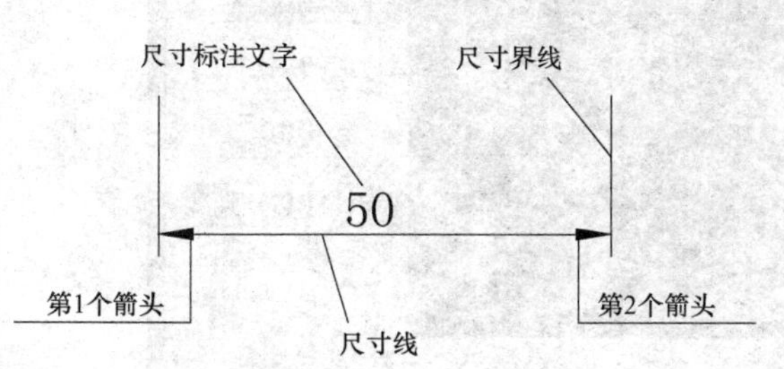


图 9-1　尺寸标注的组成

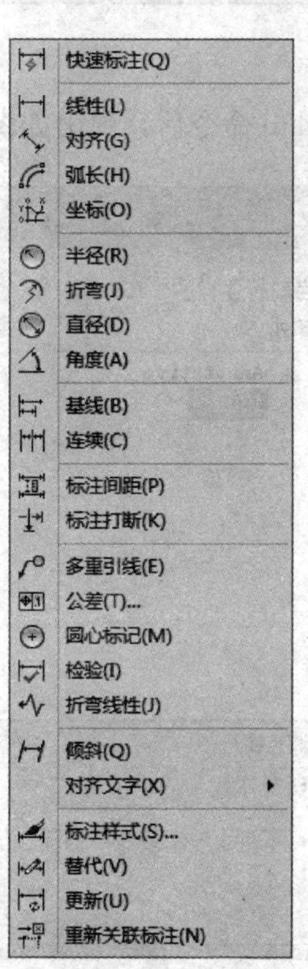


图 9-2　“标注”下拉菜单

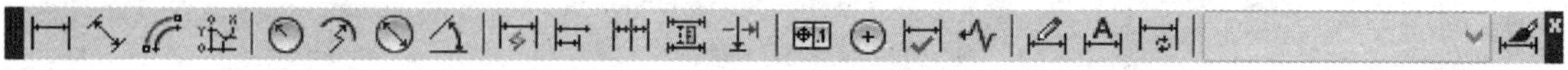

图 9-3 “标注”工具栏

## 第二节 设置尺寸标注样式

AutoCAD 提供的默认标注样式与工程图中的尺寸标注要求不完全相符，因此在标注尺寸前首先需要设置相应的尺寸标注样式。

### 一、命令调用

可以通过以下方式调出“标注样式”对话框：

- 输入命令：Ddim
- 下拉菜单：格式→标注样式
- 下拉菜单：标注→标注样式
- “样式”工具栏：“标注样式”  按钮（见图 9-4）
- “标注”工具栏：“标注样式”  按钮（见图 9-2）

图 9-4 “样式”工具栏

激活 Ddim 命令后，弹出如图 9-5 所示的“标注样式管理器”对话框。

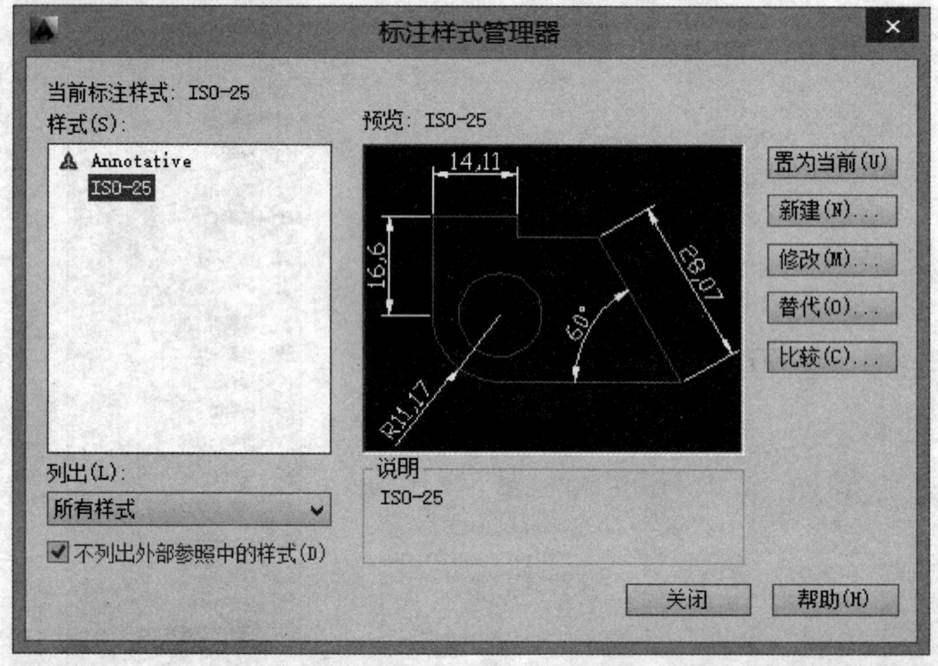


图 9-5 “标注样式管理器”对话框

## 二、操作及选项说明

“标注样式管理器”对话框中选项说明如下：

（1）当前标注样式：显示当前标注样式的名称。

（2）“样式”列表框：显示当前图形中的所有标注样式，当前样式被亮显。在列表中选定一个标注样式，然后单击鼠标右键可弹出如图 9-6 所示的快捷菜单，利用该菜单，可将所选的尺寸标注样式设置为当前标注样式、重新命名和删除。但是要注意：当前样式或当前图形使用的样式不能被删除。

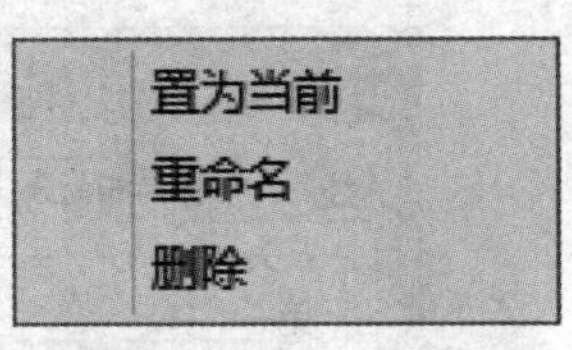


图 9-6 “样式”快捷菜单

（3）“列出”下拉列表框：用来控制在“样式”列表中的显示情况。有“所有样式”和“正在使用的样式”两种选择。

（4）“不列出外部参照中的样式”复选框：如果选择此选项，将不在“样式”列表中显示外部参照图形的标注样式。

（5）“预览”窗口：用来显示“样式”列表中选定的标注样式的图示，此样式不一定是当前标注样式。通过此预览窗口，可以很快选出合适的尺寸样式。

（6）“置为当前”按钮：用来设置当前尺寸标注的样式。在“样式”列表中选取要作为当前尺寸标注的样式后，单击“置为当前”按钮即可。

（7）“新建”按钮：用来创建新的尺寸标注样式。

（8）“修改”按钮：用于修改选定的标注样式特性。首先选择标注样式，然后单击“修改”按钮，即弹出“修改标注样式”对话框，如图 9-7 所示，在对话框中对各选项重新设置后，单击“确定”按钮即可。

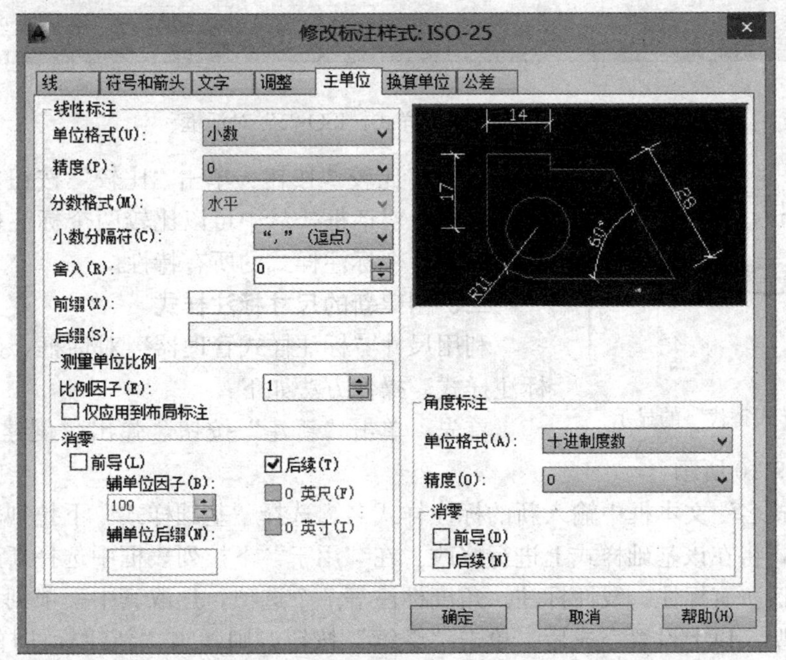


图 9-7 “修改标注样式”对话框

（9）“替代”按钮：用新定义的标注样式替代当前样式。在样式列表中选择某标注样式后，单击“替代”按钮，弹出“替代当前样式”对话框，如图 9-8 所示。设定完成后单击“确定”按钮，回到“标注样式管理器”对话框，在“样式”列表中的样式名下显示“样式替代”，如图 9-9 所示。

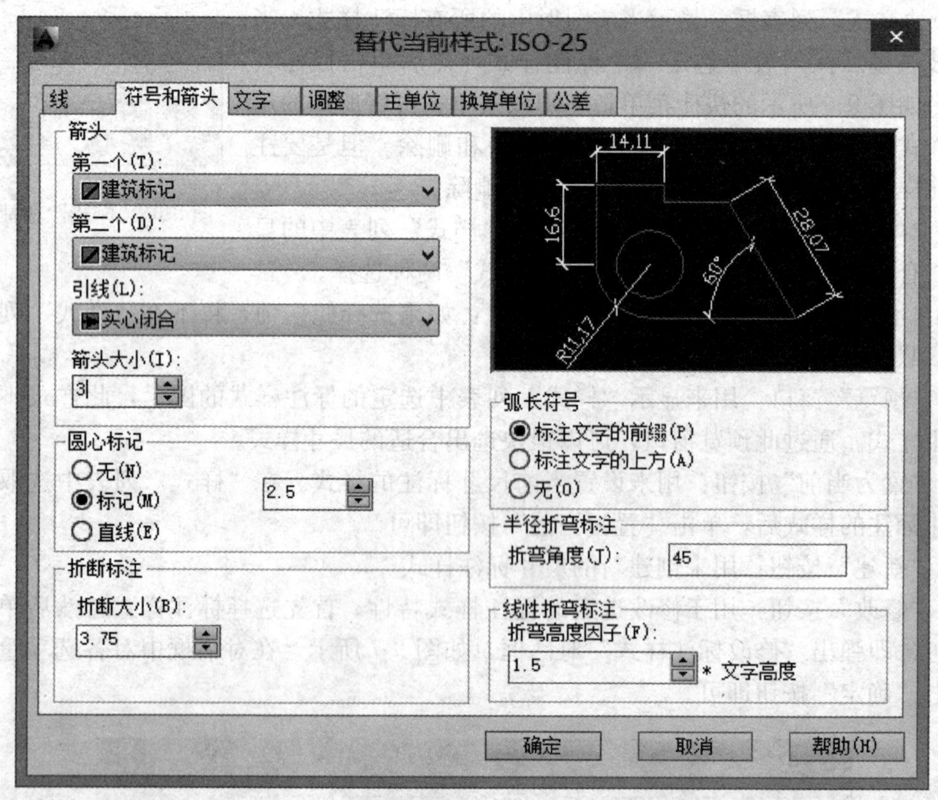


图 9-8 “替代当前样式：ISO-25”对话框

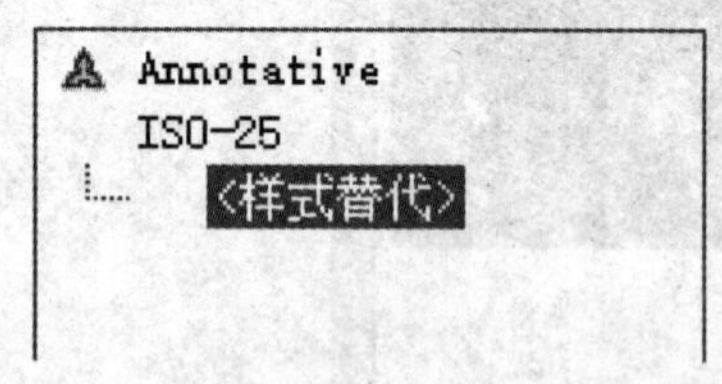


图 9-9 “样式替代”的显示

(10)“比较“按钮：单击“比较”按钮，弹出“比较标注样式”对话框，从中可以比较两个标注样式的不同之处或列出一个标注样式的所有特性。

### 三、创建新的尺寸标注样式

利用尺寸“标注样式管理器”对话框，建立新的尺寸标注样式。操作方法如下：

首先，单击“新建”按钮，弹出“创建新标注样式”对话框，如图 9-10 所示。

在“新样式名”文本框中输入新的标注样式名。选择“基础样式”下拉列表中的一种基础样式，新样式将在该基础样式上进行修改。在“用于”下拉列表框中选择新建标注样式的适用范围，包括所有标注、线性标注、角度标注等 7 个选项，选取其中一项则该新建样式只适用于所选类型。以上设置完成后，单击“继续”按钮，则弹出“新建标注样式”对话框，如图 9-11 所示，从中可以定义新的标注样式特性。

“新建标注样式”对话框中有“线”“符号和箭头”“文字”“调整”“主单位”“换算单位”“公差”7 个选项卡，每个选项卡都有一个预览窗口，它可以实时显示设置和修改的效

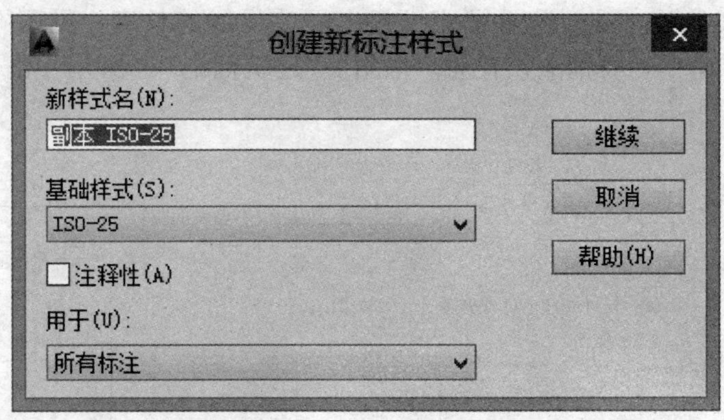


图 9-10　“创建新标注样式”对话框

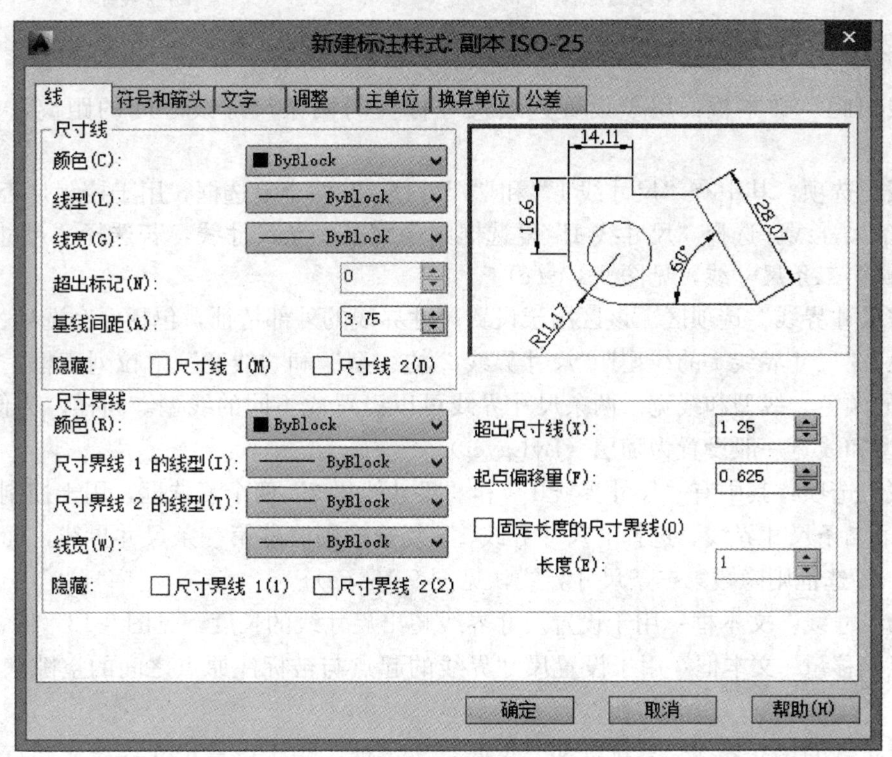


图 9-11　“新建标注样式”对话框

果。各选项卡的功能如下：

1. “线”选项卡

“线”选项卡用于设置尺寸线和尺寸界线的外部特征，如图 9-11 所示。分为尺寸线、尺寸界线和预览三个区域。

(1)“尺寸线”选项区。该区用于设置尺寸线的外部特征，包括 6 个选项：

“颜色”“线型”和“线宽”下拉列表框：用于设置尺寸线的颜色、线型和线宽。为便于管理，颜色、线型和线宽一般设置为随层（Bylayer）。

“超出标记”文本框：用于设置尺寸线超出尺寸界线的长度，见图 9-12（a）。只有在“符号和箭头”选项卡中，将箭头设置为“倾斜”“建筑标记”“积分”和“无标记”时该项有效。

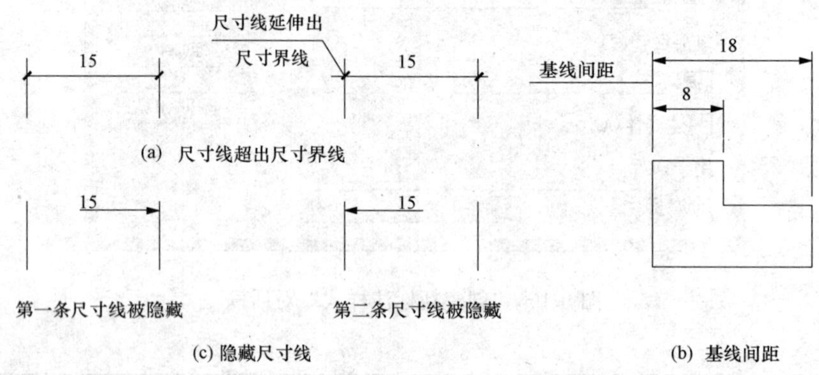


图 9-12 尺寸线选项说明

“基线间距”文本框：用于设置连续尺寸标注时两条尺寸线之间的距离，见图 9-12（b）。

“隐藏”选项：其中有“尺寸线 1”和“尺寸线 2”两个复选框，用于控制是否显示第一条或第二条尺寸线。选择“尺寸线 1”复选框则隐藏第一条尺寸线，若选择“尺寸线 2”复选框则隐藏第二条尺寸线，见图 9-12（c）。

（2）“尺寸界线”选项区。该区用于设置尺寸界线的外部特征，包括 8 个选项：

“颜色”“尺寸界线 1 的线型”“尺寸界线 2 的线型”和“线宽”下拉列表框：用于设置尺寸界线的颜色、线型和线宽。两条尺寸界线可以设置成不同的线型。同样，为便于管理，颜色、线型和线宽一般设置为随层（ByLayer）。

“隐藏”选项：其中有“尺寸界线 1”和“尺寸线界 2”两个复选框，用于控制是否显示第一条或第二条尺寸界线。选择“尺寸界线 1”复选框则隐藏第一条尺寸界线，而选择“尺寸界线 2”复选框则隐藏第二条尺寸界线，见图 9-13（a）。

“超出尺寸线”文本框：用于设置尺寸界线超出尺寸线的长度，见图 9-13（b）。

“起点偏移量”文本框：用于设置尺寸界线的起点与被标注原点之间的空隙大小，见图 9-13（c）。

“固定长度的尺寸界线”复选框和“长度”文本框：用于设置尺寸界线从起点一直到终点的长度，长度值可在“长度”文本框中输入。即不管标注尺寸线所在的位置距离被标注点有多远，只要比这里的固定长度加上起点偏移量更大，那么所有的尺寸都是按此固定长度绘制的，这对于建筑平面图的连续标注非常有用，无论建筑的外墙多么不整齐，总可以保证标注出整齐的连续型尺寸出来，见图 9-13（d）。

只有选择了“固定长度的尺寸界线”复选框后，“长度”文本框才可用。

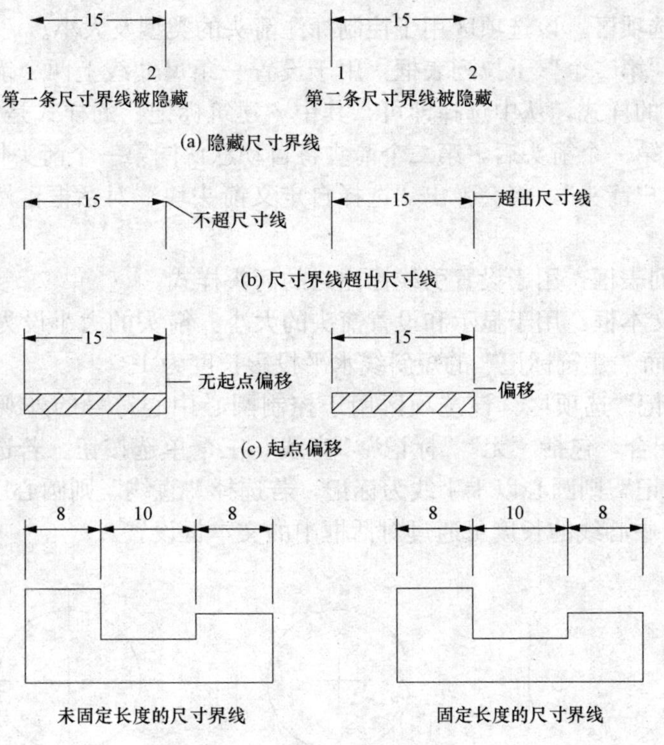


图 9-13 尺寸界线选项说明

2. “符号和箭头”选项卡

“符号和箭头”选项卡用于设置箭头、圆心标记、弧长符号和半径折弯标注的外部特征，如图 9-14 所示。

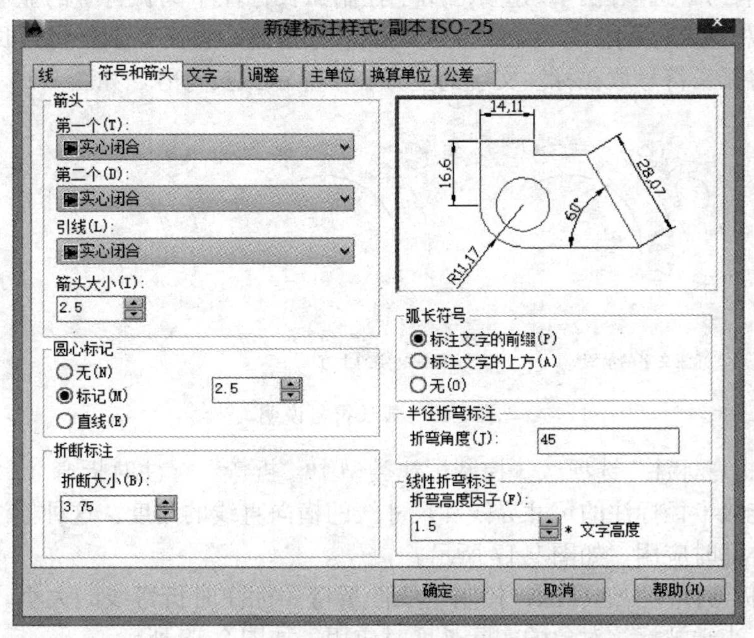


图 9-14 “符号和箭头”选项卡

(1)“箭头”选项区。该选项区用于控制标注箭头的类型及大小。

“第一个”和“第二个”下拉列表框：用于设置一条尺寸线上两个箭头的样式。打开下拉列表将显示所有的样式，从中选择即可，其中“建筑标记”的样式是45°短斜线，建筑制图中常用。当设定第一个箭头后，第二个箭头将自动默认同第一个箭头相同。如需要自定义箭头，则单击“用户箭头”，将会弹出“选择自定义箭头块”对话框，然后选择自定义箭头块的名称即可。

“引线”下拉列表框：用于设置引线标注时的箭头样式。

“箭头大小”文本框：用于显示和设置箭头的大小。箭头的大小设为1时，“实心闭合”的箭头长度为1，而“建筑标记”的短斜线水平投影长度为1。

(2)“圆心标记”选项区：该选项区用于控制圆心中心符号的外观，与标注类型中的“圆心标记”选项配合，包括“无”“标记”“直线”三个单选按钮。若选择“无”则圆心无标记，若选择“标记”则圆心以十字线为标记，若选择“直线”则圆心以中心线为标记，见图9-15。十字线与中心线的长度可通过对话框中的文本框设置。

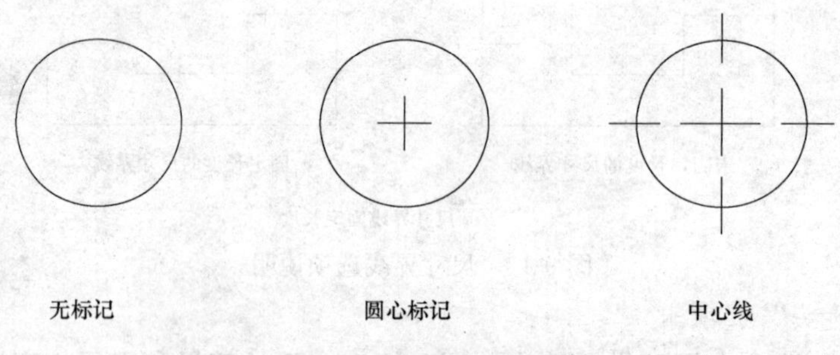


图 9-15 圆心标记选项说明

(3)“弧长符号”选项区。该选项区用于控制弧长标注中圆弧符号的显示。包括“标注文字的前缀”“标注文字的上方”和“无”3个单选按钮，含义分别是将弧长符号放在标注文字的前面、将弧长符号放在标注文字的上方和不显示弧长符号，如图9-16所示。

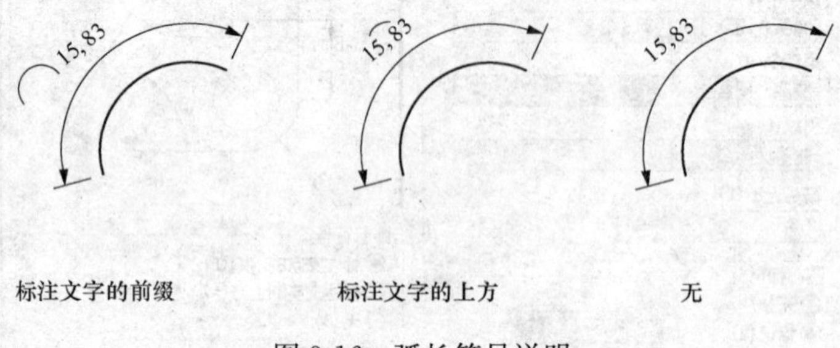


图 9-16 弧长符号说明

(4)“半径折弯标注”选项区。控制标注类型中“折弯”标注时折弯（Z字形）的角度。折弯角度是指连接半径标注的尺寸界线和尺寸线的横向直线的角度。这种标注方式通常是在圆心位于页面外部时应用，如图9-17所示。

(5)“线性折弯标注”选项区：控制“线性折弯”标注时折弯线的大小。这种标注方式通常在标注长度小于被标注对象的实际长度时应用，如图9-18所示。

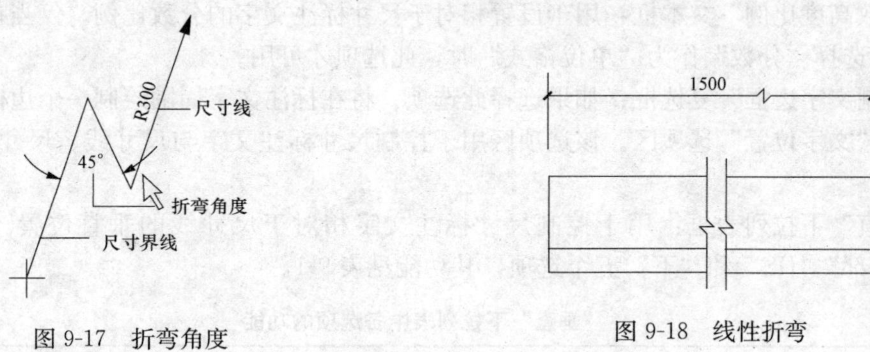


图 9-17　折弯角度　　　　图 9-18　线性折弯

3.“文字”选项卡

“文字”选项卡如图 9-19 所示，有“文字外观”“文字位置”和“文字对齐”三个选项区。

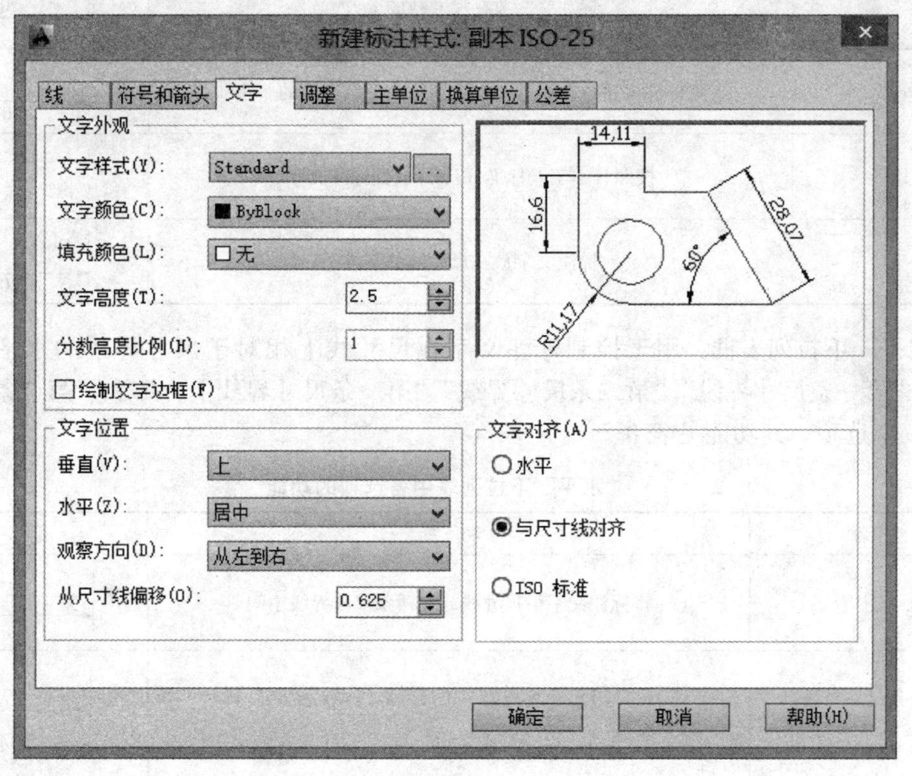


图 9-19　“文字”选项卡

(1)“文字外观”选项区。该选项区用于设置标注文字的外部特征，包括 6 个选项。

“文字样式”下拉列表框：用于选择尺寸标注文字的文字样式。要创建和修改标注的文字样式，则单击列表旁边的...按钮，打开“文字样式”对话框。

“文字颜色”下拉列表框：用于设置尺寸标注文字的颜色，一般随层（ByLayer）。

“填充颜色”下拉列表框：用于设置标注中文字背景的颜色。

“文字高度”文本框：用于设置尺寸标注文字的高度，在文本框中输入高度值即可。

“分数高度比例”文本框：用于设置相对于尺寸标注文字的分数比例。仅当在“主单位”选项卡上选择“分数”作为“单位格式”时，此选项才可用。

“绘制文字边框”复选框：如果选择此选项，将在标注文字周围绘制一个边框。

（2）“文字位置”选项区。该选项区用于控制尺寸标注文字与尺寸线、尺寸界线的相对位置。

“垂直”下拉列表框：用于控制尺寸标注文字相对于尺寸线的垂直位置。有“居中”“上”“外部”“JIS”和“下”五个选项，其功能见表 9-1。

**表 9-1　“垂直”下拉列表中各选项的功能**

| 选　项 | 功　能 | 例　图 |
|---|---|---|
| 居中 | 尺寸线断开，标注文字放在两条尺寸线中间 | 20 |
| 上 | 标注文字放在尺寸线的上方 | 20 |
| 外部 | 将标注文字放在尺寸线上远离第一个定义点的一边 | 20 |
| JIS | 按照日本工业标准（JIS）放置标注文字 | 20 |
| 下 | 标注文字放在尺寸线的下方 | 20 |

“水平”下拉列表框：用于控制标注文字在尺寸线上相对于尺寸界线的水平位置。有“居中”“第一条尺寸界线”“第二条尺寸界线”“第一条尺寸界线上方”和“第二条尺寸界线上方”5 个选项。其功能见表 9-2。

**表 9-2　“水平”下拉列表中各选项的功能**

| 选　项 | 功　能 | 例　图 |
|---|---|---|
| 居中 | 将标注文字沿尺寸线放在两条尺寸界线中间 | 20 |
| 第一条尺寸界线 | 沿尺寸线与第一条尺寸界线左对齐 | 20 |
| 第二条尺寸界线 | 沿尺寸线与第二条尺寸界线右对齐 | 20 |
| 第一条尺寸界线上方 | 沿着第一条尺寸界线放置标注文字或将标注文字放在第一条尺寸界线之上 | 20 |
| 第二条尺寸界线上方 | 沿着第二条尺寸界线放置标注文字或将标注文字放在第二条尺寸界线之上 | 20 |

绘图时，“垂直”下拉列表框中常选用“上方”形式，即水平方向尺寸标注文字在尺寸线上方；垂直方向尺寸标注文字在尺寸线左边。“水平”下拉列表框中常选用“居中”形式，即标注文字位于尺寸线的中部，如图 9-20 所示。

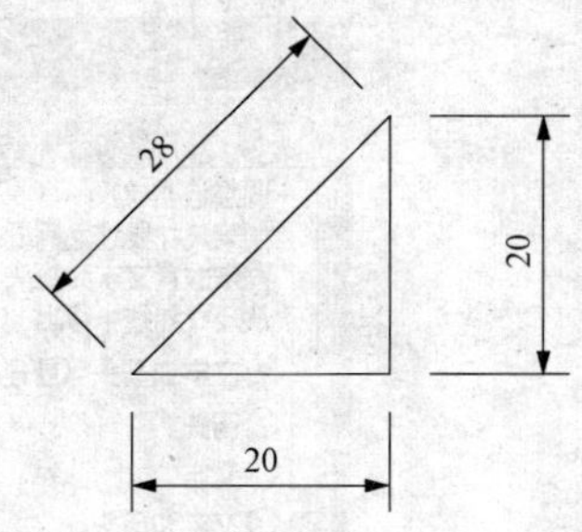


图 9-20　文字位置：上方、居中

“从尺寸线偏移”文本框：用于设置标注文字与尺寸线之间的距离。

(3)“文字对齐”选项区。该选项区用于设置标注文字的放置方式，包括“水平”“与尺寸线对齐”和“ISO 标准”3 个单选按钮。

“水平”单选按钮：选择该单选按钮，所有尺寸标注文字始终水平放置，适用于标注角度尺寸，见图 9-21（a）。

“与尺寸线对齐”单选按钮：所有尺寸标注文字始终与尺寸线平行，适用于标注线性尺寸，见图 9-21（b）。

“ISO 标准”单选按钮：当尺寸标注文字在尺寸界线以内时，尺寸标注文字沿尺寸线平行方向放置；当尺寸标注文字在尺寸界线以外时，尺寸标注文字沿水平方向放置，见图 9-21（c）。

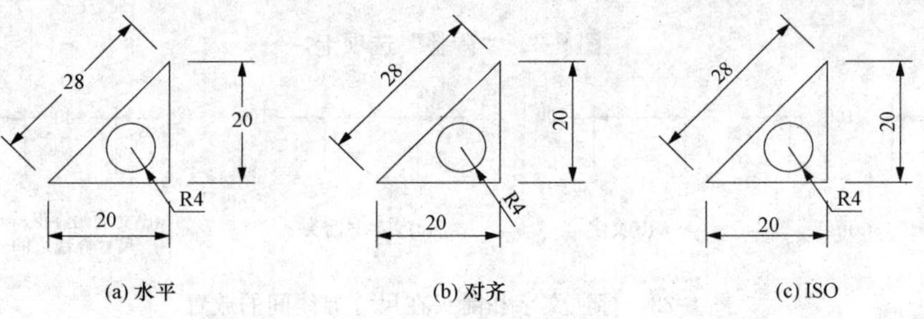


图 9-21　文字对齐方式

4. “调整”选项卡

“调整”选项卡用于调整标注文字、箭头、引线和尺寸线的相互位置关系，如图 9-22 所示。该选项卡包括“调整选项”“文字位置”“标注特征比例”和“优化”4 个选项区。

(1)“调整选项”选项区。根据两条尺寸界线间的距离确定文字和箭头的位置。如果两条尺寸界线间的距离够大时，AutoCAD 总是把文字和箭头放在尺寸界线之间。否则，按如下规则进行放置：

“文字或箭头（最佳效果）”单选按钮：尽可能地将文字和箭头都放在尺寸界线中，容纳不下的元素将放在尺寸界线外。

“箭头”单选按钮：尺寸界线间距离仅够放下文字时，文字放在尺寸界线内而箭头放在尺寸界线外，否则文字和箭头都放在尺寸界线外，见图 9-23（a）。

“文字”单选按钮：尺寸界线间距离仅够放下箭头时，箭头放在尺寸界线内而文字放在尺寸界线外，否则文字和箭头都放在尺寸界线外，见图 9-23（b）。

“文字和箭头”单选按钮：当尺寸界线间距离不足以放下文字和箭头时，文字和箭头都放在尺寸界线外，见图 9-23（c）。

“文字始终保持在尺寸界线之间”单选按钮：强制文字放在尺寸界线之间，见图 9-23（d）。

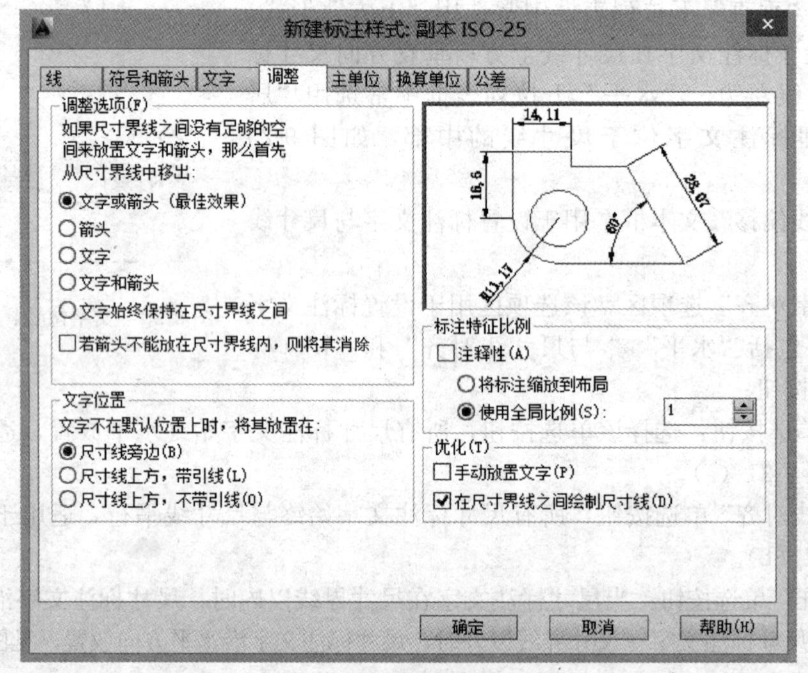


图 9-22 “调整”选项卡

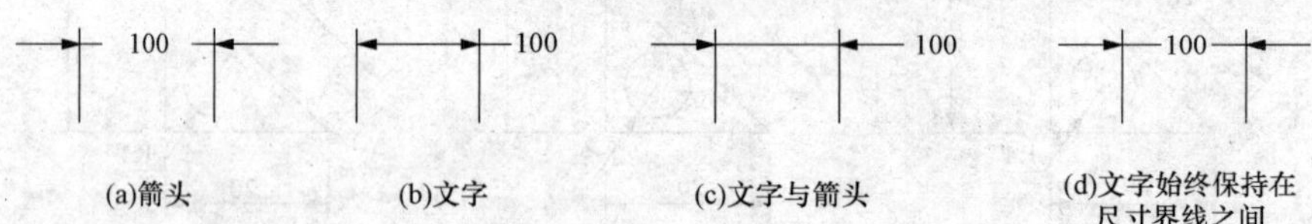


图 9-23 标注文字和箭头在尺寸界线间的放置

“若不能放在尺寸界线内，则将其消除”复选框：如果尺寸界线内没有足够的空间，则隐藏箭头。

（2）“文字位置”选项区。用于设置标注文字不在默认位置时的位置，默认位置为在文字选项卡中设置的位置。包括以下 3 个选项：

“尺寸线旁边”单选按钮：把文字放在尺寸线旁边。如果移动标注文字尺寸线就会随之移动，见图 9-24（a）。

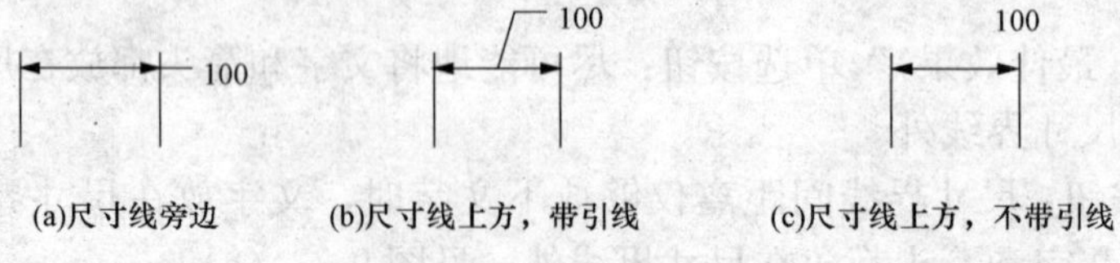


图 9-24 标注文字的位置

“尺寸线上方，带引线”单选按钮：如果文字移动到距尺寸线较远的地方，则创建文字到尺寸线的引线，见图 9-24（b）。

“尺寸线上方，不带引线”：移动文字时不改变尺寸线的位置，也不创建引线，见图 9-24（c）。

（3）“标注特征比例”选项区。设置全局标注比例或图纸空间比例，包括下面 3 个选项：

“注释性”复选框：选择该项，将以注释性比例进行尺寸标注，则下面的“将标注缩放到布局”和“使用全局比例”不可选。

“将标注缩放到布局”单选按钮：根据当前模型空间视口和图纸空间的比例确定比例因子。

“使用全局比例”文本框：在框中输入比例值，将设置的尺寸标注样式按所给比例放大或缩小。该缩放比例并不更改标注的测量值。

（4）“优化”选项区。用于设置放置标注文字的其他方式，包括以下 2 个选项：

“手动放置文字”复选框：标注尺寸时，通过移动鼠标确定文字的位置。

“在尺寸界线之间绘制尺寸线”复选框：无论箭头放在尺寸界线的什么位置，都在尺寸界线之间绘制尺寸线。

5．“主单位”选项卡

“主单位”选项卡用于设置主标注单位的格式和精度，设置标注文字的前缀和后缀等，如图 9-25 所示。该选项卡包括“线性标注”“测量单位比例”“消零”和“角度标注”等选项区。

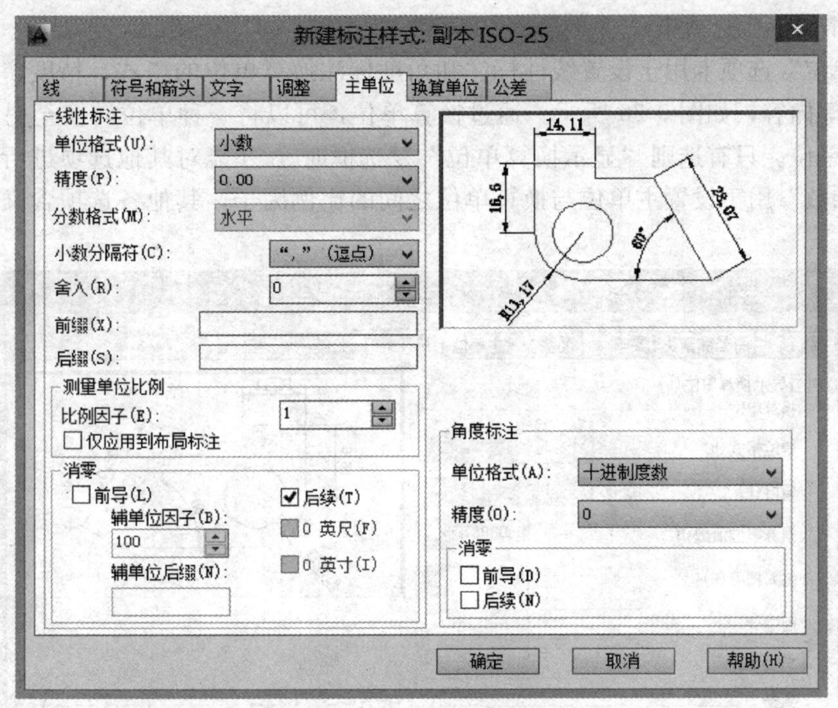


图 9-25　“主单位”选项卡

（1）“线性标注”选项区。用于设置线性标注的格式和精度。

“单位格式”下拉列表框：用于设置除角度之外的所有标注类型的单位格式。其内容包括“科学计数”“小数”“工程”“建筑”“分数”“Windows 桌面”等单位格式，默认为“小数”。

“精度”下拉列表框：用于设置标注文字中的小数位数。

“分数格式”下拉列表框：用于设置分数的格式。

“小数分隔符”下拉列表框：用于设置十进制单位中小数分隔符的格式。其中包括“句号”“逗号”和“空格”3 个选项。

“舍入”文本框：用于设置标注测量值的四舍五入规则（角度除外）。

“前缀”文本框：用于设置文字前缀，如直径符号 $\phi$。

“后缀”文本框：用于设置文字后缀，如毫米符号 mm。

（2）“测量单位比例”选项区。在“比例因子”文本框中输入比例值，则线性标注时的测量值乘以比例因子即为所标注对象的实际尺寸，这样即使按照不同比例绘图，也可以标注对象的真实尺寸。如果选择“仅应用到布局标注”复选框，则仅对在布局里创建的标注应用线性比例值。

（3）“消零”选项区。主要包括“前导”和“后续”复选框，用于控制前导和后续零是否输出。选择“前导”复选框，则不输出所有十进制标注中的前导零。例如：0.5000 显示为“.5000”。选择“后续”复选框，则不输出所有十进制标注中的后续零，例如：12.5000 则显示为 12.5。

（4）角度标注。用于设置角度标注的格式和精度。

6. “换算单位”选项卡

“换算单位”选项卡用于设置线性标注和角度标注换算单位的格式、精度、尺寸数字的前缀和后缀等内容，如图 9-26 所示。通过换算单位，可以将一种单位转换至另一种测量系统中的标注单位。只有选则“显示换算单位”复选框时，才能对其他选项进行设置。其中“换算单位乘数”用于设置主单位与换算单位之间的比例因子，其他各选项含义参考“主单位”选项卡。

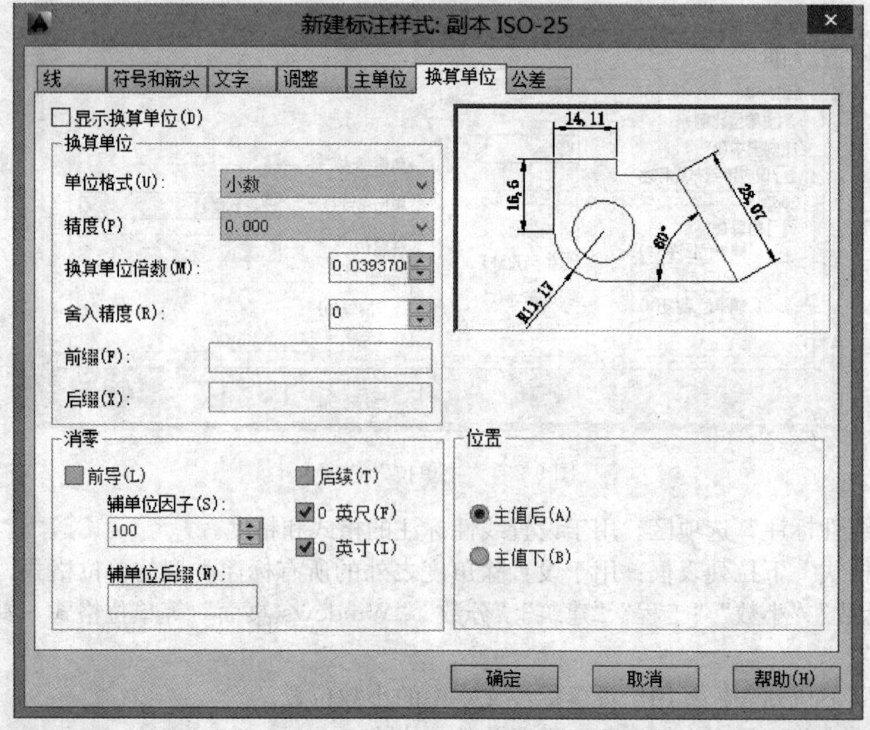


图 9-26 “换算单位”选项卡

7. “公差”选项卡

“公差”选项卡用于控制标注文字中公差的格式及显示，主要用于机械图的绘制。

**【例 9-1】**　新建一个尺寸标注样式用于建筑制图标注

步骤如下：

(1) 启动“标注样式”命令，弹出“标注样式管理器”对话框，单击“新建”按钮，弹出“创建新标注样式”对话框，在“新样式名”文本框中输入新样式名为“建筑标注”，其他使用默认方式，如图 9-27 所示。完成后单击“继续”按钮，打开“新建标注样式：建筑标注”对话框，如图 9-28 所示。

创建新标注样式
新样式名(N):
建筑标注
继续
取消
帮助(H)
基础样式(S):
ISO-25
注释性(A)
用于(U):
所有标注

图 9-27　创建新标注样式：建筑标注

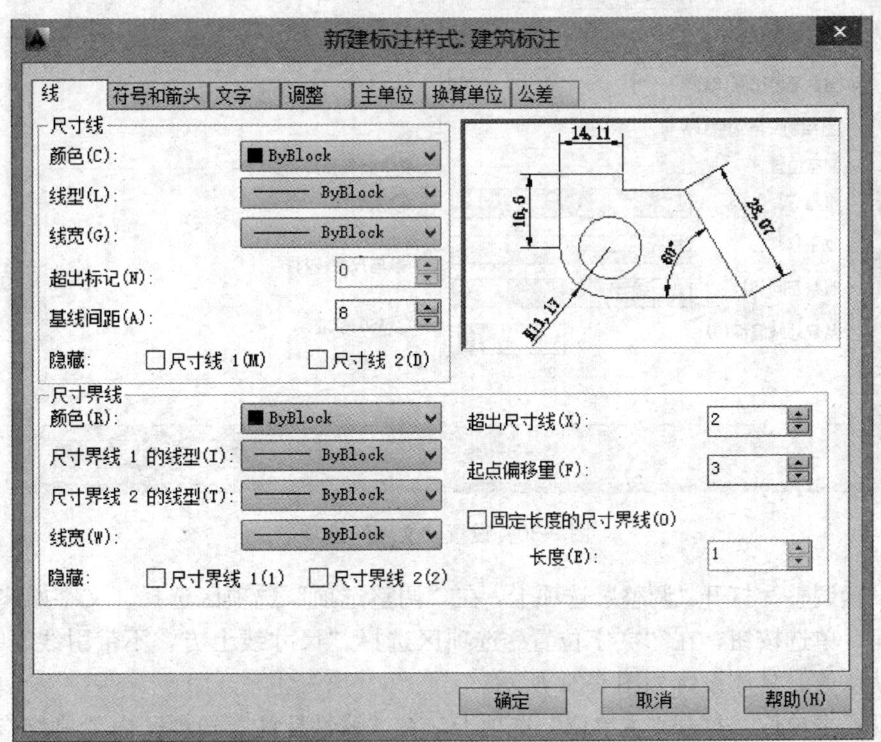


图 9-28　设置“线”选项

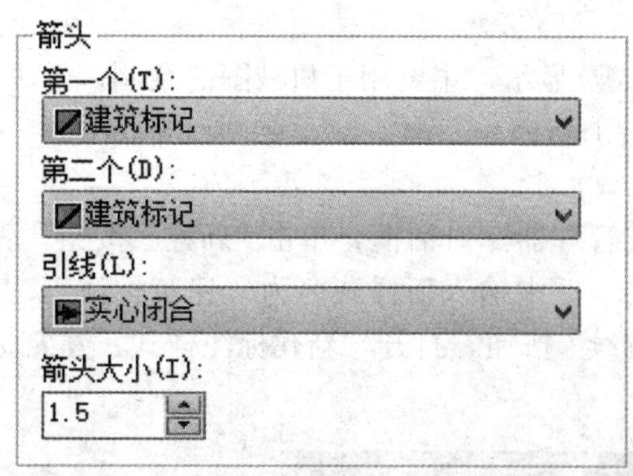


图 9-29　设置“建筑标注”样式的箭头

(2) 设置线。打开“线”选项卡，将“尺寸线”选项中的“基线间距”设为 8，将“尺寸界线”选项中“超出尺寸线”设为 2，“起点偏移量”设为 3，其他设置如图 9-29 所示。

(3) 设置符号和箭头。打开“符号和箭头”选项卡，在“箭头”选项区内“第一个”和“第二个”列表中选择“建筑标记”形式，箭头大小设定为 1.5 ，如图 9-29 所示。

(4) 设置文字。打开“文字”选项卡，在“文字外观”选项内，设置文字样式为默认的“Standard”，颜色为“红”，高度为“3”；在“文字位置”选项区内设置文字为“上”“居中”、从尺寸线偏移距离为 1.5；在“文字对齐”选项区内设置为“与尺寸线对齐”。具体设置如图 9-30 所示。

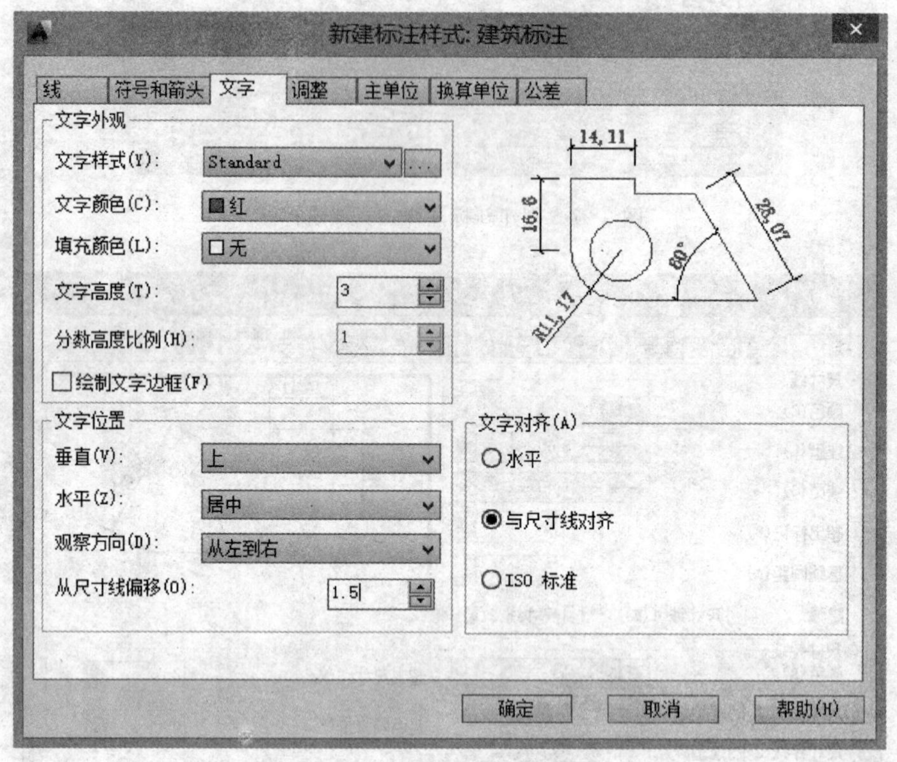


图 9-30　设置“文字”选项

(5) 设置调整。打开“调整”选项卡，在“调整选项”选项区选择“文字始终保持在尺寸界线之间”单选按钮，在“文字位置”选项区选择“尺寸线上方，不带引线”单选按钮，其他使用默认值。具体设置如图 9-31 所示。

(6) 设置主单位。打开“主单位”选项卡，在“线性标注”选项区内“单位格式”设为“小数”、“精度”设为“0”；“角度标注”选项区内“单位格式”设为“十进制度数”，“精度”设为“0.00”，具体设置如图 9-32 所示。

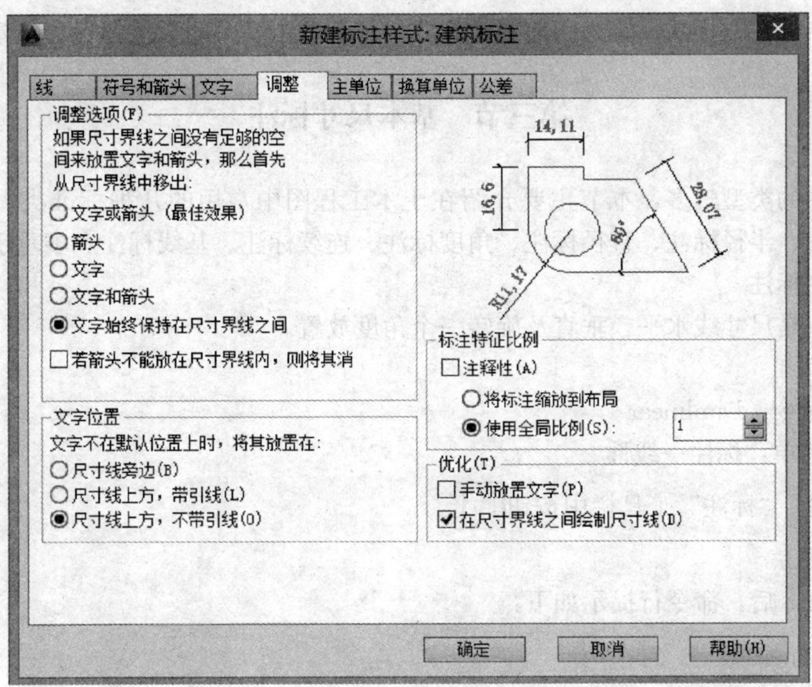


图 9-31　设置“调整”选项

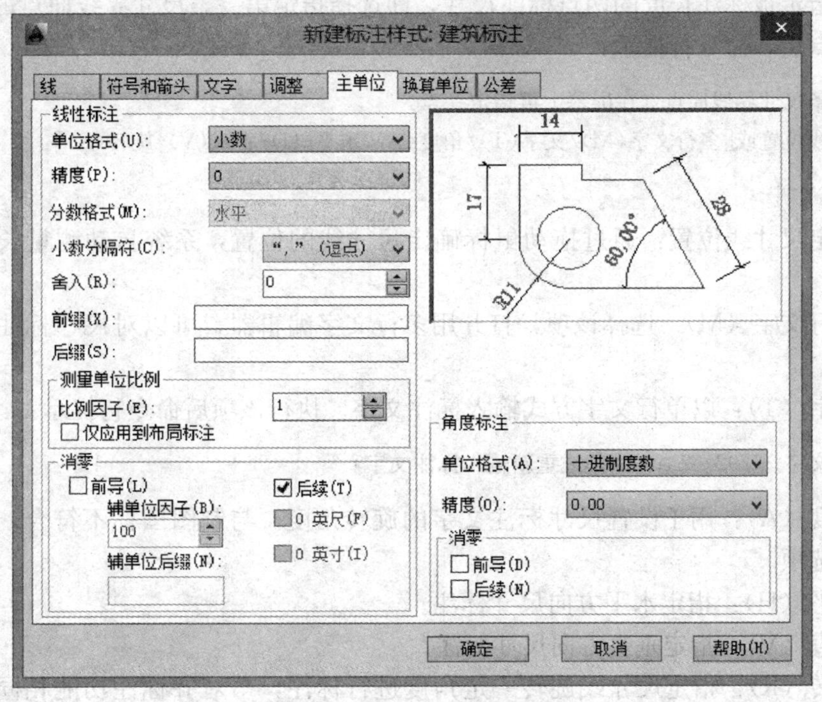


图 9-32　设置“主单位”选项

(7) 单击“确定”按钮返回到“标注样式管理器”对话框，单击“置为当前”按钮，将创建的“建筑标注”样式设置为当前标注样式。最后单击“关闭”按钮保存新建的样式。

## 第三节　基本尺寸标注

尺寸标注的类型较多，本节主要介绍在土木工程图中常用的几种标准类型，如线性标注、对齐标注、半径标注、直径标注、角度标注、连续标注、基线标注和多重引线标注等。

### 一、线性标注

线性标注是尺寸线水平、垂直及旋转一个角度放置。

1. 命令调用

- 输入命令：Dimlinear
- 下拉菜单：标注→线性
- 工具栏：“标注”工具栏中按钮

2. 操作方法

激活该命令后，命令行提示如下：

命令：_Dimlinear
指定第一条尺寸界线原点或<选择对象>：

在此提示下，可以回车直接选择标注对象。这种方式在土木工程绘图中应用不方便，常用的是通过指定被标注长度的两点标注尺寸，即选择指定第一条尺寸界线原点的方式，在屏幕上指定一点后，命令行提示：

指定第二条尺寸界线原点：(在屏幕上再指定一点)
指定尺寸线位置或[多行文字(M)/文字(T)/角度(A)/水平(H)/垂直(V)/旋转(R)]：

3. 选项说明

(1) 指定尺寸线位置：通过拖动鼠标确定尺寸线的位置，系统自动测量长度值并将其标出。

(2) 多行文字 (M)：选择该项，打开用多行文字编辑器，可以对尺寸标注文字的文字重新编辑。

(3) 文字 (T)：以单行文字方式输入标注文字。执行该项后命令行提示：

输入标注文字 <292.62>：(回车或重新输入标注文字)

(4) 角度 (A)：用于设置尺寸标注文字的旋转角度。与制图国标不符合，一般工程图中不使用该选项。

(5) 水平 (H)：指定水平方向尺寸标注。

(6) 垂直 (V)：指定垂直方向尺寸标注。

(7) 旋转 (R)：指定尺寸线旋转一定角度进行标注，与对齐标注功能相同。执行该选项，命令行提示如下：

指定尺寸线的角度 <0>：

在此提示下输入尺寸线的倾斜角度。若输入的角度值为正则尺寸线按逆时针方向旋转，反之则尺寸线按顺时针方向旋转。

## 二、对齐标注

对齐标注是尺寸线与被标注对象平行。主要用于标注倾斜方向的尺寸。

1. 命令调用

- 输入命令：Dimaligned
- 下拉菜单：标注→对齐
- 工栏："标注"工具栏中按钮

2. 操作方法：

激活该命令后，命令行提示如下：

命令：_Dimaligned
指定第一条尺寸界线原点或 ＜选择对象＞：
指定第二条尺寸界线原点：
指定尺寸线位置或[多行文字(M)/文字(T)/角度(A)]：

操作及选项的含义与线性标注一致。

**【例 9-2】**　使用"建筑标注"样式对图 9-33 所示图形进行尺寸标注。

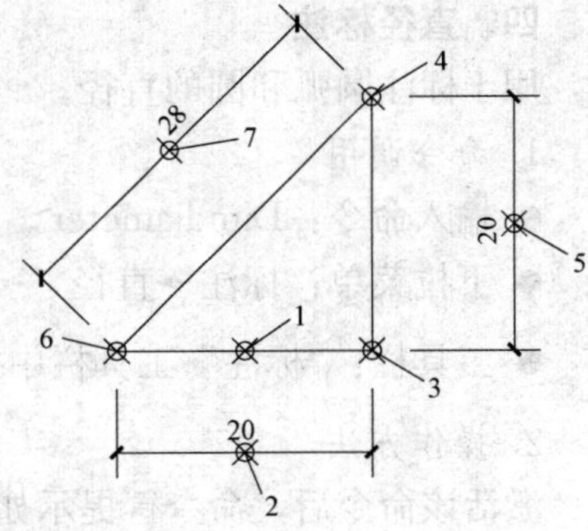


图 9-33　线性标注及对齐标注

启动 Dimlinear（线性标注）命令后，命令行提示：

命令：_Dimlinear
指定第一条尺寸界线原点或 ＜选择对象＞：↙
选择标注对象：(拾取点 1)
指定尺寸线位置或
[多行文字(M)/文字(T)/角度(A)/水平(H)/垂直(V)/旋转(R)]：(拾取点 2)
标注文字＝20

继续使用 Dimlinear（线性标注）命令，命令行提示：

命令：_Dimlinear
指定第一条尺寸界线原点或 ＜选择对象＞：(拾取点 3)
指定第二条尺寸界线原点：(拾取点 4)
指定尺寸线位置或
[多行文字(M)/文字(T)/角度(A)/水平(H)/垂直(V)/旋转(R)]：(指定点 5)
标注文字＝20

启动 Dimaligned（对齐标注）命令后，命令行提示：

命令：_Dimaligned
指定第一条尺寸界线原点或 ＜选择对象＞：(拾取点 6)
指定第二条尺寸界线原点：(拾取点 4)
指定尺寸线位置或
[多行文字(M)/文字(T)/角度(A)]：(指定点 7)
标注文字＝28

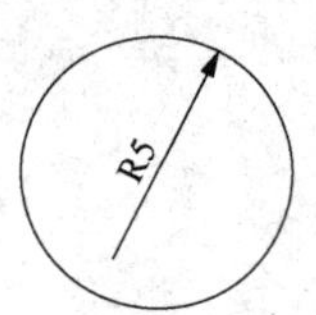

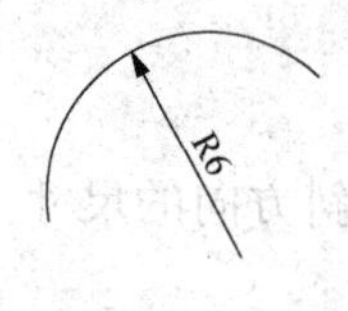


图 9-34 圆弧和圆的半径标注

## 三、半径标注

用于标注圆弧和圆的半径，如图 9-34 所示。

1. 命令调用

- 输入命令：Dimradius
- 下拉菜单：标注→半径
- 工具栏："标注"工具栏中按钮

2. 操作方法

激活该命令后，命令行提示如下：

命令：_Dimradius
选择圆弧或圆：(点取圆或圆弧)
标注文字＝20
指定尺寸线位置或[多行文字(M)/文字(T)/角度(A)]：

指定尺寸线的位置，即标出圆或圆弧的半径。其他选项含义与线性标注相同。

## 四、直径标注

用于标注圆弧和圆的直径。

1. 命令调用

- 输入命令：Dimdiameter
- 下拉菜单：标注→直径
- 工具栏："标注"工具栏中按钮

2. 操作方法

激活该命令后，命令行提示如下：

选择圆弧或圆：(点取圆或圆弧)
标注文字＝36.96
指定尺寸线位置或[多行文字(M)/文字(T)/角度(A)]：

指定尺寸线的位置，即标出圆或圆弧的半径。其他选项含义与线性标注相同。

## 五、角度标注

角度标注主要用于标注圆弧的圆心角、圆周上某段弧对应的圆心角、两条不平行直线间的夹角或者任意三点形成的夹角。角度标注中一般要求水平放置文字。

1. 命令调用

- 输入命令：Dimangular
- 下拉菜单：标注→角度
- 工具栏："标注"工具栏中按钮

2. 操作方法

激活该命令后，命令行提示如下：

命令：_Dimangular
选择圆弧、圆、直线或 <指定顶点>：

其中“选择圆弧”选项，用于标注圆弧的弧心角；“选择圆”选项用于标注圆上某段弧的弧心角；“选择直线”选项用于标注两条不平行直线的夹角；“指定顶点”通过指定角的顶点和两条边的端点标注角度。

**【例 9-3】** 标出图 9-35 所示的∠ABC 的角度。

启动 Dimangular（角度标注）命令后，命令行提示：

命令：_Dimangular

选择圆弧、圆、直线或 <指定顶点>：(在直线 BC 上拾取点 1)

选择第二条直线：(在直线 BA 上拾取点 2)

指定标注弧线位置或［多行文字(M)/文字(T)/角度(A)/象限点(Q)］：(拾取点 3)

标注文字＝37

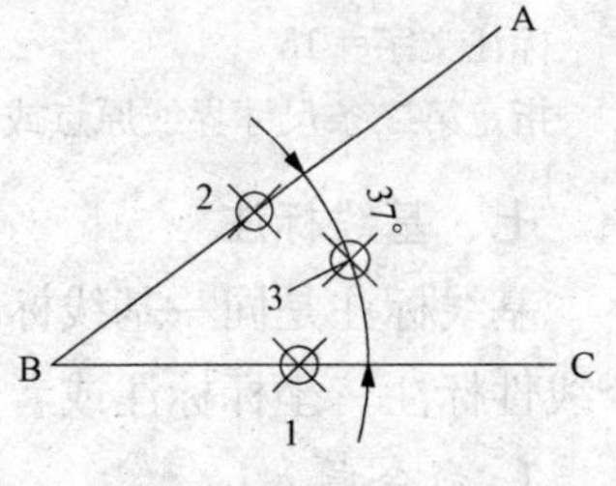

图 9-35　角度标注

**六、连续标注**

连续标注可以迅速地标注首尾相连的连续尺寸。连续标注的前提是当前图形中已有一个线性标注、坐标标注或者角度标注，每一个后续标注将使用前一个标注的第二尺寸界线作为本标注的第一尺寸界线。

1. 命令调入

- 输入命令：Dimcontinue
- 下拉菜单：标注→连续
- 工具栏：“标注”工具栏中按钮

2. 操作方法

激活该命令后，命令行提示如下：

命令：_Dimcontinue

指定第二条尺寸界线原点或［放弃(U)/选择(S)］<选择>：

3. 选项说明

(1) 指定第二条尺寸界线原点：指定一点后，系统将自动放置尺寸线，完成一次操作并提示下一次操作。

(2) 放弃（U）：选“U”，取消上一次操作。

(3) 选择（S）：选“S”，可以另选某尺寸界线，系统将以此尺寸界线作为本标注的第一尺寸界线进行连续标注。

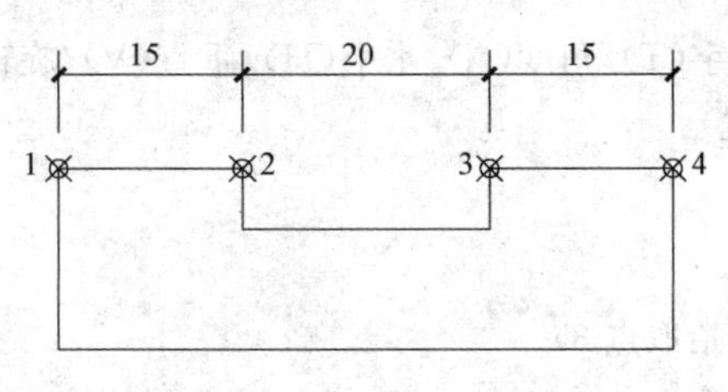

图 9-36　连续尺寸标注

**【例 9-4】** 对图 9-36 进行连续尺寸标注。

首先利用线性标注标注一段尺寸，然后执行连续标注。

命令：_Dimlinear(线性标注)

指定第一条尺寸界线原点或 <选择对象>：(拾取点 1)

指定第二条尺寸界线原点：(拾取点 2)

指定尺寸线位置或

［多行文字(M)/文字(T)/角度(A)/水平(H)/垂直(V)/旋转(R)］：(指定尺寸线位置)

标注文字＝15

命令：_Dimcontinue(连续标注)
指定第二条尺寸界线原点或［放弃(U)/选择(S)］<选择>：(拾取点 3)
标注文字＝20
指定第二条尺寸界线原点或［放弃(U)/选择(S)］<选择>：(拾取点 4)
标注文字＝15
指定第二条尺寸界线原点或［放弃(U)/选择(S)］<选择>：(回车)

## 七、基线标注

基线标注是同一基线标注的几个相互平行的尺寸。基线标注的前提是当前图形中已有一个线性标注、坐标标注或者角度标注，这个标注的第一尺寸界线将作为基线标注的基准。

1. 命令调入

- 输入命令：Dimbaseline
- 下拉菜单：标注→基线
- 工具栏："标注"工具条中的按钮

2. 操作方法

激活该命令后，命令行提示如下：

命令：_ Dimbaseline
指定第二条尺寸界线原点或［放弃(U)/选择(S)］<选择>：

3. 选项说明

(1) 指定第二条尺寸界线原点：指定一点后，系统将自动放置尺寸线，完成一次操作并提示下一次操作。

(2) 放弃（U)：选"U"，取消上一次操作。

(3) 选择（S)：选"S"，可以另选第一尺寸界线进行基线标注。

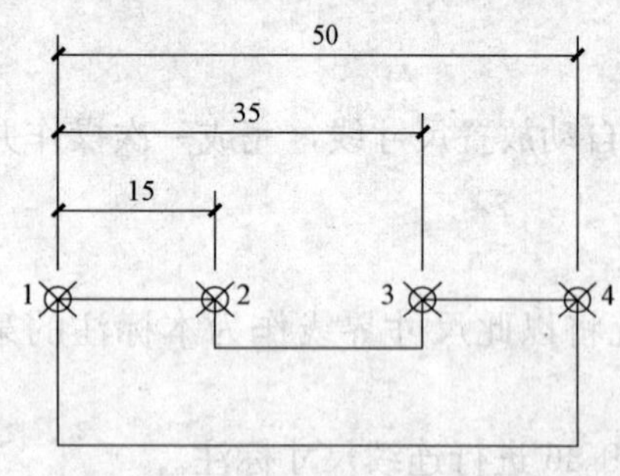

图 9-37 基线尺寸标注

**【例 9-5】** 对图 9-37 进行基线尺寸标注。

首先利用线性标注标注一段尺寸，然后执行基线标注。

命令：_Dimlinear(线性标注)
指定第一条尺寸界线原点或 <选择对象>：(拾取点 1)
指定第二条尺寸界线原点：(拾取点 2)
指定尺寸线位置或
［多行文字(M)/文字(T)/角度(A)/水平(H)/垂直(V)/旋转(R)］：(指定尺寸线位置)
标注文字＝15
命令：_Dimbaseline(基线标注)
指定第二条尺寸界线原点或［放弃(U)/选择(S)］<选择>：(拾取点 3)
标注文字＝35
指定第二条尺寸界线原点或［放弃(U)/选择(S)］<选择>：(拾取点 4)
标注文字＝50
指定第二条尺寸界线原点或［放弃(U)/选择(S)］<选择>：(回车)

### 八、多重引线标注

在土木工程图中，多重引线标注多用于标注文字，如图 9-38 所示。与尺寸标注命令不同，引线标注不测量距离，引线由一个箭头（在起始位置）、一条直线或一条样条曲线及一条水平线组成。

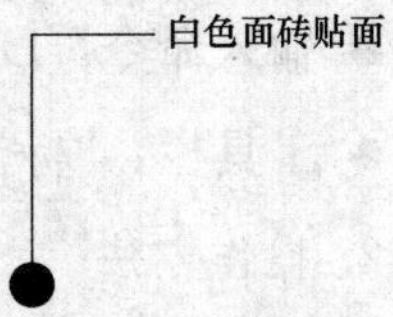

白色面砖贴面

图 9-38　引线标注样式

1. 命令调用

● 输入命令：Mleader

● 下拉菜单：标注→多重引线

● 工具栏："多重引线"工具栏中按钮

2. 操作方法

激活该命令后，命令行提示如下：

命令：_Mleader
指定引线箭头的位置或［引线基线优先(L)/内容优先(C)/选项(O)］<选项>：
指定引线基线的位置

在图形中单击确定引线箭头的位置，然后在打开的文字输入窗口中输入注释内容即可。

## 第四节　编辑标注对象

在 AutoCAD 中，可以对已标注对象的文字、位置及样式等内容进行修改，而不必删除所有的尺寸对象再重新进行标注。

### 一、编辑尺寸标注

可编辑已有标注的标注文字内容和放置位置。

1. 命令调用

● 输入命令：Dimedit

● 工具栏："标注"工具栏中按钮

2. 操作方法

激活该命令后，命令行提示如下：

命令：_Dimedit
输入标注编辑类型［默认(H)/新建(N)/旋转(R)/倾斜(O)］<默认>：

3. 选项说明

默认（H）：选择该项可以按默认位置和方向放置尺寸文字。

新建（N）：选择该项可以修改尺寸文字，此时系统将显示"文字格式"工具栏和文字输入窗口。修改或输入尺寸文字后，选择需要修改的尺寸对象即可。

旋转（R）：选择该选项可以将尺寸文字旋转一定的角度，先设置角度值然后选择尺寸对象即可。

倾斜（O）：选择该项，可以使非角度标注的尺寸界限倾斜一定的角度。这时需要先选择尺寸对象，然后设置倾斜角度值。

### 二、编辑标注文字的位置

用于修改尺寸文字的位置。

1. 命令调用

● 输入命令：Dimtedit

● 工具栏："标注"工具栏中按钮

2. 操作方法

激活该命令后，命令行提示如下：

命令：_Dimtedit
选择标注：(选取尺寸标注)
为标注文字指定新位置或[左对齐(L)/右对齐(R)/居中(C)/默认(H)/角度(A)]：

默认情况下，可以通过拖动光标来确定尺寸文字的新位置，也可以通过输入相应的选项指定标注文字的新位置。

### 三、更新尺寸标注

1. 命令调用

● 输入命令：Ddimstyle

● 下拉菜单：标注→更新

● 工具栏："标注"工具栏中的按钮

2. 操作方法

激活该命令后，命令行提示如下：

命令：_Dimstyle
当前标注样式：ISO-25　注释性：否
输入标注样式选项
[注释性(AN)/保存(S)/恢复(R)/状态(ST)/变量(V)/应用(A)/?] <恢复>：
选择对象：

3. 选项说明

保存（S）：选择该选项，将当前尺寸系统变量的设置作为一种尺寸标注样式来命名保存。

恢复（R）：选择该选项，将用户保存的某一尺寸标注样式恢复为当前样式。

状态（ST）：选择该选项，可切换到文本窗口，并显示各尺寸系统变量及其当前设置。

变量（V）：选择该选项，显示指定标注样式或对象的全部或部分尺寸系统变量及其设置。

应用（A）：选择该选项，可以根据当前尺寸系统变量的设置更新指定的尺寸对象。

?：显示当前图形中命名的尺寸标注样式。

# 第十章　专业图的绘制

学习 AutoCAD 的基础知识后，就可以基本掌握 AutoCAD 有关命令的应用。能将这些命令综合应用，并绘制复杂的专业图是学习 AutoCAD 的最终目的。本章介绍土木工程有关专业图的绘制技巧。

## 第一节　建筑平面图的绘制

本节通过绘制如图 10-1 所示的某建筑物的标准层平面图，介绍利用 AutoCAD 绘制建筑平面图的方法。

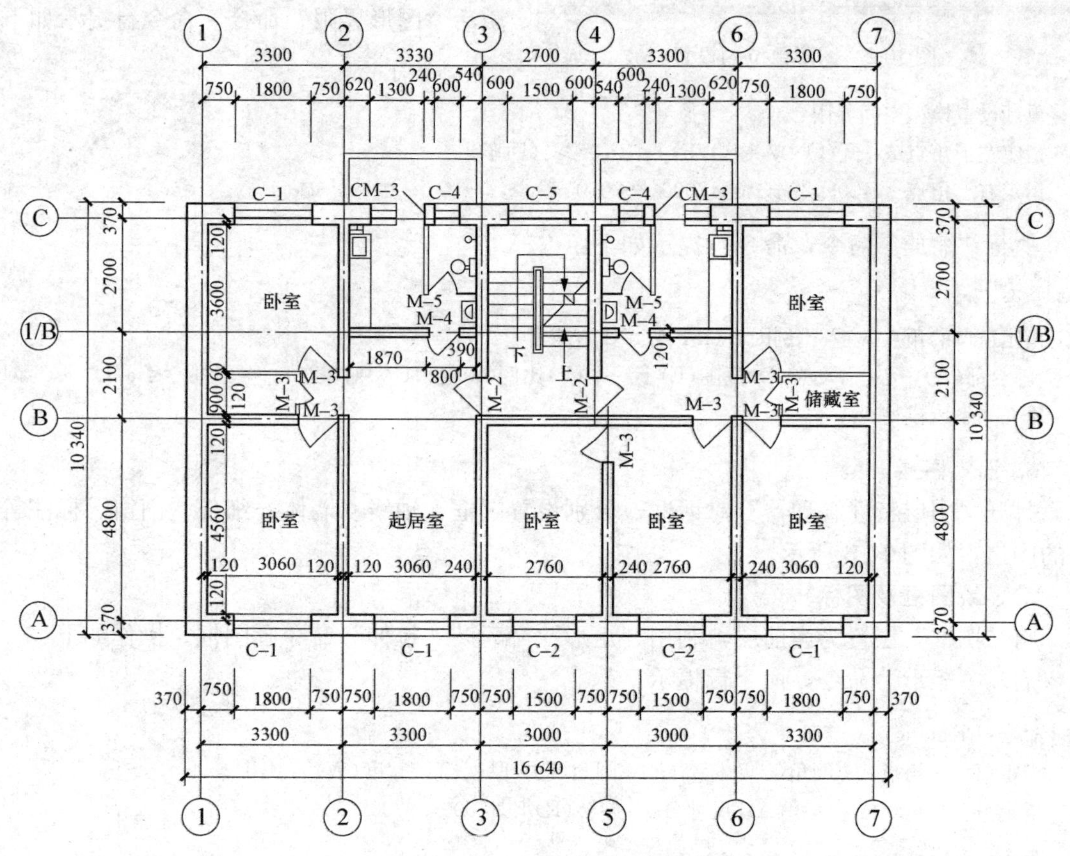


图 10-1　某建筑物的标准层平面图

### 一、设置绘图环境

手工绘图前要做一些前期工作，如选择图纸，布置图面、确定比例等。设置绘图环境其实就是计算机绘图的前期工作，包括设置绘图界限、图形单位、设置图层等。

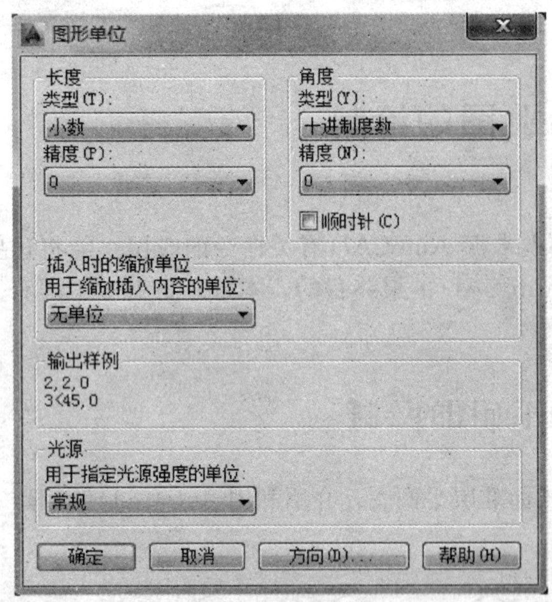


图 10-2　图形单位的设置

1. 设置图形单位

为了方便画图，首先对图中的长度和角度的类型及精度等图形单位进行设置，具体设置如图 10-2 所示。

2. 设置绘图界限

在绘图时首先应根据图形尺寸的大小确定绘图的比例、选择图幅。按此图的尺寸选择 A3 图幅、1：100 的比例比较合适。但应用计算机绘图时，为了方便画图，可先按照 1：1 比例绘制，最后通过出图比例控制图幅的大小。因此，此图的绘图界限应按照 A3 图幅的国家标准尺寸扩大 100 倍，即设为 42 000×29 700。操作如下：

启动 AutoCAD，在“Drawing1”图中激活“图形界限”命令，命令行提示如下：

命令:Limits

重新设置模型空间界限:

指定左下角点或[开(ON)/关(OFF)]<0,0.>:(回车)

指定右上角点 <420.,297.>：42000,297000

执行“缩放”命令，命令行提示如下：

命令：zoom

指定窗口的角点,输入比例因子(nX 或 nXP),或者

[全部(A)中心(C)动态(D)范围(E)上一个(P)比例(S)窗口(W)对象(O)]<实时>：a

正在重生成模型。

3. 设置图层

打开“图层特性管理器”对话框，分别设置图框、轴线、墙体、细部、门窗、标注等需要的图层，如图 10-3 所示。

## 二、绘图框及图标

将“图框”层置为当前层，利用“矩形”“偏移”“拉伸”命令画图框。操作如下：

启动“矩形”命令，命令行提示：

命令：_rectang

指定第一个角点或[倒角(C)/ 标高(E)/ 圆角(F)/ 厚度(T)/宽度(W)]：0,0

指定另一个角点或[面积(A)/尺寸(D)/ 旋转(R)]：42000,29700

启动“偏移”命令，命令行提示：

命令：_offset

当前设置：删除源＝否　图层＝源　OFFSETGAPTYPE＝0

指定偏移距离或[通过(T)/ 删除(E)/ 图层(L)]<1000>：　1000

选择要偏移的对象,或[退出(E)/放弃(U)]<退出>:选择矩形

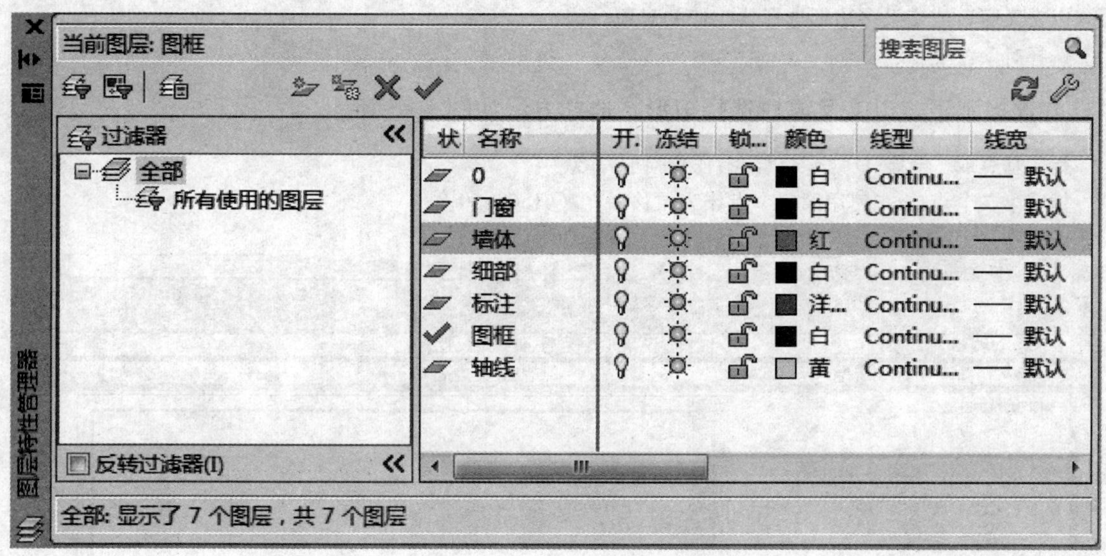


图 10-3　图层的设置

指定要偏移的那一侧上的点，或［退出(E)/多个(M)/放弃(U)］<退出>：在矩形内拾取一点

完成后的效果如图 10-4 所示。

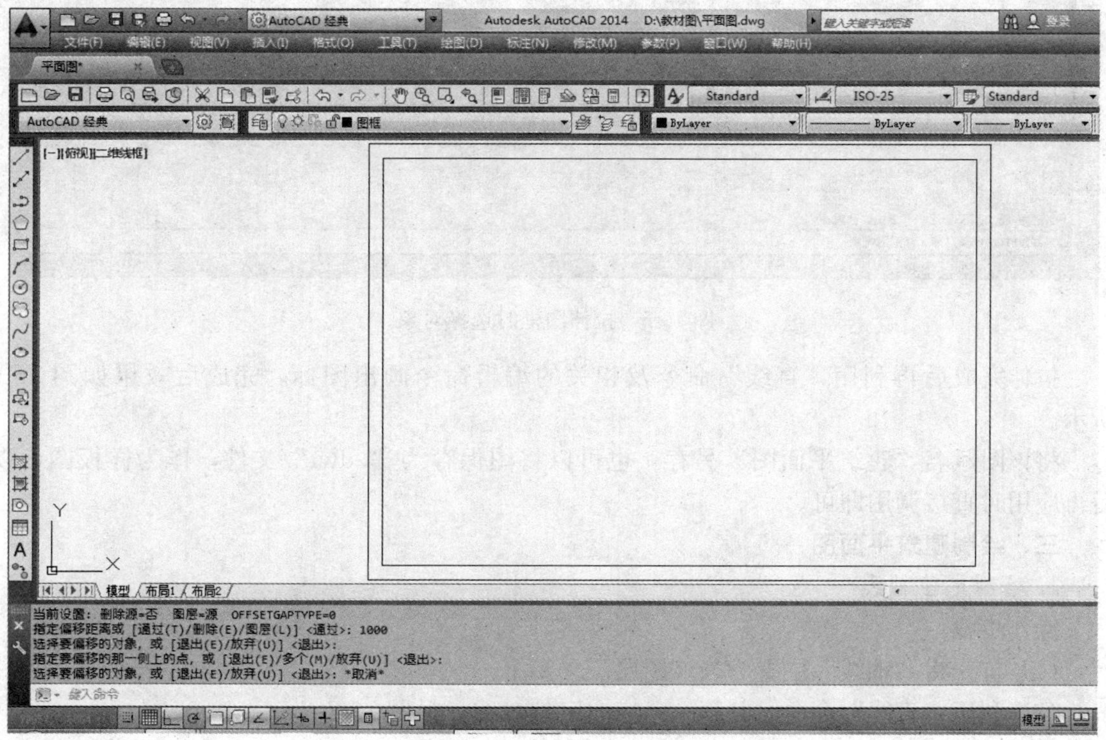


图 10-4　偏移矩形图框

启动“拉伸”命令，命令行提示：

命令：_Stretch

以交叉窗口或交叉多边形选择要拉伸的对象...

选择对象：

在此提示下，以交叉窗口选择矩形，选择方法如图 10-5 所示。

指定基点或［位移(D)］＜位移＞：任意拾取一点

指定第二个点或 ＜使用第一个点作为位移＞： @1500＜0

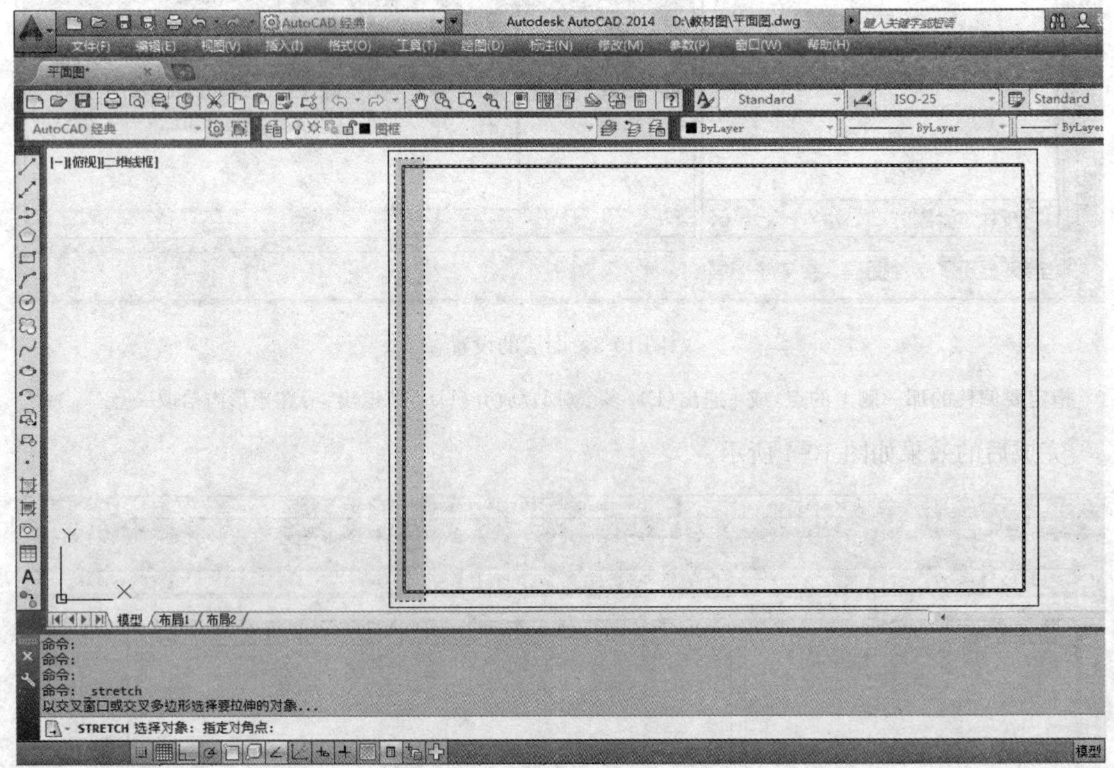


图 10-5 拉伸图框时选择对象

拉伸完成后再利用“直线”命令及相关的编辑命令画出图标。完成后效果如图 10-6 所示。

将该图赋名“建筑平面图”另存，也可以将图保存为“.dwt”文件，作为样板图，以后再应用时直接调用即可。

## 三、绘制建筑平面图

### 1. 绘制定位轴线

操作步骤：

(1) 首先将“轴线”层置为当前图层。

(2) 利用“直线”命令绘制第一条横向定位轴线，见图 10-7 (a)。

(3) 利用“偏移”命令，按照定位轴线间的距离偏移生成其他六条横向定位轴线。结果见图 10-7 (b)。

(4) 继续利用“直线”和“偏移”命令绘制纵向定位轴线，结果如图 10-8 所示。

(5) 根据定位轴线的长短，利用“拉伸”命令进行整理，结果如图 10-9 所示。

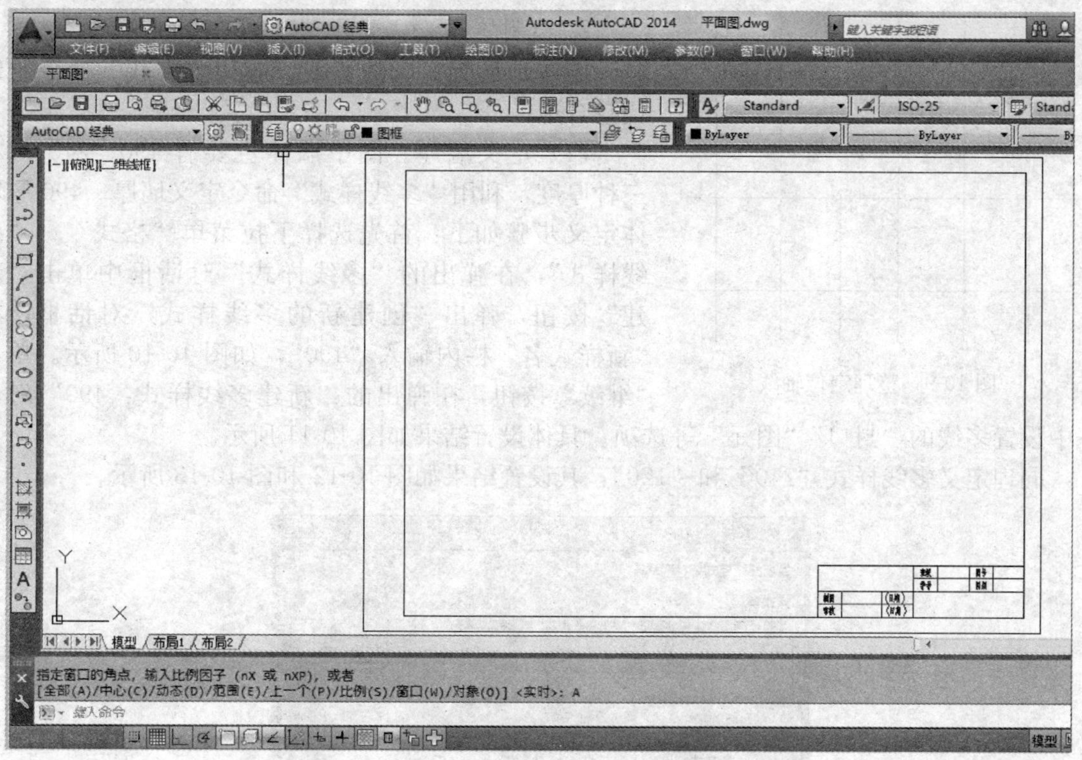


图 10-6　图框及图标完成后的图形

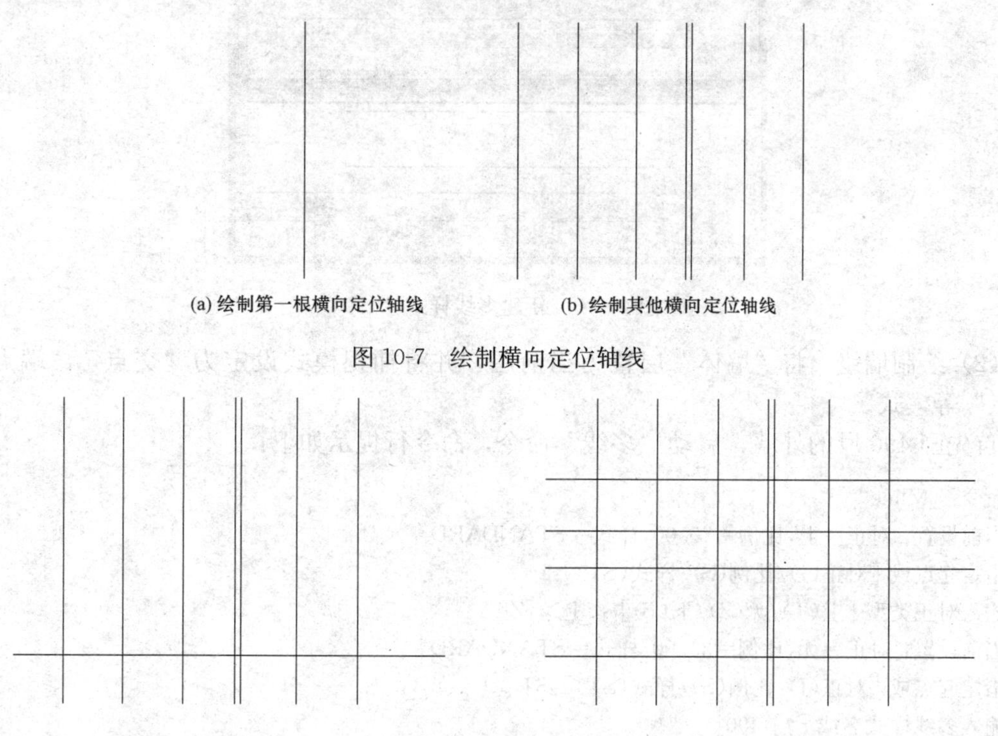

(a) 绘制第一根横向定位轴线　　(b) 绘制其他横向定位轴线

图 10-7　绘制横向定位轴线

(a) 绘制第一根纵向定位轴线　　(b) 绘制其他纵向定位轴线

图 10-8　绘制纵向定位轴线

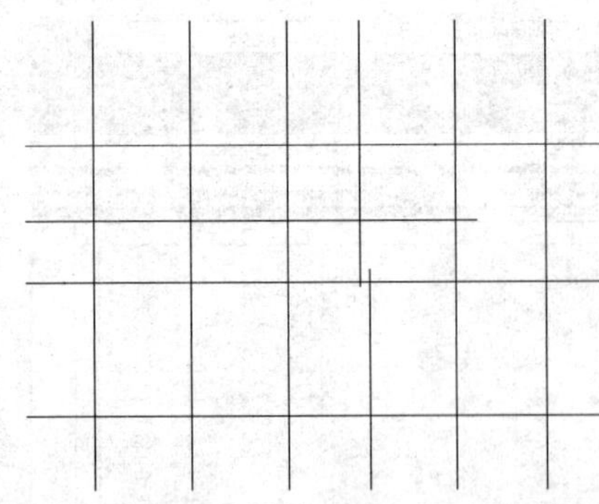

图 10-9 整理定位轴线

2. 绘制墙体

墙体是具有宽度的双线，应用“多线”命令绘制比较合适。

（1）定义墙厚。图中墙体主要有 490、240、120 三种厚度，利用“多线样式”命令定义墙厚。490 厚墙体定义步骤如下：首先选择下拉菜单“格式”→“多线样式”，在弹出的“多线样式”对话框中单击“新建”按钮，弹出“创建新的多线样式”对话框，在“新样式名”栏内输入“490”，如图 10-10 所示。单击“继续”按钮，在弹出的“新建多线样式：490”对话框中设置多线的“封口”“图元”等选项。具体设置结果如图 10-11 所示。

同理定义多线样式“240”和“120”，其设置结果如图 10-12 和图 10-13 所示。

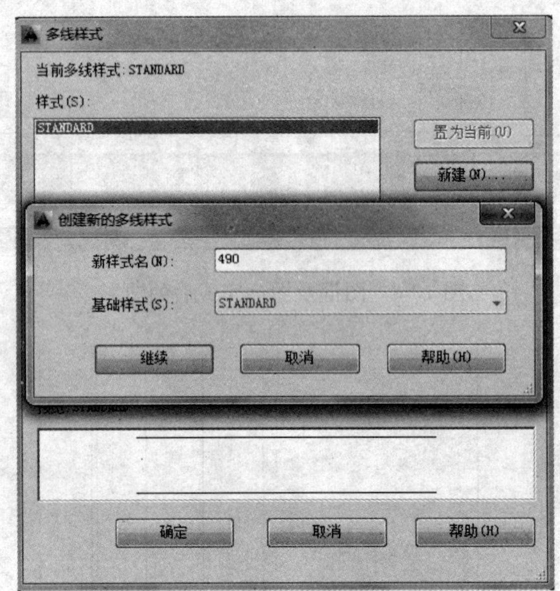


图 10-10 新建多线样式“490”

（2）绘制墙线。将“墙体”层置为当前层，并将捕捉模式设定为“交点”“端点”和“中点”等模式。

首先画 490 厚的外墙，启动“多线”命令，命令行提示如下：

命令：_Mline
当前设置：对正=上，比例=20.00，样式=STANDARD
指定起点或[对正(J)/比例(S)/样式(ST)]：J
输入对正类型[上(T)/无(Z)/下(B)]＜上＞：Z
当前设置：对正=无，比例=20.00，样式=STANDARD
指定起点或[对正(J)/比例(S)/样式(ST)]：ST
输入多线样式名或[?]：490
当前设置：对正=无，比例=20.00，样式=490
指定起点或[对正(J)/比例(S)/样式(ST)]：S

图 10-11　“490”多线样式的设置

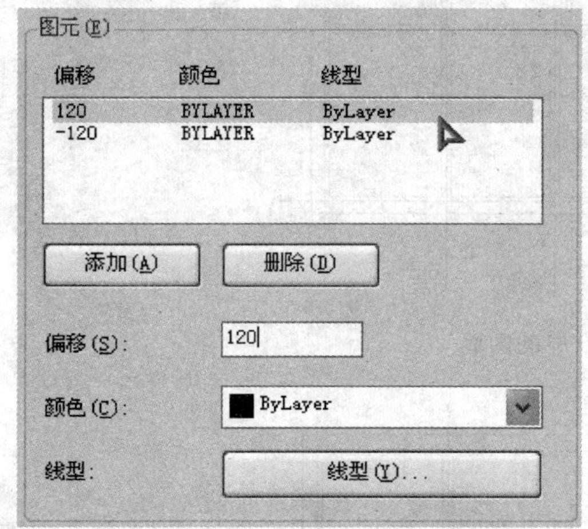


图 10-12　“240”多线样式设置

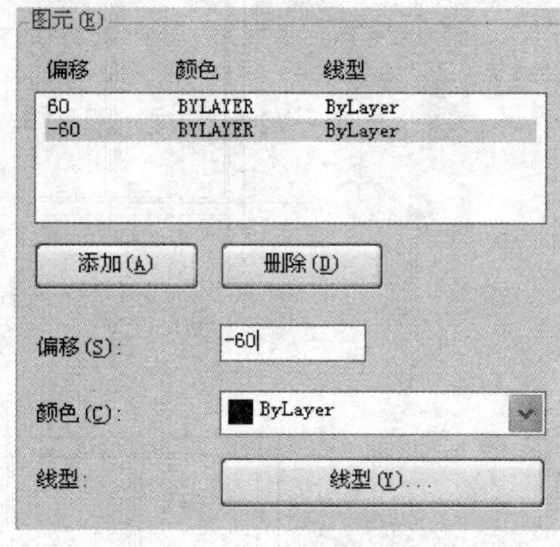


图 10-13　“120”多线样式设置

输入多线比例＜20.00＞:1
当前设置:对正=无,比例=1.00,样式=490
指定起点或[对正(J)/比例(S)/样式(ST)]:(捕捉 1 轴与 C 轴的交点)
指定下一点:(捕捉 7 轴与 C 轴的交点)
指定下一点:(捕捉 1 轴与 A 轴的交点)
指定下一点或[闭合(C)/放弃(U)]:C

结果如图 10-14 所示。同理，画出 240 厚和 120 厚的内墙，结果见图 10-15 和图 10-16。

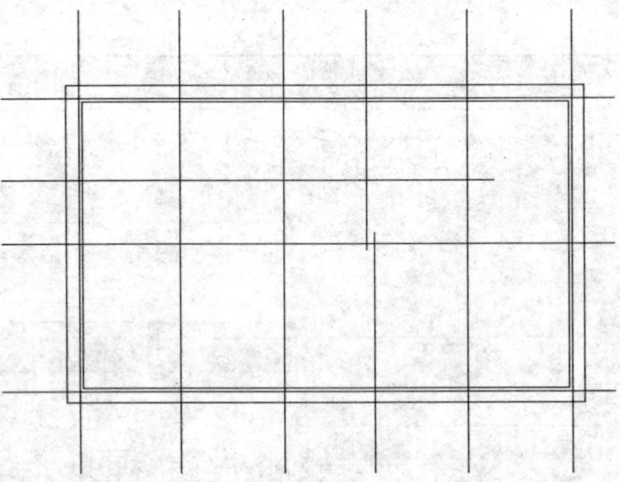

图 10-14　完成 490 厚的外墙

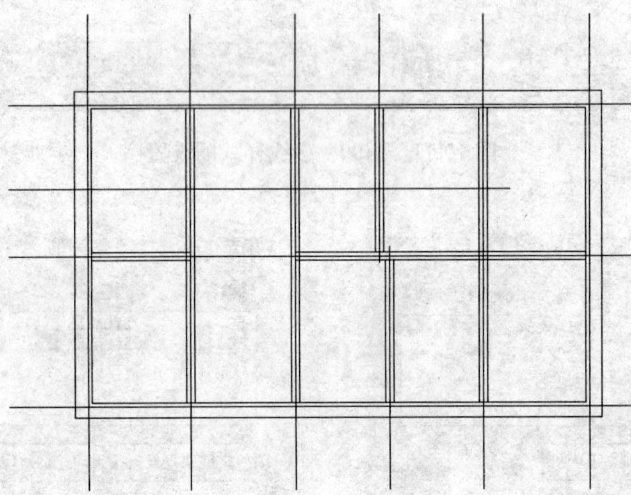

图 10-15　完成 240 厚的内墙

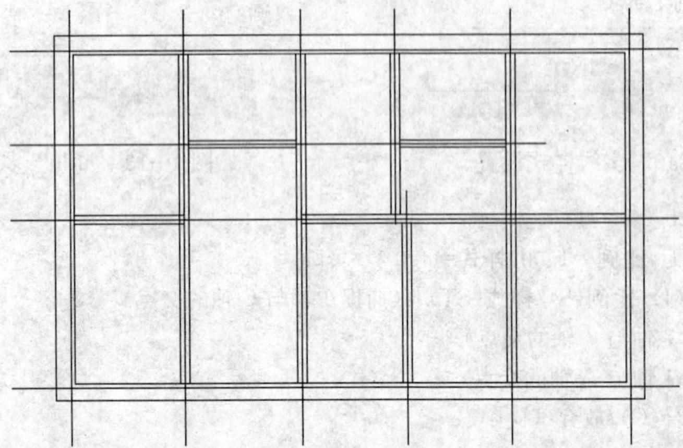

图 10-16　完成 120 厚的内墙

（3）编辑墙线。选择下拉菜单“修改”→“对象”→“多线”命令，弹出“多线编辑工具”对话框，选择“T形合并”按钮对墙体T形相交处的部位进行编辑，选择“十字打开”按钮对墙体十字相交的部位进行编辑，完成后的结果如图10-17所示。

图10-17　对墙线进行编辑

注意

连续绘出的多线是一个整体，如果使用多线编辑工具无法得到需要的结果时，可以利用“分解”命令将多线分解，然后再利用其他编辑命令整理多线。

（4）绘制储藏室和卫生间隔墙。因为这部分墙体的长度小且对称，所以应用“画直线”及“偏移”“修剪”“镜像”等编辑命令完成即可，结果如图10-18所示。

3. 绘制门、窗

首先将“门窗”层置为当前图层。由于图中门窗的形式相同，只是尺寸不一样，所以绘制时首先创建门窗图块，然后在使用时按比例直接插入即可。

（1）绘制门、窗图例。因为外墙窗的Y方向尺寸不变（490），X方向尺寸是随着窗洞口的大小而变，所以为了方便插入，窗的图例按490×100绘制，完成的图见图10-19（a），同理，门的开启线长度按100绘制，与X方向成45°角，完成后的图见10-19（b）。

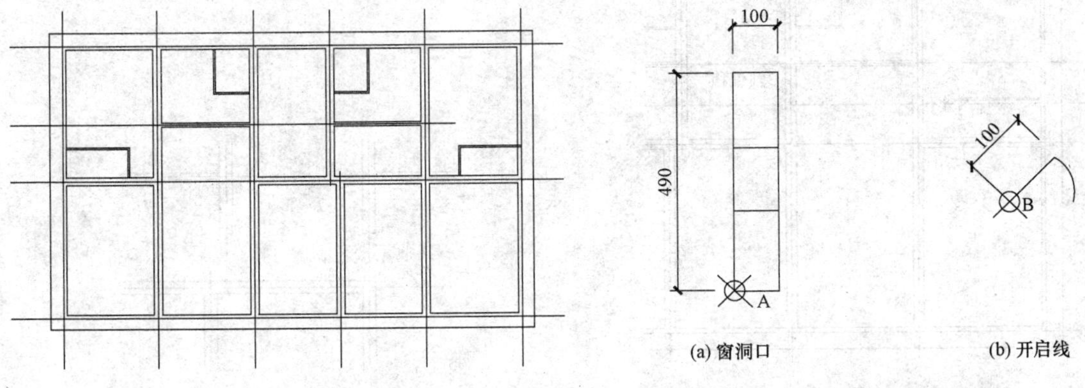


图10-18　绘制储藏室和卫生间隔墙

图10-19　绘制门窗图例

（2）创建“窗”块。选择下拉菜单“绘图”→“块”→“创建”命令，弹出“块定义”对话框。块名设为“窗”，插入基点拾取图 10-19（a）中 A 点。

（3）创建“门”块。选择下拉菜单“绘图”→“块”→“创建”命令，弹出“块定义”对话框。块名设为“门”，插入基点拾取图 10-19（b）中 B 点。

（4）绘制门、窗洞口。

1）以左侧两个房间的窗洞口的绘制为例说明窗洞口的绘图步骤：①利用“偏移”命令偏移定位轴线。根据窗洞口的尺寸将 1 号定位轴线向右、2 号定位轴线向左偏移 750，结果如图 10-20 所示；②利用“修剪”命令将窗洞口多余线剪掉，结果如图 10-21 所示。

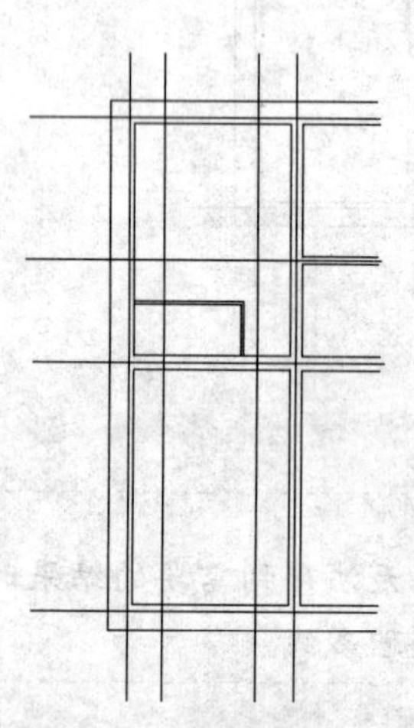

图 10-20 偏移定位轴线

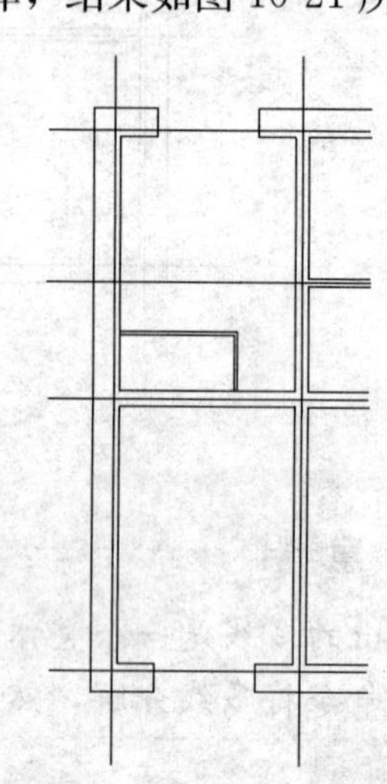

图 10-21 修剪后的窗洞口

2）以 M2 门洞的绘制为例说明门洞的绘图步骤：①利用“偏移”命令将 B 轴线偏移距离 1020，1020 为门洞的尺寸 900 与定位轴线到墙边的距离 120 之和，完成后的结果如图 10-22 所示。②利用“修剪”命令将门洞口多余线剪掉，并修补墙体，完成后的结果如图 10-23 所示。

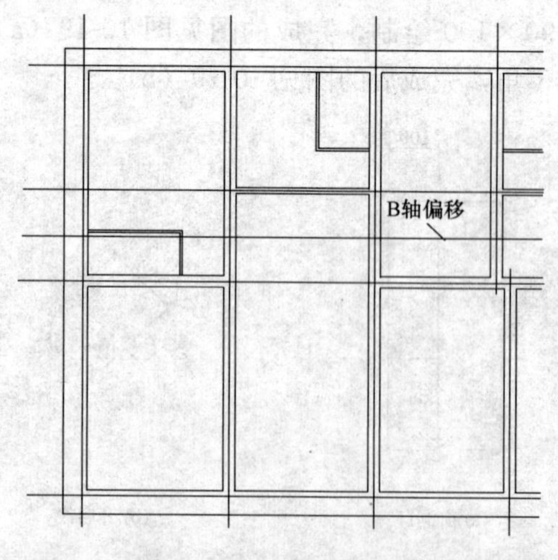


图 10-22 偏移门洞定位轴线

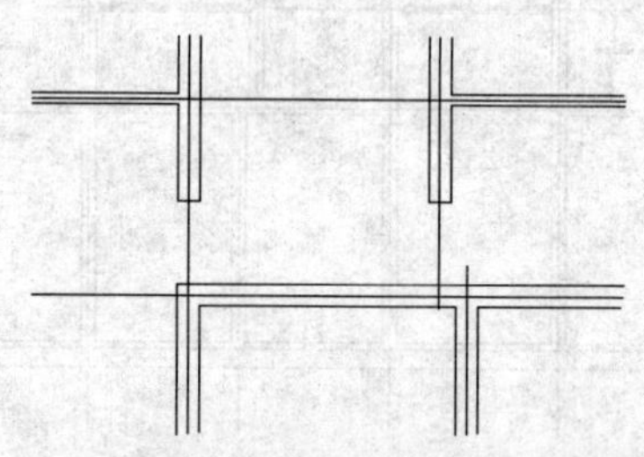

图 10-23 修剪后的门洞

在绘制门洞时，最好将双线绘制的墙利用“分解”命令分解。

按照上面的方法将图中其他的门窗洞口绘制完成，结果如图 10-24 所示。对于对称或相同的门窗洞，可以利用“镜像”和“复制”命令形成。

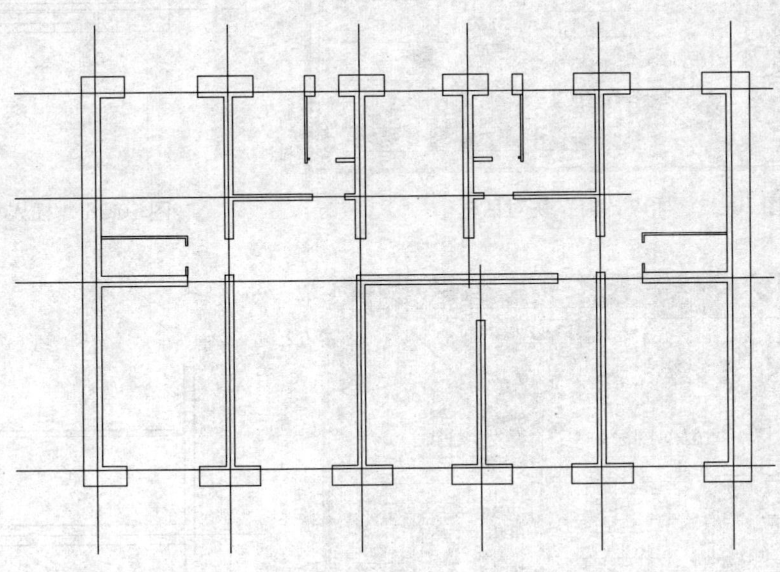

图 10-24 完成门窗洞口的绘制

(5) 插入门、窗图块。

1) 插入“窗”块。选择下拉菜单“插入”→“块”命令，弹出“插入”对话框，调出“窗”块，具体设置如图 10-25 所示。设置完成后，单击“确定”按钮，命令行提示：

```
命令：_Insert
指定插入点或[基点(B)/比例(S)X/Y/Z/旋转(R)]：(捕捉 D 点)
输入 X 比例因子，指定对角点，或[角点(C)/XYZ(XYZ)]<1>：18
输入 Y 比例因子或<使用 X 比例因子>：1
指定旋转角度<0>：(回车)
```

插入“窗”块完成后的图如图 10-26 所示。

2) 插入“门”块。选择下拉菜单“插入”→“块”命令，弹出“插入”对话框，调出“门”块，具体设置如图 10-27 所示。设置完成后，单击“确定”按钮，命令行提示：

```
命令：
Insert
指定插入点或[基点(B)/比例(S)/旋转(R)]：(捕捉 E 点)
指定比例因子<1>：9
指定旋转角度<0>：180
```

完成后的效果如图 10-28 所示。

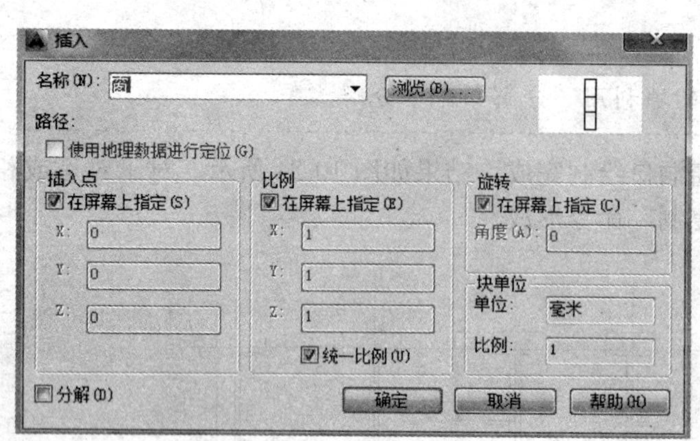


图 10-25　插入“窗”块对话框

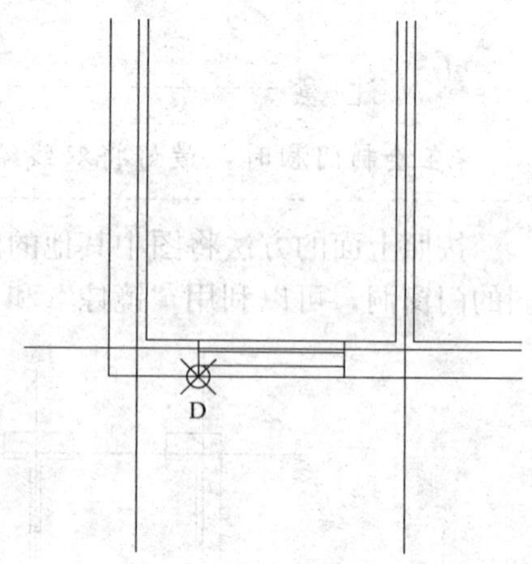


图 10-26　插入“窗”块

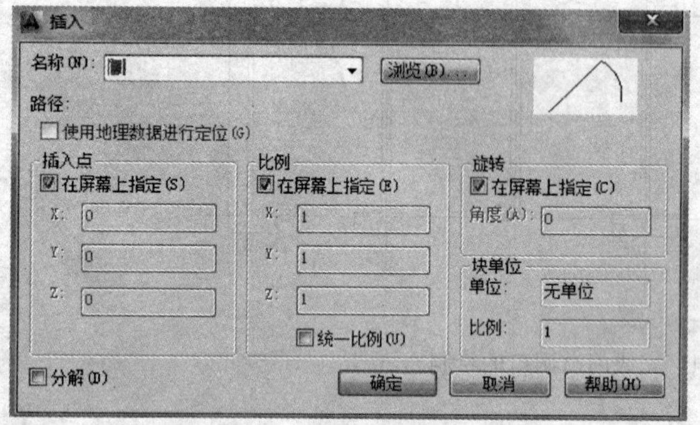


图 10-27　插入“门”块对话框

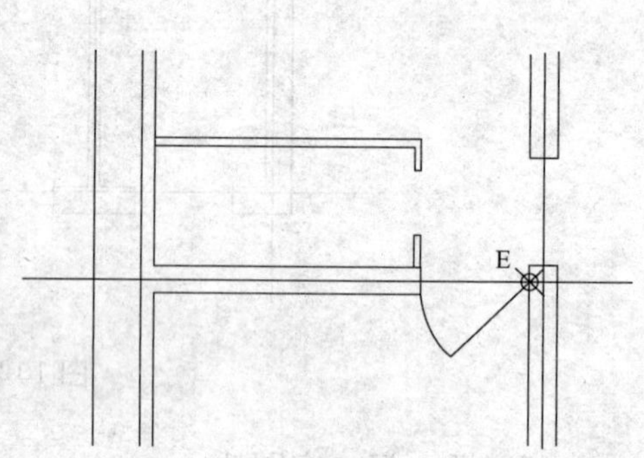


图 10-28　插入“门”块

所有的门窗通过插入块及“复制”“镜像”等编辑命令完成后的效果如图 10-29 所示。

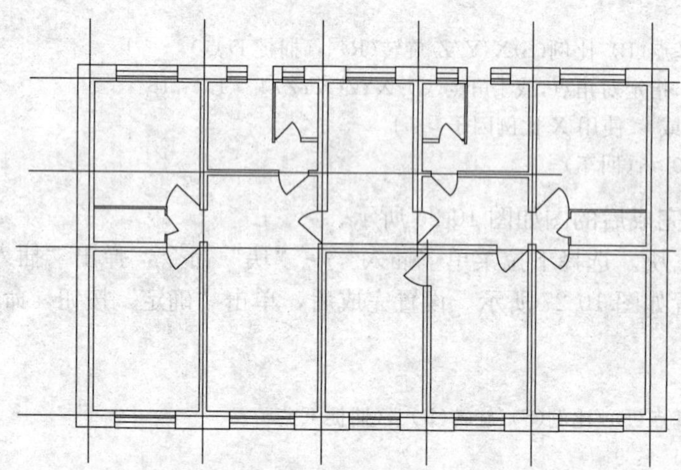

图 10-29　完成门窗的绘制

4. 绘制阳台、楼梯、卫生间、厨房

将“细部”层置为当前层。阳台墙的厚度为 120mm，将多线样式设置为 120，由于阳台的一条线与轴线重合，所以多线的“对正方式”设为“上”，绘制左面阳台（见图 10-30），步骤如下：

图 10-30　绘制阳台

命令：_Mline

当前设置：对正＝上，比例＝1，样式＝120

指定起点或［对正(J)/比例(S)/样式(ST)］：(捕捉 2 号定位轴线与墙体的交点 1)

指定下一点：(@1200<90)

指定下一点或［闭合(C)/放弃(U)］：(捕捉垂足点 2)

指定下一点或［闭合(C)/放弃(U)］：(捕捉 3 号定位轴线与墙体的交点 3)

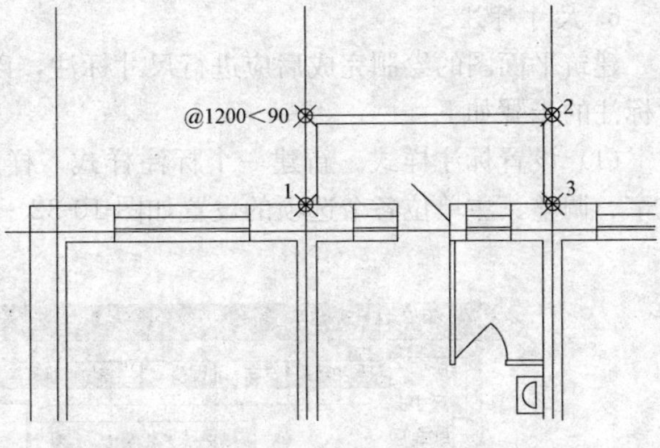

另一个阳台利用“镜像”命令完成。卫生间、厨房、楼梯等细部的绘制利用基本的绘图命令和常用的编辑命令完成即可，完成后的效果如图 10-31 所示。

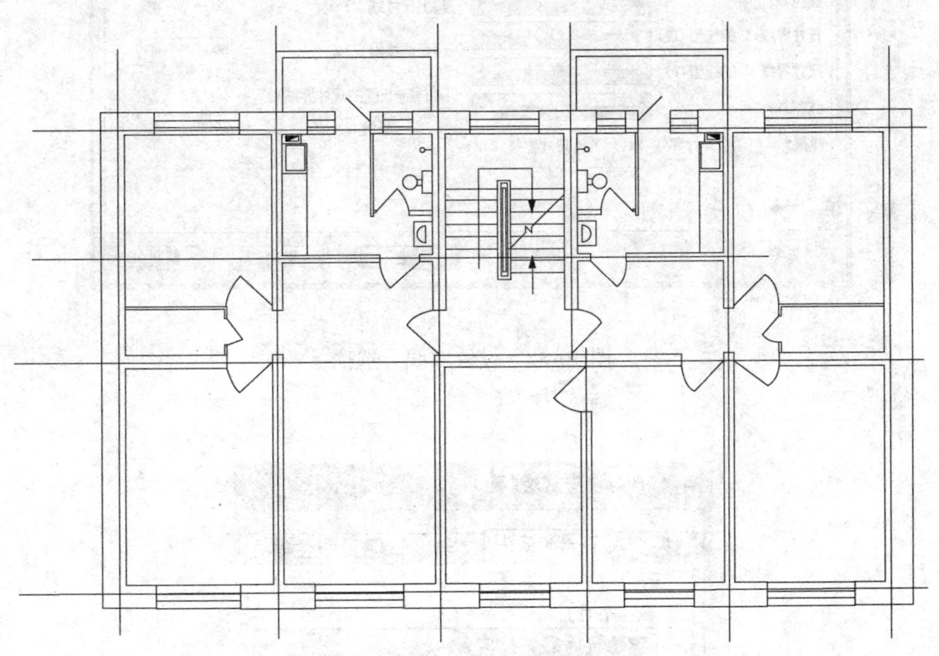

图 10-31　完成细部绘制

5. 墙线加粗

建筑平面图中图线的线型要求不同，例如，剖到的墙的轮廓线应为粗实线，但利用“直线”“多线”命令绘制的图线是不具有宽度的，所以需要将粗实线加宽。

墙线加粗可以采用两种方法：第一种方法是利用“多段线”命令加深墙线，线宽的设置应考虑出图比例。例如，若按 1∶100 比例输出该建筑平面图，粗实线线宽为 0.5，则画图时线宽应设置为 50。另一种方法是将需要加粗的“墙体”层的线宽设为 0.5，打开状态栏中的“线宽”按钮，则所有的墙线以线宽 0.5 显示。第一种方法加粗的墙线更美观一些。

6. 尺寸标注

建筑平面图的绘制完成后应进行尺寸标注，以便清楚房间各组成部分的大小及定位。尺寸标注的步骤如下：

（1）设置标注样式。新建一个标注样式，样式名为“建筑”，对于该样式的线、箭头、文字、调整、主单位各个选项的设置如图 10-32～图 10-36 所示。

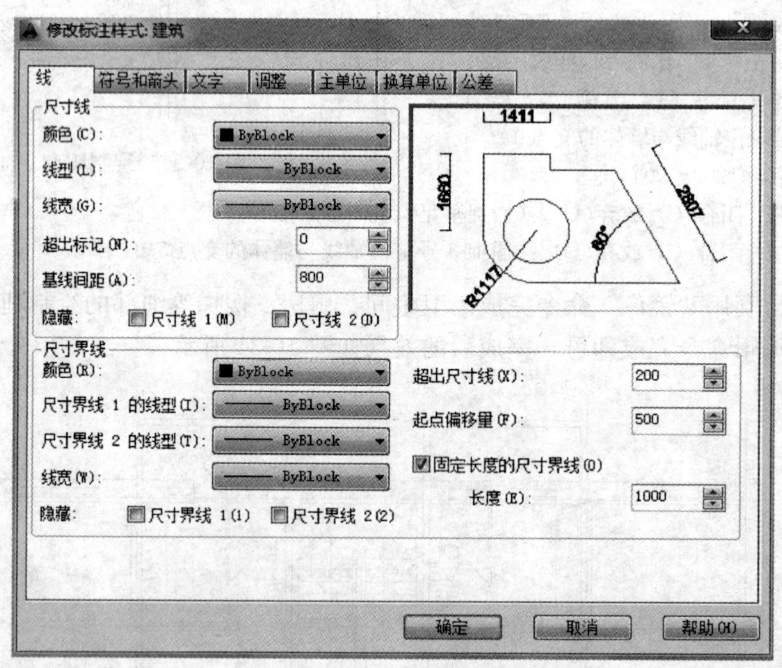


图 10-32　设置“线”选项



图 10-33　设置“箭头”选项

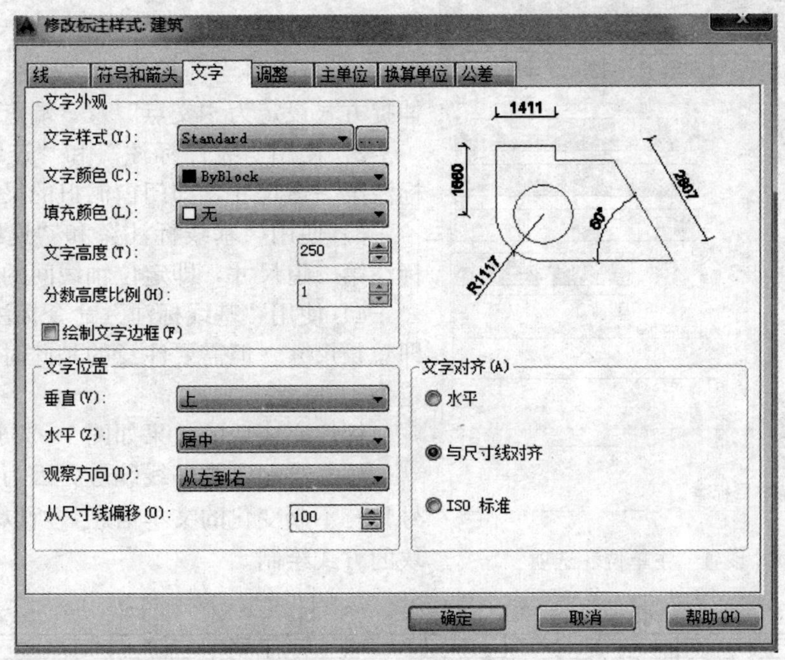


图 10-34　设置“文字”选项

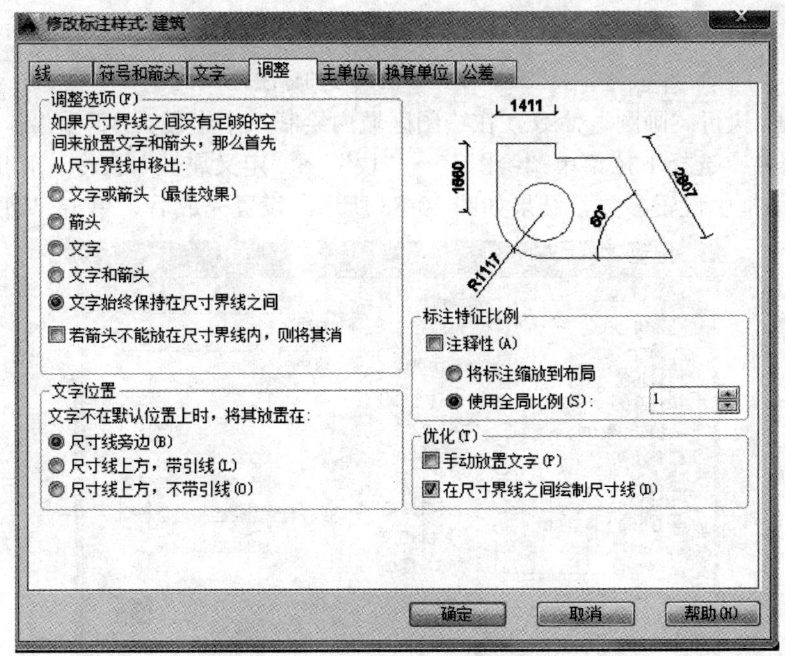


图 10-35　设置“调整”选项

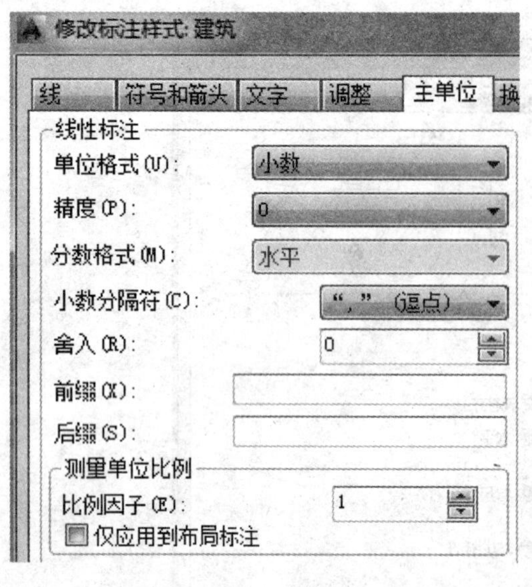


图 10-36　设置“主单位”选项

(2) 创建尺寸标注。以平面图的南侧三道尺寸的标注为例说明建筑平面图的尺寸标注的步骤：

1) 首先将当前层置为“标注”层，将对象捕捉方式设定为“交点”及“端点”模式；

2) 使用“线性标注”和“连续标注”命令标注第一道尺寸，即门窗洞口的尺寸；

3) 使用“基线标注”和“连续标注”命令标注第二道尺寸，即定位轴线间的尺寸；

4) 使用“基线标注”命令标注第三道尺寸，即总长尺寸。但需要注意的是此时基线间距应设定为 1600。

标注完成后的效果如图 10-37 所示。

(3) 绘制定位轴线编号。因为定位轴线的编号具有不断变化的文本信息，所以适合利用属性块的方式绘制。

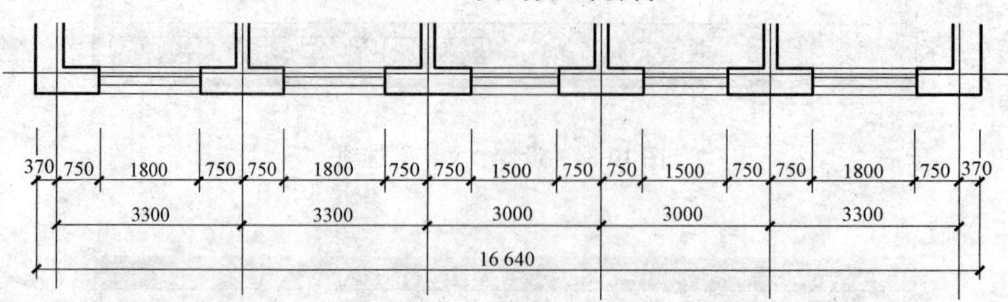


图 10-37　三道尺寸的标注

1) 绘制圆。执行“画圆”命令，在绘图区域内绘制一个半径为 450 的圆。

2) 定义属性。选择下拉菜单“绘图”→“块”→“定义属性”命令，弹出“属性定义”对话框，在对话框中设置参数，结果如图 10-38 所示。设置完成后，单击“确定”按钮后，

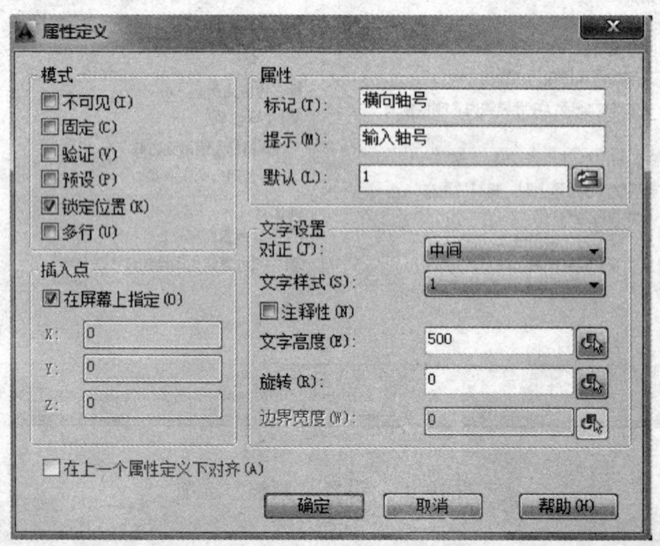


图 10-38　定义属性

在命令行“指定起点：”提示下，拾取上一步骤所绘制的半径为450的圆的圆心，则设置属性的效果如图10-39所示。

横向轴号

图10-39　定义属性的效果

3）创建属性块。选择下拉菜单“绘图”→“块”→“创建”命令，弹出“块定义”对话框，图块名为“横向轴线”，其他设置如图10-40所示，单击“确定”按钮，命令行提示：

命令：_Block 指定插入基点：(捕捉图10-39所示圆的上限点)
选择对象：(选择图10-39所示的对象)
选择对象：(回车)

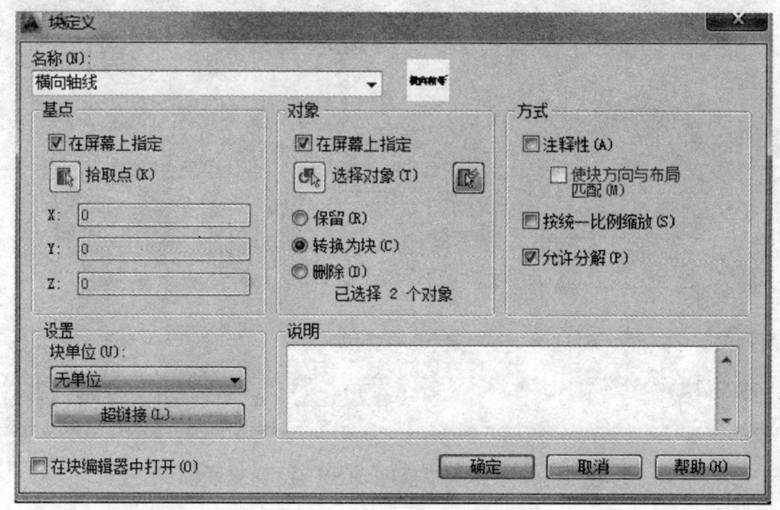


图10-40　创建块

选择对象完成后，弹出如图10-41所示的“编辑属性”对话框，不做设置，单击“确定”按钮完成“横向轴线”图块的创建，显示效果见图10-42。

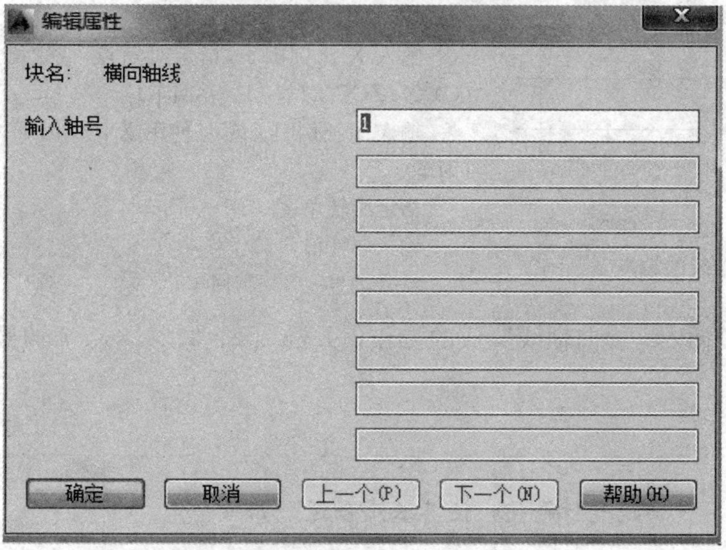

编辑属性
块名：　横向轴线
输入轴号　1
确定　取消　上一个(P)　下一个(N)　帮助(H)

图10-41　“编辑属性”对话框

图10-42　“横向轴线”属性块

**注 意**

如果在图 10-40 的“块定义”对话框中的“对象”选项组中选中了“删除”和“保留”单选按钮，则创建块后，不再显示如图 10-41 所示的“编辑属性”对话框。

4）插入属性块。选择下拉菜单“插入”→“块”命令，弹出“插入”对话框，在“块”名称中选择“横向轴线”块，其他设置如图 10-43 所示。单击“确定”按钮，命令行提示：

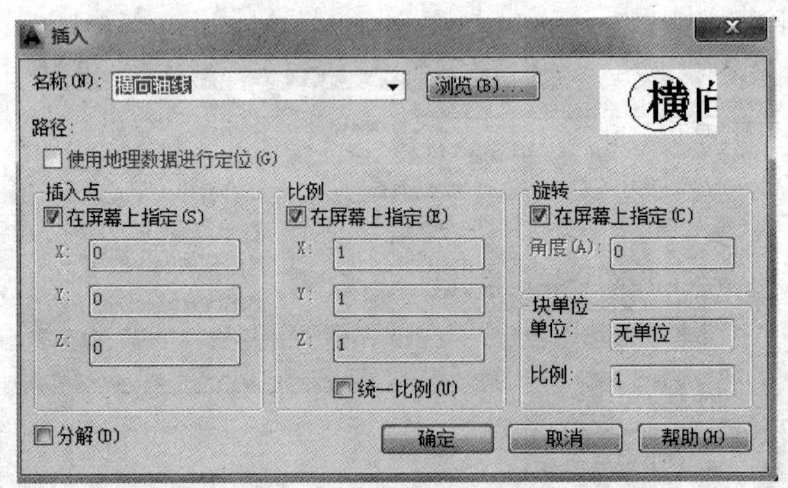


图 10-43　插入“横向轴线”设置对话框

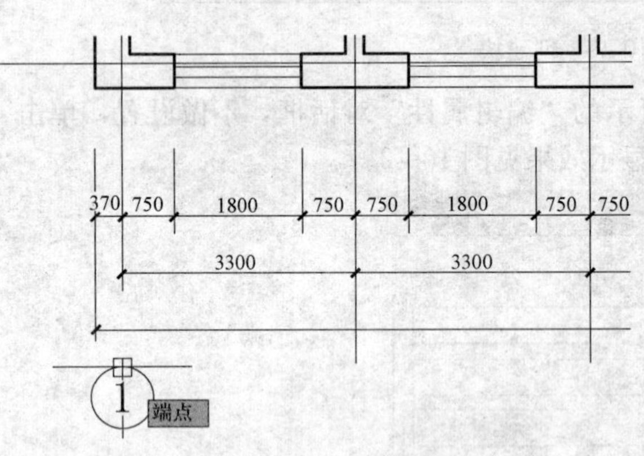


图 10-44　捕捉第一根轴线的端点

命令：

Insert

指定插入点或［基点(B)/比例(S)/X/Y/Z/旋转(R)］：(捕捉第一根轴线的端点，见图 10-44)

输入 X 比例因子，指定对角点，或［角点(C)/XYZ(XYZ)］<1>：(回车)

输入 Y 比例因子或 <使用 X 比例因子>：(回车)

指定旋转角度 <0>：(回车)

输入属性值

输入轴号 <1>：(回车)

则完成轴号 1 的绘制，重复插入“横向轴线”块的操作，并输入 2、3、5、6、7 轴号，完成结果如图 10-45 所示。

在插入属性块之前，应将定位轴线进行修整，使其长度合适，并对齐。

按照上面的方法标注其他尺寸及定位轴线编号。

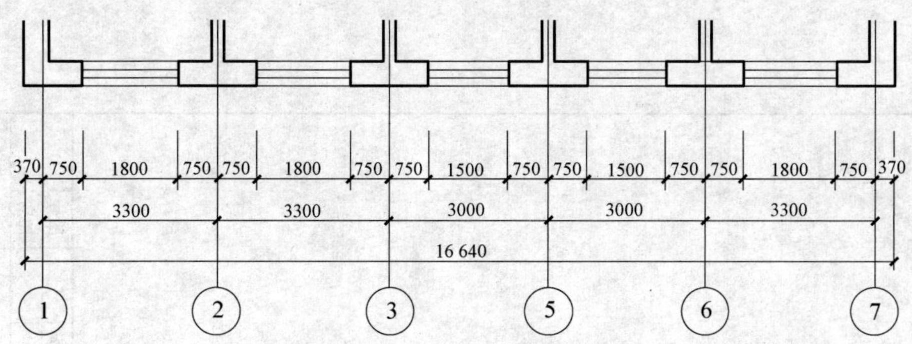


图 10-45 完成 1～7 轴号的绘制

(4) 将定位轴线设置为点划线。定位轴线要求的线型是点划线，可以在尺寸标注完成后将定位轴线改成点划线。方法是打开“图层特性管理器”对话框，将“轴线”层线型设置为“CENTER”，然后再打开“线型管理器”对话框，将“全局比例因子”设置为 1000，则定位轴线显示为点划线。尺寸标注及轴线完成后的结果如图 10-46 所示。

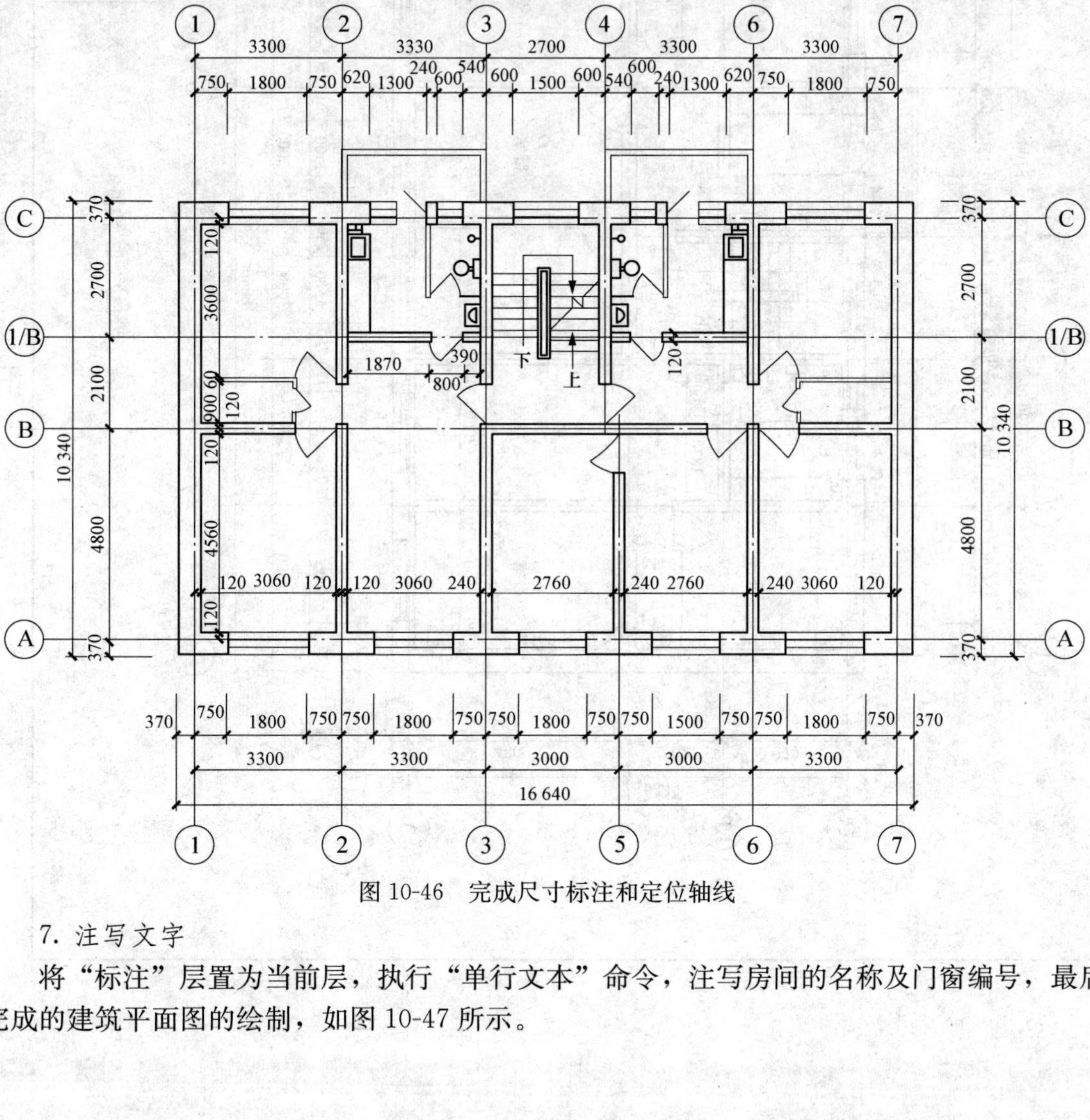

图 10-46 完成尺寸标注和定位轴线

7. 注写文字

将“标注”层置为当前层，执行“单行文本”命令，注写房间的名称及门窗编号，最后完成的建筑平面图的绘制，如图 10-47 所示。

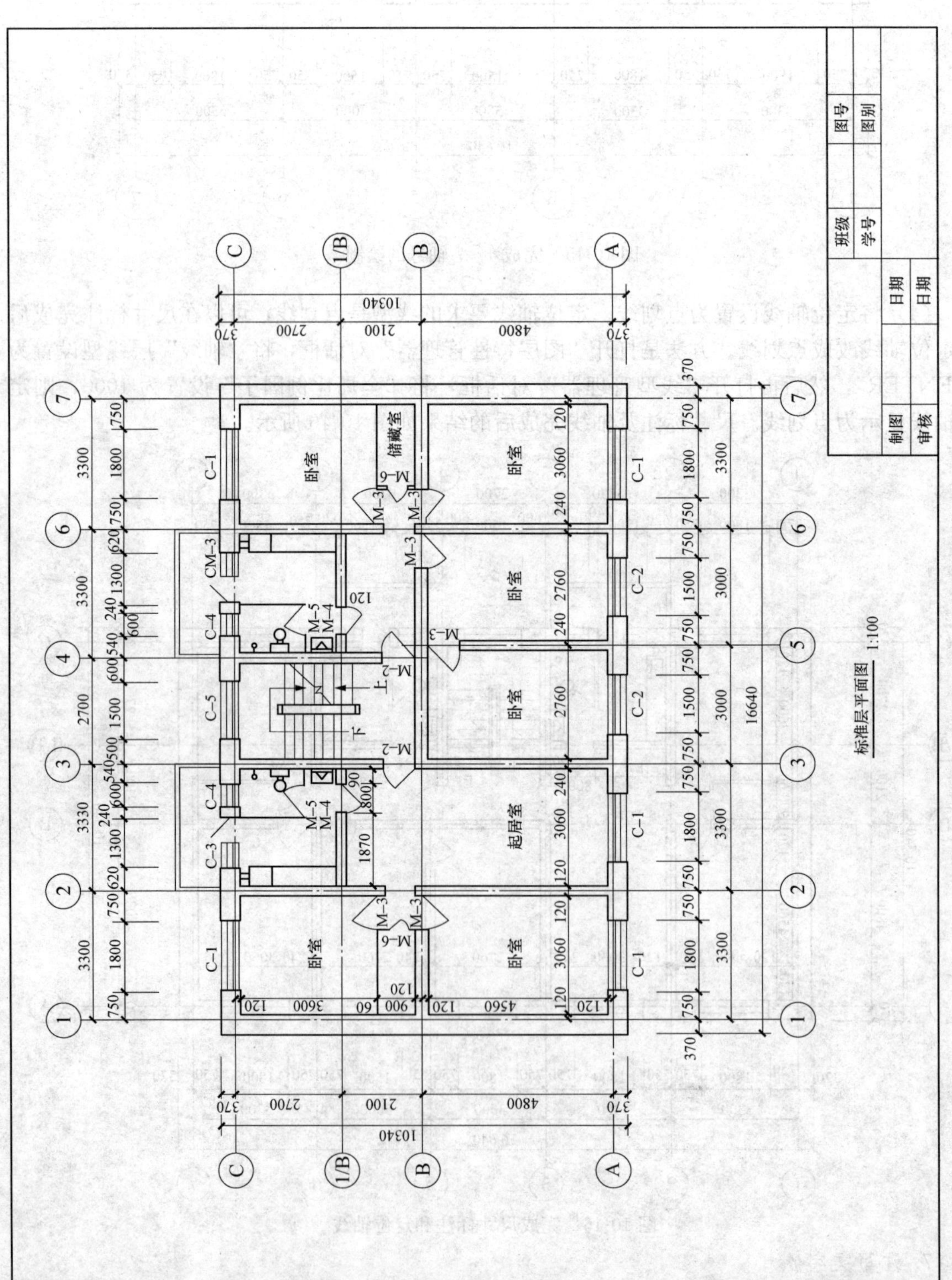


图 10-47 完成后的平面图

## 课后练习

绘制某办公楼的建筑平面图、立面图及剖面图（A2 图幅，比例 1：100）

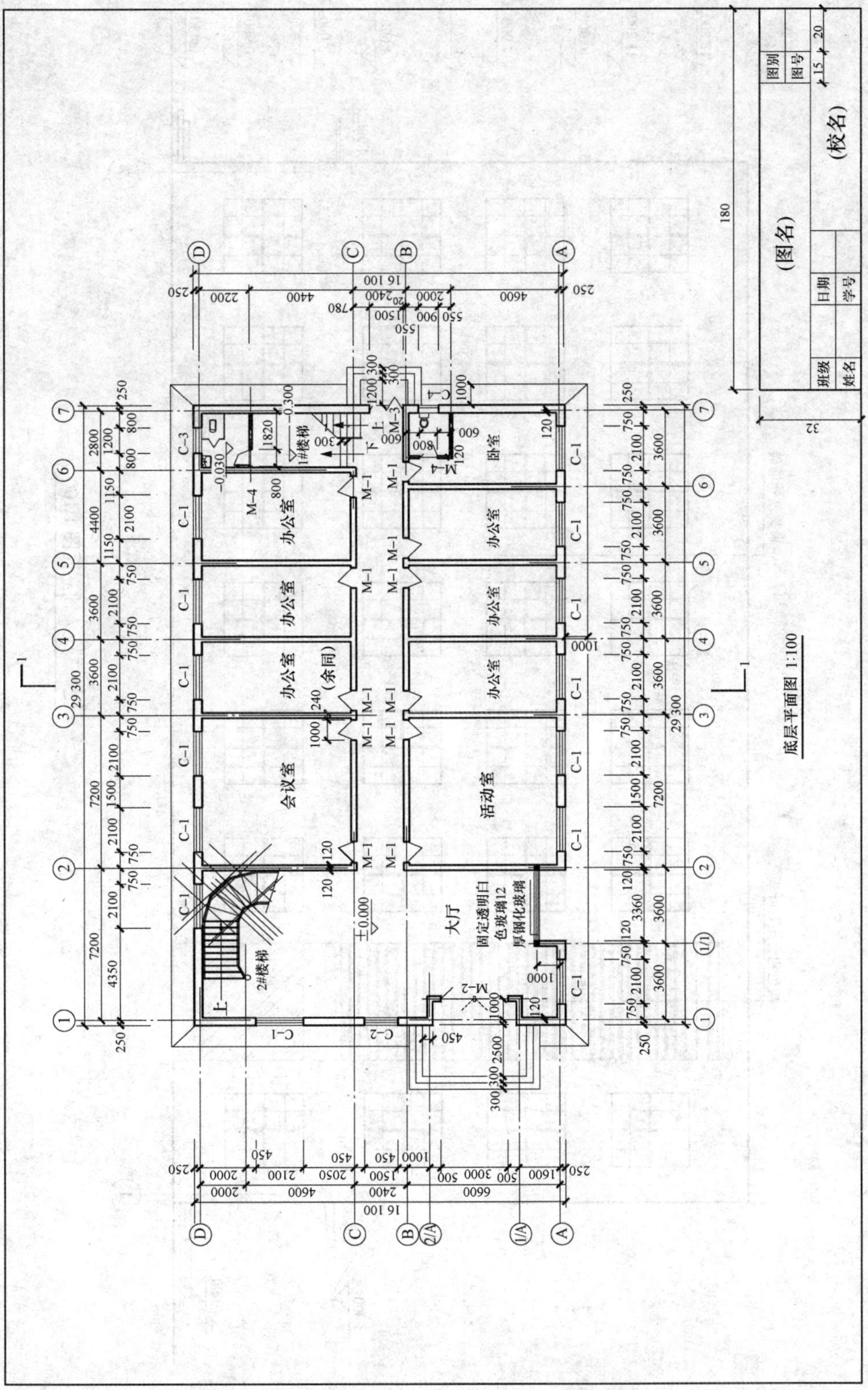

会议室　办公室　办公室　办公室　（余同）　大厅　活动室　办公室　办公室　办公室　卧室　2#楼梯　1#楼梯

固定透明白色玻璃12厚钢化玻璃

底层平面图 1:100

| 班级 | | 日期 | | (图名) | 图别 |
|---|---|---|---|---|---|
| 姓名 | | 学号 | | (校名) | 图号 |

14.900
13.300
11.200
10.000
7.900
6.700
4.600
3.000
0.900
-0.450
4.000
米黄色外墙砖
褐色铝合金百叶板
50 200
0.300
4.000
±0.000
7
1

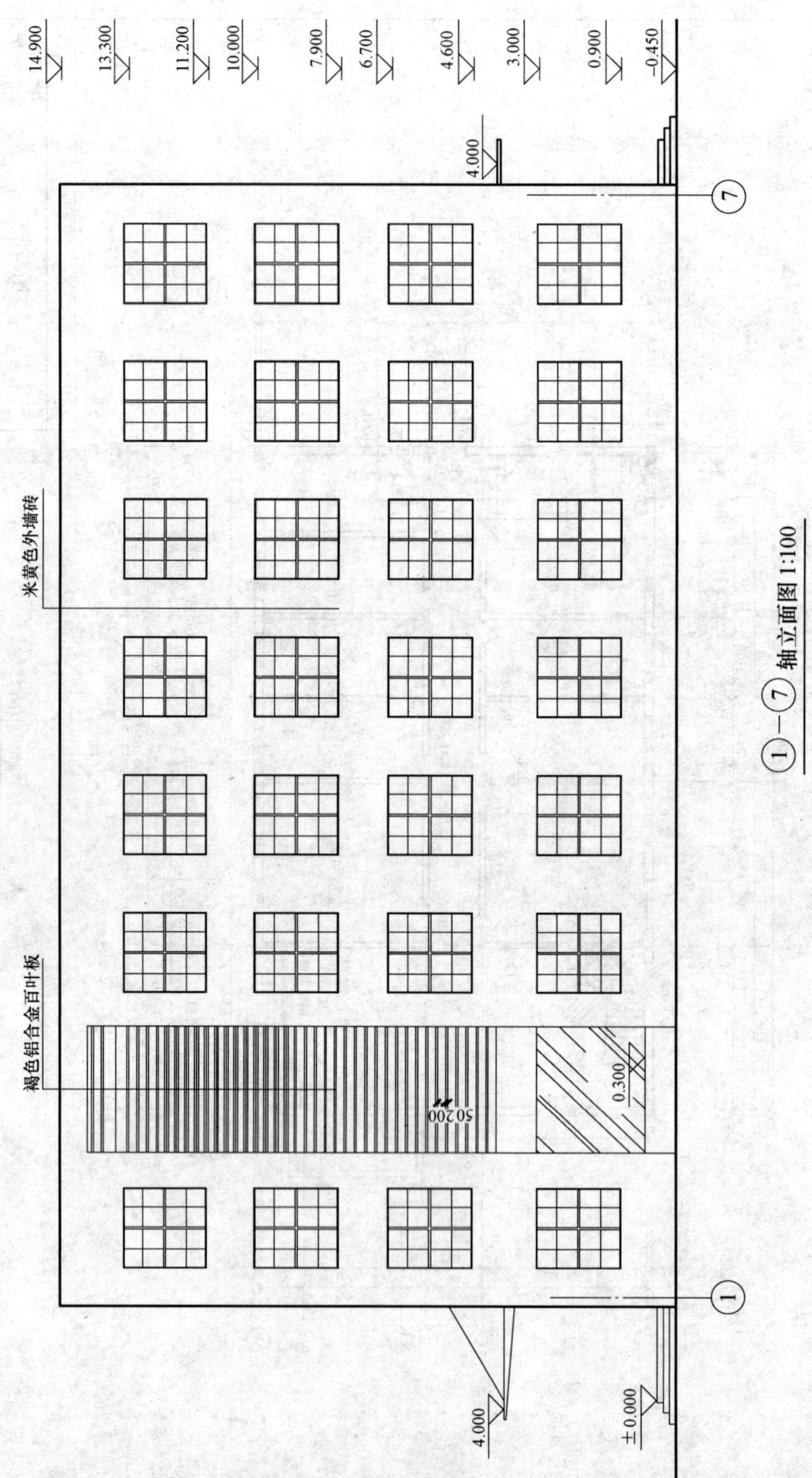

①—⑦轴立面图 1:100

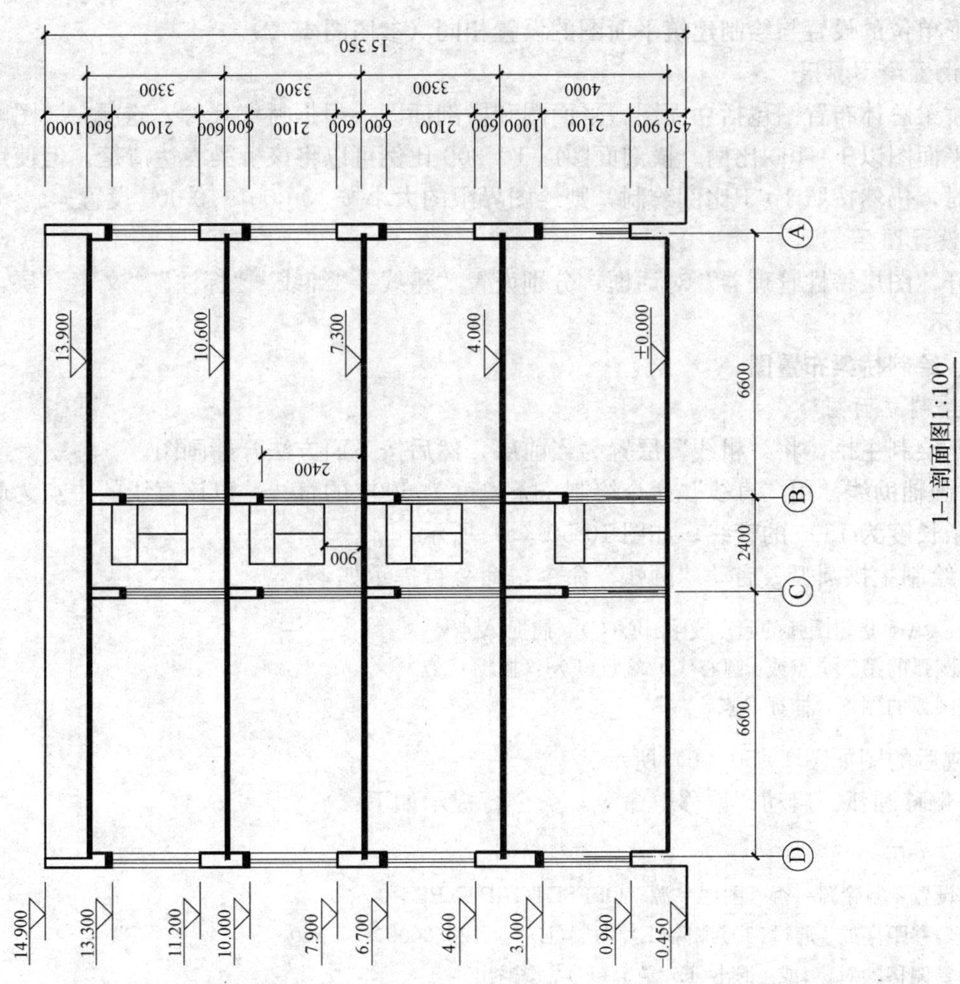


1-1剖面图1:100

## 第二节　桥梁总体布置图的绘制

本节通过绘制图 10-48 所示的某桥梁的总体布置图，介绍利用 AutoCAD 绘制桥梁总体布置图的方法。

### 一、设置绘图环境

首先要新建一个图形文件，文件名设为“桥梁图”，然后开始设置绘图环境。

1. 设置图形单位

图形单位的设置与绘制建筑平面图的设置相同（参照图 10-2）。

2. 设置绘图界限

该桥梁总体布置图包括立面图、平面图和横剖面图，根据桥梁尺寸，选择 A2 图幅，立面图和平面图以 1∶400 比例、横剖面图以 1∶200 比例可以将该桥梁表达清楚。但使用计算机绘图时，仍然按照 1∶1 比例绘制，则绘图界限的大小按 15 000×10 000 设置。

3. 设置图层

打开“图层特性管理器”对话框，分别设置“粗线”“细线”“标注”“文字”层，如图 10-49 所示。

### 二、绘制桥梁布置图

1. 绘制立面图

(1) 绘制主拱。将“粗线”层置为当前层，然后按下面方法开始画图。

1) 画辅助线。用“直线”命令绘制一条长度为 6000 的直线，以该直线的中点为起点向上画一条长度为 1500 的直线，如图 10-50 (a) 所示。

2) 绘制主拱圆弧。启动“圆弧”命令，命令行提示如下：

命令：_Arc 指定圆弧的起点或［圆心(C)］(捕捉 A 点)
指定圆弧的第二个点或［圆心(C)/端点(E)］:(捕捉 C 点)
指定圆弧的端点:(捕捉 B 点)

完成后的图如图 10-50 (b) 所示。

3) 偏移圆弧。启动“偏移”命令，命令行提示如下：

命令：_Offset
当前设置：删除源＝否　图层＝源　OFFSETGAPTYPE＝0
指定偏移距离或［通过(T)/删除(E)/图层(L)］＜120.0000＞：　120
选择要偏移的对象,或［退出(E)/放弃(U)］＜退出＞:
指定要偏移的那一侧上的点,或［退出(E)/多个(M)/放弃(U)］＜退出＞:(在要偏移的方向任意拾取一点)
选择要偏移的对象,或［退出(E)/放弃(U)］＜退出＞:(回车)

偏移圆弧完成后，将两圆弧的端点以直线连接，如图 10-50 (c) 所示。

(2) 绘制腹拱。绘制腹拱的圆弧时要注意左右腹拱的对称，且两侧腹拱的三个圆弧是相同的，所以绘图时要利用“复制”和“镜像”命令。

将“细线”层置为当前层，按下面步骤画图。

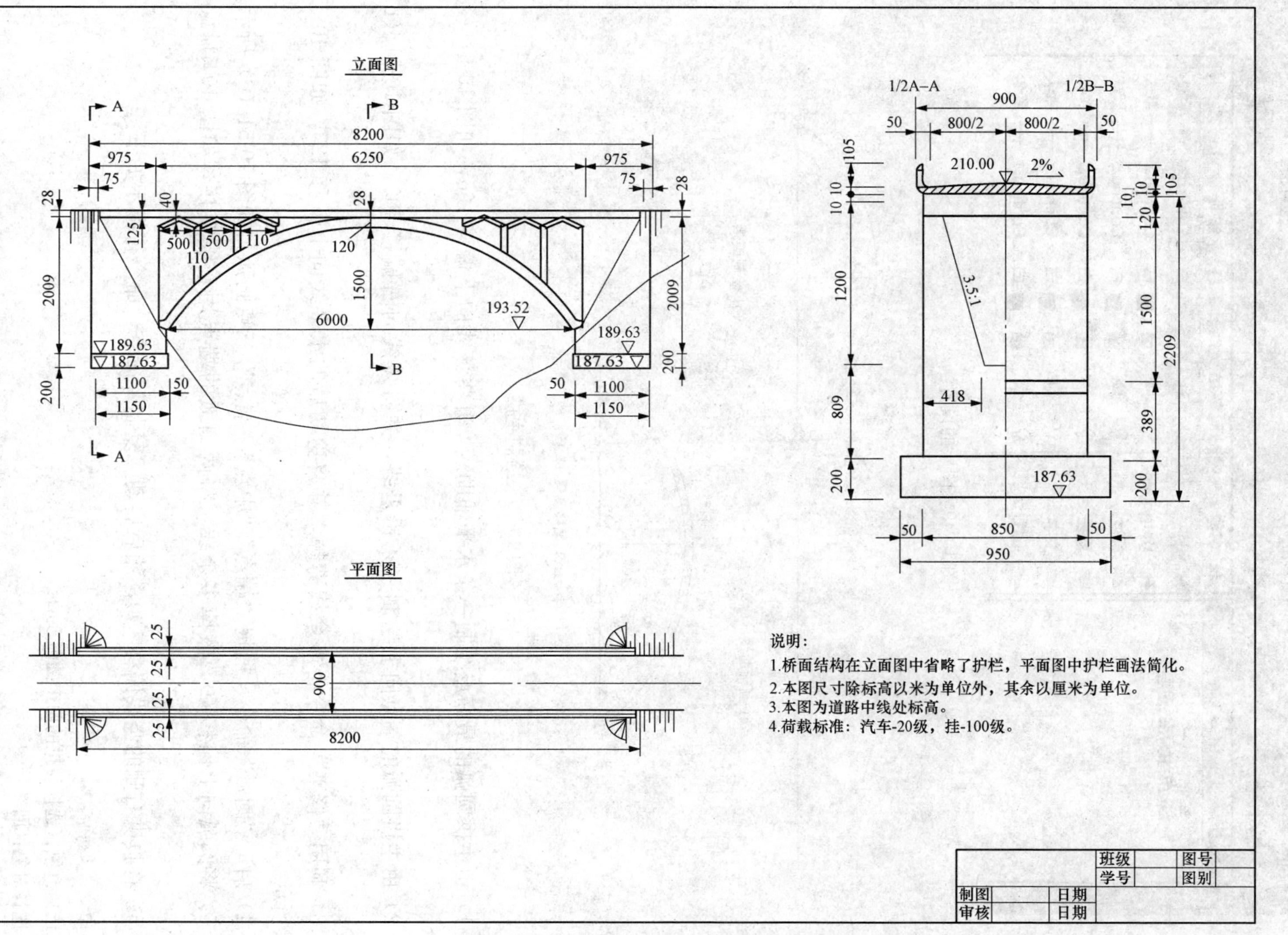


图 10-48　某桥梁的总体布置图

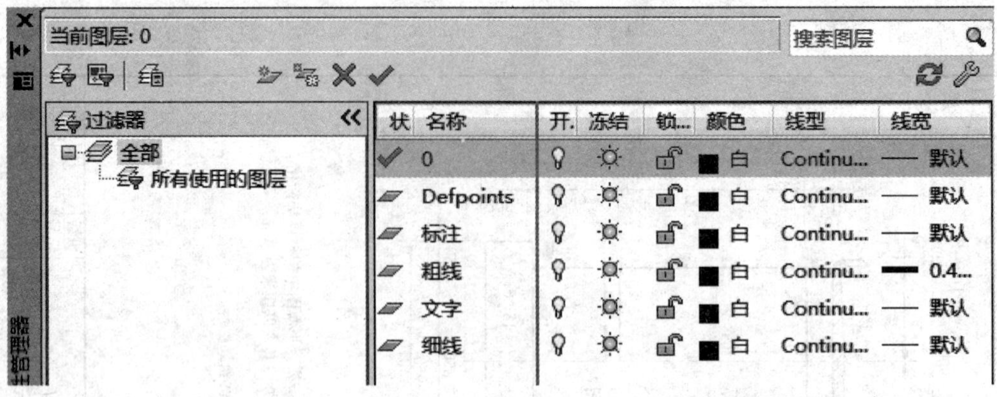


图 10-49　图层的设置

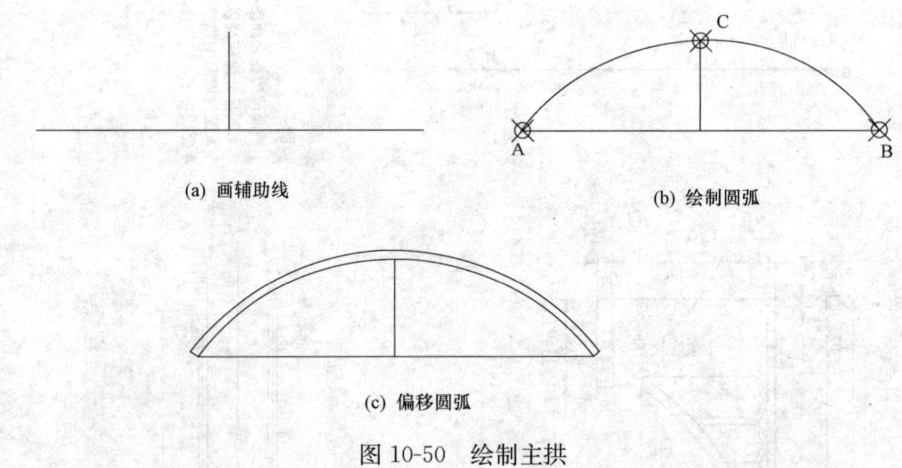


图 10-50　绘制主拱

1）由主拱圆弧的最高点绘制一条水平辅助线，并将该线向下偏移 165，如图 10-51（a）所示。

2）由主拱圆弧的端点向上绘制一条铅垂线，并将该线向右偏移 500，如图 10-51（b）所示。

3）利用“修剪”命令将多余线剪掉，并将剪切后的水平线向上偏移 125，如图 10-51（c）所示。

4）启动“圆弧”命令，捕捉“端点”“中点”“端点”三点画弧，如图 10-51（d）所示。

5）将圆弧向上偏移 40，擦掉多余线，将两圆弧的端点用直线连接，如图 10-51（e）所示。

6）将腹拱右侧的竖线偏移 100，然后启动“复制”命令，命令行提示如下：

命令：_Copy
选择对象：(选择腹拱的两个圆弧及直线)
选择对象：(回车)
当前设置：　复制模式 =多个
指定基点或［位移(D)/模式(O)］<位移>：(捕捉 E 点)
指定第二个点或 <使用第一个点作为位移>：(捕捉 F 点)

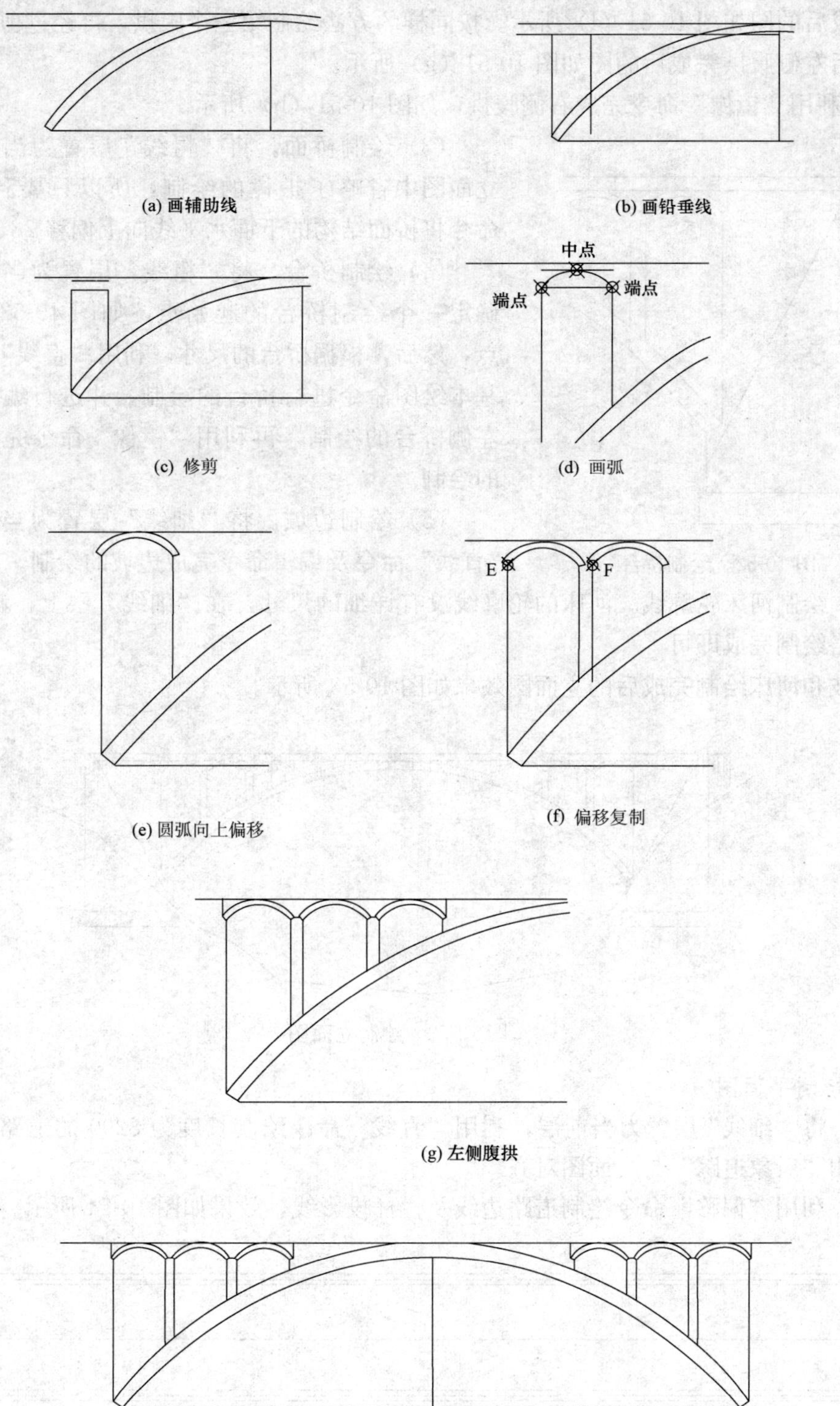


(a) 画辅助线

(b) 画铅垂线

(c) 修剪

(d) 画弧

(e) 圆弧向上偏移

(f) 偏移复制

(g) 左侧腹拱

(h) 完成图

图 10-51　绘制腹拱

完成后的图如图 10-51（f）所示。按同样的方法绘制第三个腹拱，再经过剪切、补画线等整理后左侧腹拱完成后的图如图 10-51（g）所示。

7）利用“镜像”命令完成右侧腹拱，如图 10-51（h）所示。

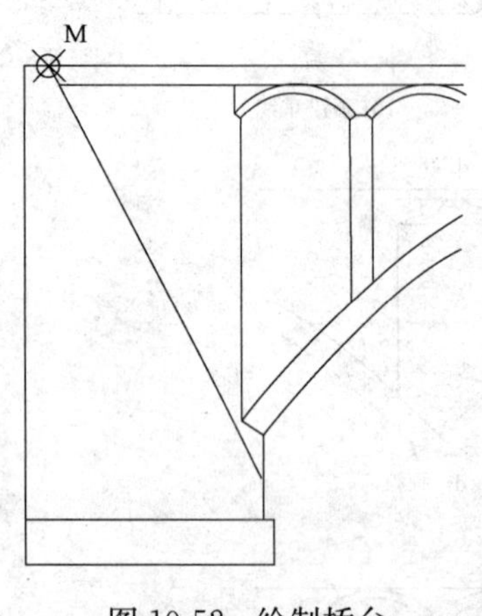


图 10-52　绘制桥台

（3）绘制桥面。将“粗线”层置为当前层。由于立面图中省略了护栏的绘制，所以只要利用“偏移”命令将桥面结构的下面水平线向上偏移 28 即可。

（4）绘制桥台。将“粗线”层置为当前层。首先确定一个绘制桥台的起始点，如图 10-52 中的“M”点，然后，根据桥台的尺寸，利用“直线”“矩形”等基本绘图命令进行桥台的绘制，并进行编辑整理完成左侧桥台的绘制，再利用“镜像”命令完成右侧桥台的绘制。

（5）绘制边坡。将“细线”层置为当前层，利用“直线”命令及编辑命令完成边坡的绘制。

（6）绘制河床轮廓线。河床的轮廓线没有详细的尺寸，在“细线”层上，利用“直线”命令粗略绘制完成即可。

边坡和河床绘制完成后的立面图效果如图 10-53 所示。

图 10-53　绘制立面图

2. 绘制平面图

（1）将“细线”层置为当前层，利用“直线”命令绘制长度为 8200 的道路中心线，注意要利用“对象追踪”与立面图对齐。

（2）利用“偏移”命令绘制道路边线及栏杆投影线，效果如图 10-54 所示。

图 10-54　绘制道路边线及栏杆投影线

（3）绘制边坡，并将中心线拉伸加长，并选择下拉菜单“修改”→“特性”命令将中心线改为点划线，“线型比例”值设为 20，最后效果如图 10-55 所示。

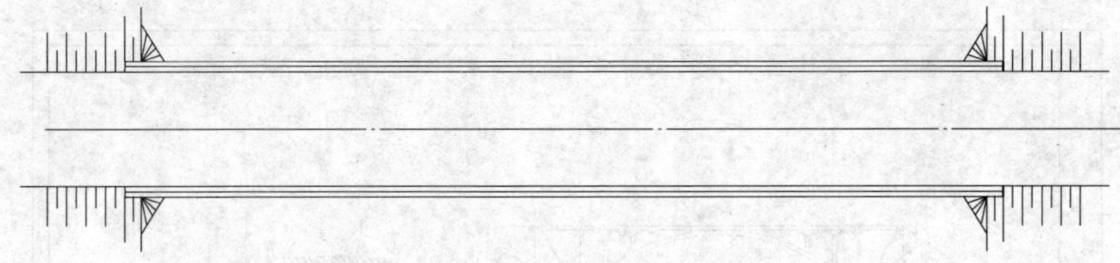

图 10-55　绘制边坡及中心线

3. 绘制剖面图

同理，利用“直线”“矩形”“圆”等绘图命令及必要的编辑命令，按 1∶1 的比例完成剖面图的绘制，完成后的效果如图 10-56 所示。

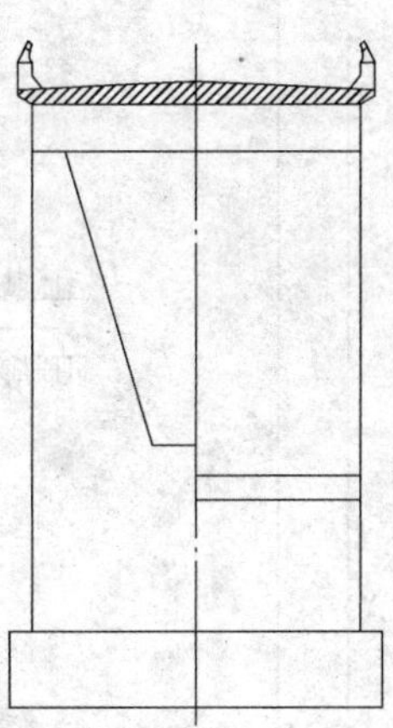

图 10-56　绘制剖面图

**三、缩放图形**

图形的绘制完成后，利用“比例缩放”命令缩小。缩小的比例应与要求的绘图比例一致，所以，将平面图和立面图缩小 40 倍、剖面图缩小 20 倍。

**四、绘图框及图标**

1. 整理图形

三个图形缩小后利用“移动”命令靠近，然后将整体图形再利用“移动”命令移动。

注意

整体移动时“基点”选择整体图形的左下角点，“第二点”选择坐标原点（0，0）。

2. 设置绘图界限

按照 A2 图幅的大小 594×420 重新设置绘图界限，设置完成后进行全图缩放，则图形的大小显示合适。

3. 绘制图框及图标

绘图界限的设置完成后，绘制 A2 图幅的图框及图标，绘制的方法可参照本章第一节内容，完成后的效果如图 10-57 所示。

**五、标注尺寸**

1. 设置标注样式

新建一个标注样式，样式名设为“桥梁”，用于标注立面图和平面图，对于该样式的线、箭头、文字、调整、主单位各个选项的设置分别如图 10-58～图 10-62 所示。

再建一个标注样式，样式名设为“桥梁 1”，用于标注剖视图，该样式的设置与标注样式“桥梁”的设置基本相同，只是“主单位”选项中的“测量单位比例”的“比例因子”设为 20。

2. 创建尺寸标注

将“标注”层置为当前层，利用“线性标注”“连续标注”“基线标注”命令完成立面

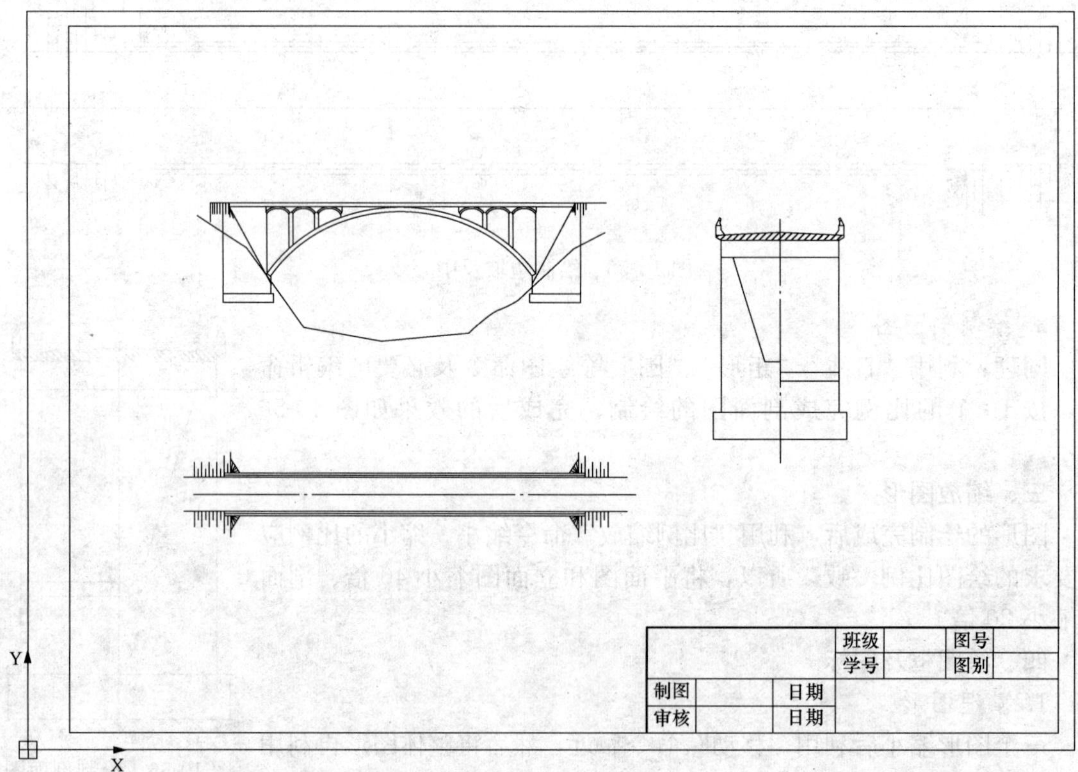


图 10-57 完成图框及图标的绘制

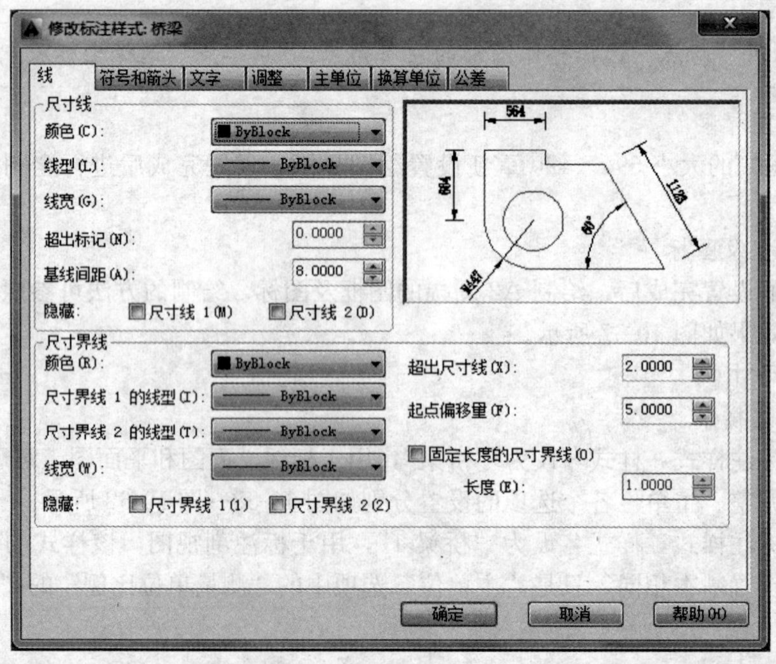


图 10-58 设置“线”选项

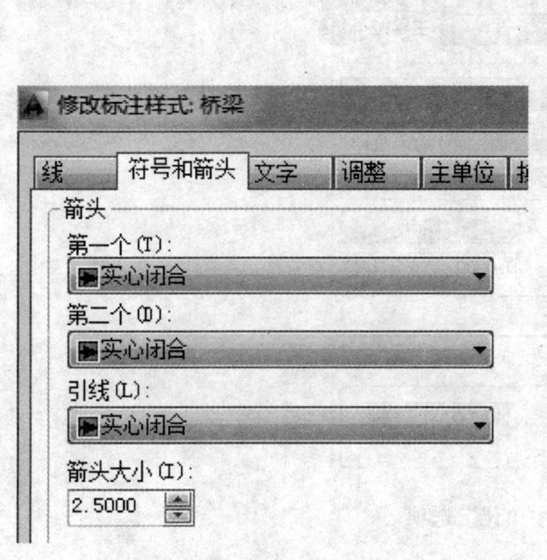


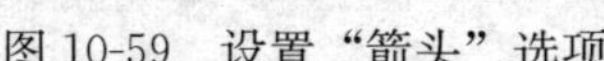
图 10-59　设置“箭头”选项

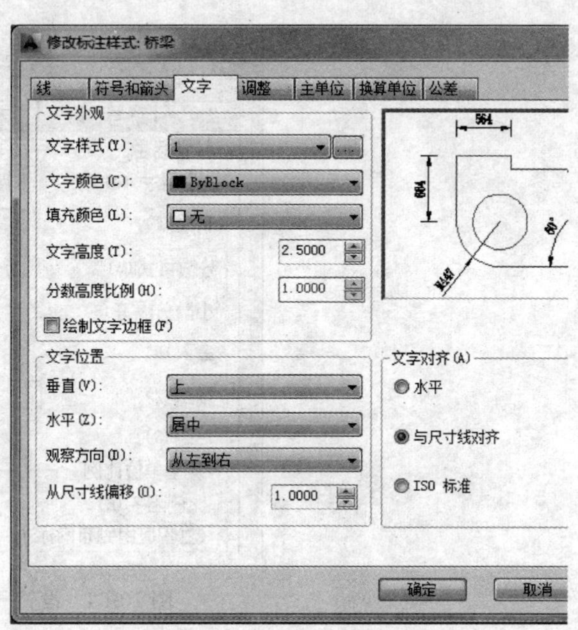


图 10-60　设置“文字”选项

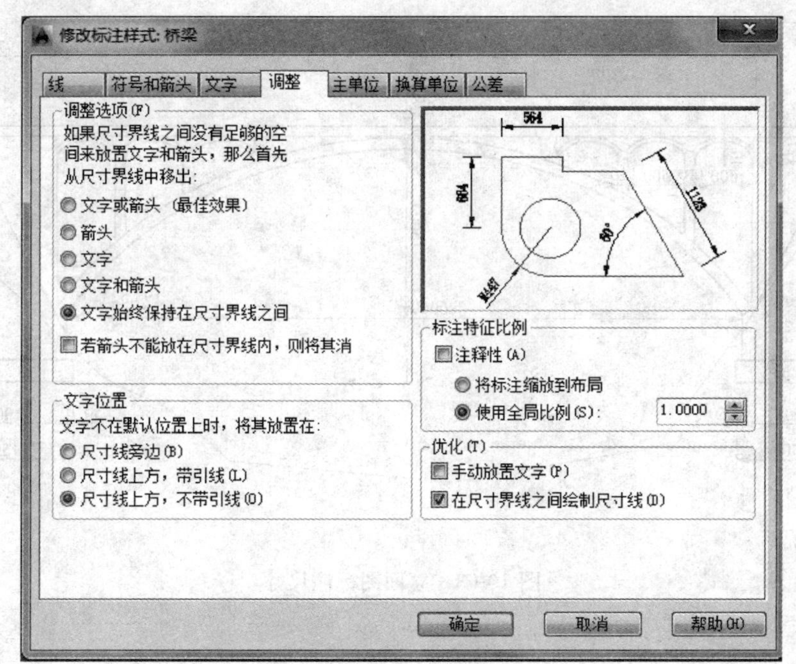


图 10-61　设置“调整”选项

图、平面图和剖面图的尺寸标注。

3. 标注标高和剖切符号

尺寸标注完成后的立面图、平面图及剖视图的效果如图 10-63～图 10-65 所示。

**六、书写文字**

将“文字”层置为当前层后开始书写文字说明。选择下拉菜单“绘图”→“文字”→

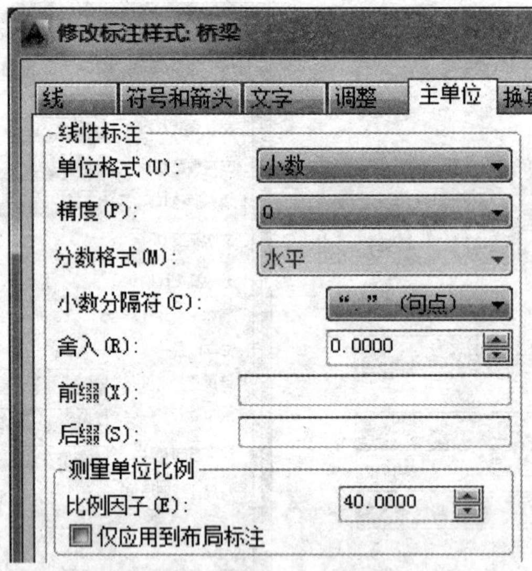


图 10-62 设置“主单位”选项

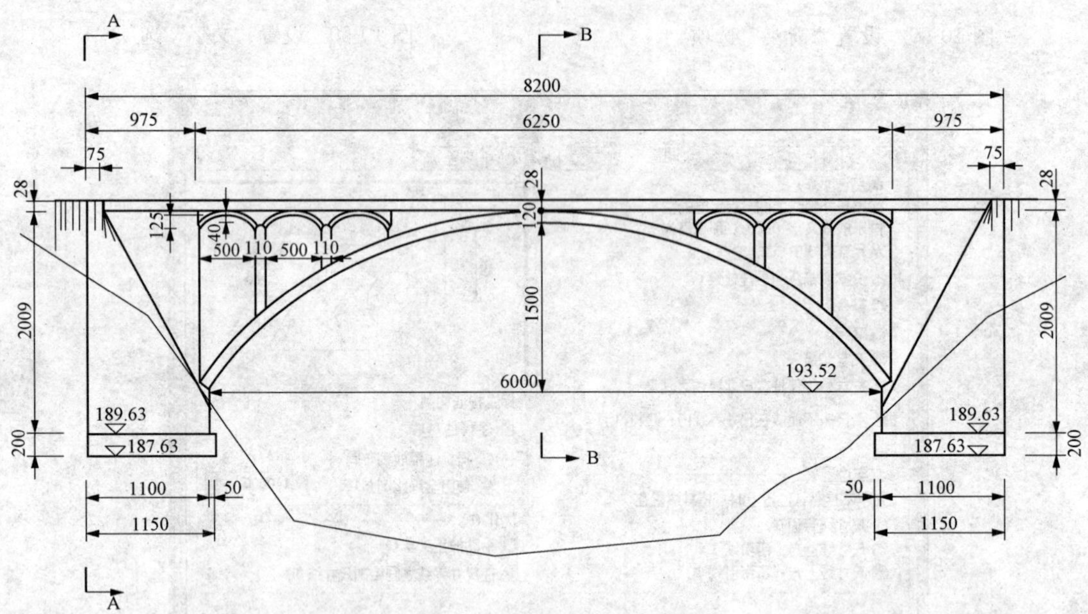


图 10-63 立面图标注尺寸

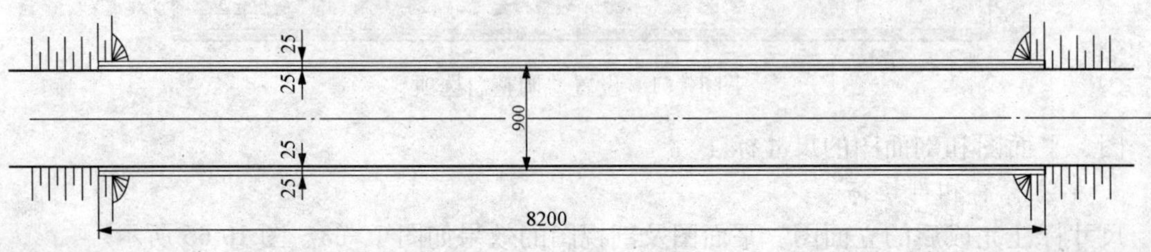


图 10-64 平面图标注尺寸

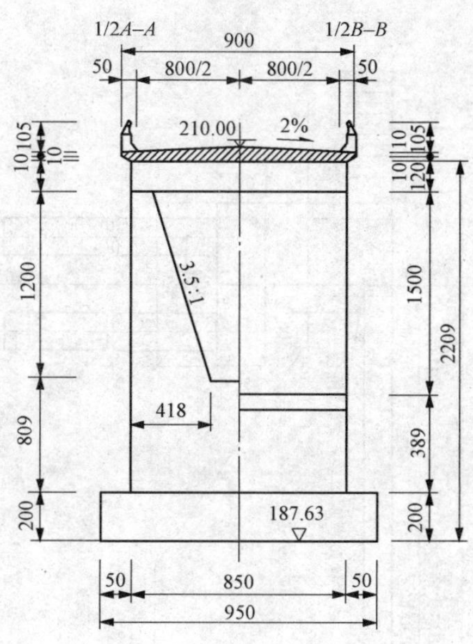


图 10-65　剖面图标注尺寸

“多行文字”，在命令行提示下拾取两个对角点后，打开多行文字编辑器，在“文字格式”工具栏中设置文字，在文本框中输入文字，结果见图 10-66，书写完成后单击“确定”按钮即完成文字的书写。

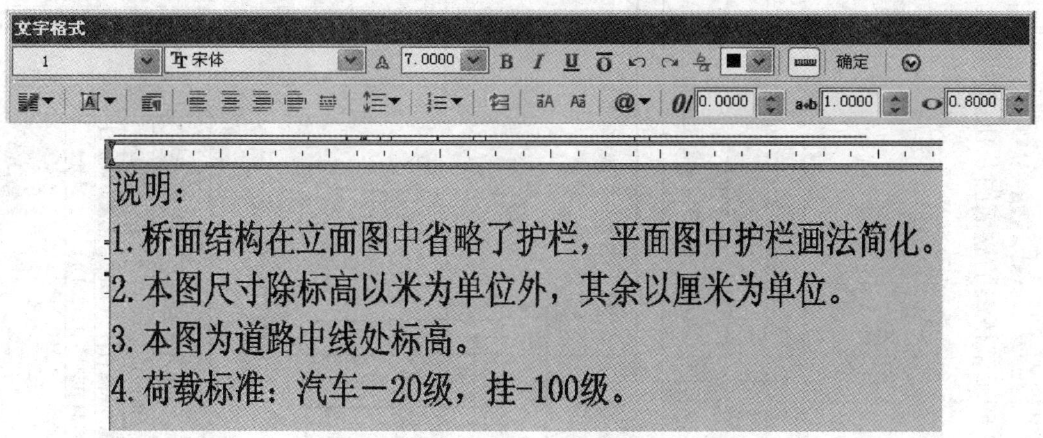


图 10-66　文字格式的设置及文字的书写

所有绘图内容完成后，对图面的布置不合适之处再进行整理，最后完成的图见图 10-48。

## 课后练习

完成如图 10-67 所示某桥梁的立面图，比例按图示。

立面图 1:200

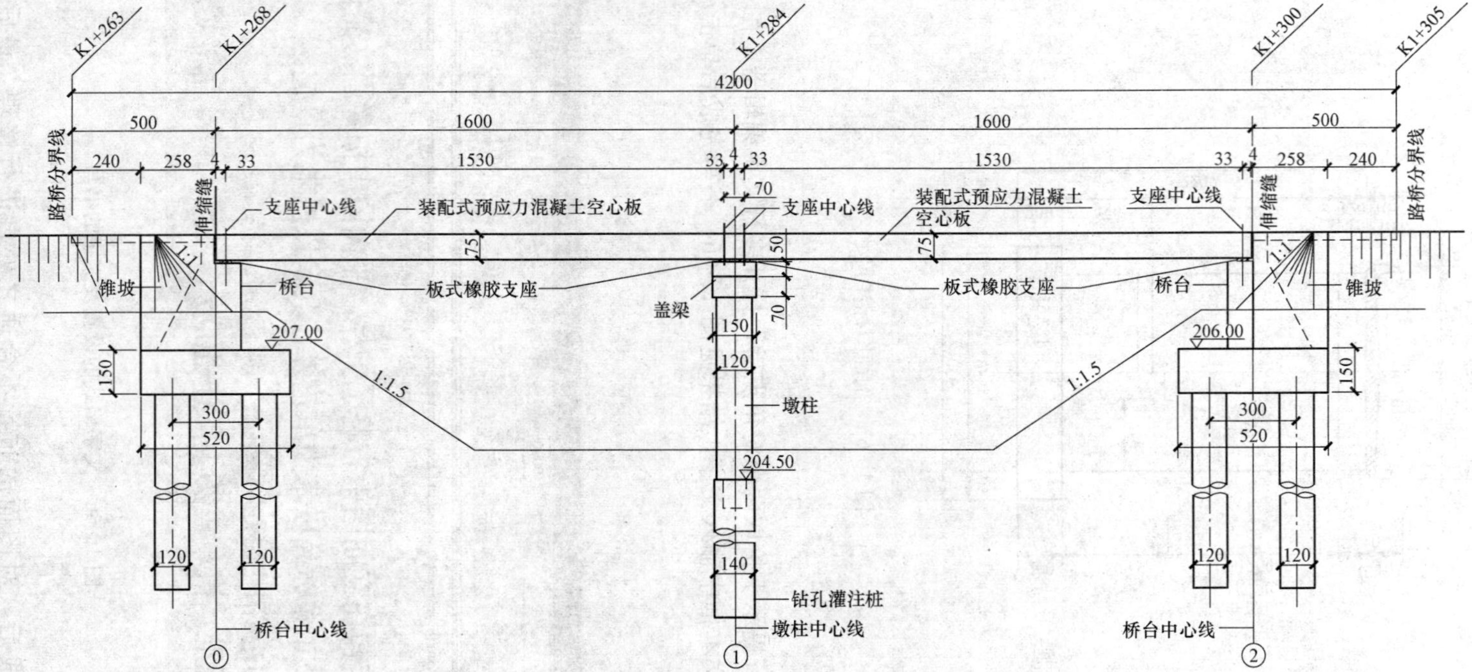

| 墩(台)号 | 0号 | 1号 | 2号 |
|---|---|---|---|
| 坡度 | 0.5 | | |
| 桥面标高 | 210.073 | 210.146 | 210.226 |
| 柱型(m) | 重力式桥台 | 12$\phi$1.2 | 重力式桥台 |
| 柱型(m) | 24$\phi$1.2 | 12$\phi$1.4 | 24$\phi$1.2 |

说明：

1.本图尺寸除桩号、坐标以米计及注明外均以厘米计。

2.荷载标准：设计荷载 城-A级。

验算荷载 挂车-120级。

地震荷载 按基本烈度7度设防。

3.主梁采用装配式预应力混凝土空心板。

4.桥头锥坡表面采用浆砌片石护坡。

图 10-67 练习图

# 第十一章　图形的布局与打印

AutoCAD 提供了图形输入与输出接口，不仅可以将其他应用程序中处理好的数据传递给 AutoCAD，还可以将 AutoCAD 的信息传送给其他应用程序。此外，AutoCAD 还强化了其 Internet 功能，可以创建 Web 格式的文件（DWF），以及发布 AutoCAD 图形文件到 Web 页。

## 第一节　模型空间与图纸空间

在 AutoCAD 中，可以通过模型空间或图纸空间这两个并行的工作空间完成设计图形的打印输出。模型空间是绘制编辑图形的工作空间，图纸空间可以模拟图纸页面，确定图纸的大小，是创建图形最终打印输出布局的一种工具。

### 一、模型空间

模型空间是创建和编辑图形的工作空间。打开 AutoCAD，在系统默认状态下，绘图所处的空间是模型空间，即选择屏幕上绘图窗口下方的“模型”选项卡。模型就是所绘制的图形对象，它可以是二维图形或者三维图形，也可标注必要的尺寸和注释。模型空间具有无限大的绘图区域，在模型空间中，可以使用一个或多个平铺视口来显示模型的不同视图，见图 11-1。视口的操作：在“视图”下拉菜单中选择“视口”“新建视口”或直接选择“两个视口”，则模型空间的窗口会自动拆分为选定数量的视口，每个视口自动显示为当前图形视图。用户可对每个视口中的视图进行缩放、平移以显示需要的部位。

前面所介绍的内容和绘制的图形都是在模型空间完成的。

### 二、图纸空间

图纸空间是一种工具，用于布置在模型空间中绘制的图形的不同视图，创造图形最终打印输出时的布局。选择绘图窗口下方的“布局 1”“布局 2”选项卡，即进入图纸空间。在图纸空间中，可以创建一个或多个布局，每一个布局表示一张输出图形用的图纸。在图纸空间中所创建的视口数目、位置大小和形状可以是任意的，并可以对其进行移动、旋转、比例缩放等编辑操作，所以称为浮动视口，这些视口可使用合适的大小单位使图纸能容纳下全部的图形内容。

## 第二节　布　　局

在完成图形模型的绘制后，可以选择创建一个布局，以便将模型用合适的投射方向和大小打印输出到图纸上，每个布局都代表一个单独的打印输出图纸。布局可方便地解决大型工程打印或发布图纸时图形的打印拆分，以及在同一图纸中以不同比例打印模型空间图纸的问题。

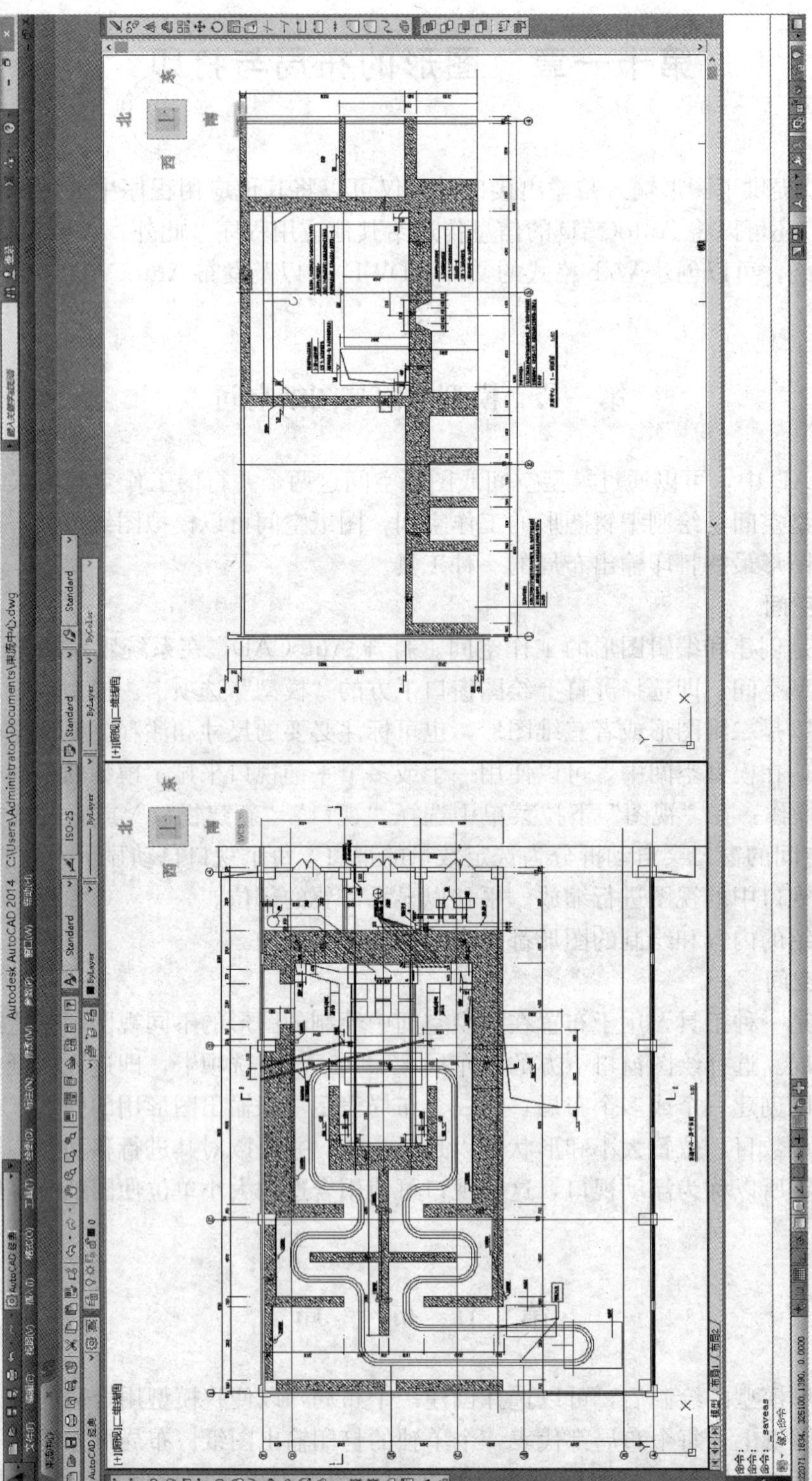

图 11-1 在模型空间同时显示两个视口

## 一、创建打印布局

在AutoCAD中，可以使用创建布局向导来完成创建图面布局的工作。在创建过程中，可以很方便地进行各种参数的设置。也可鼠标左键单击窗口左下角的“布局”标签，切换到“布局”选项卡后单击鼠标右键，在弹出的对话框中选择“新建布局”，具体设置选择“页面设置管理器”进行修改。

1. 命令调用

- 下拉菜单：工具→向导→创建布局
- 下拉菜单：插入→布局→创建布局向导

2. 操作方法

调用此命令后，弹出如图11-2所示的“创建布局-开始”对话框，通过操作向导创建布局图过程，按顺序完成各个项目的操作步骤。

（1）在“输入新布局的名称”的文本框中给出要创建的布局名称。

（2）输入布局名后，单击“下一步”按钮，进入“创建布局-打印机”选择页面。在此页面中选择用于打印本布局图的打印机或绘图仪。

（3）选择好打印机后，单击“下一步”按钮，进入“创建布局-图纸尺寸”对话框。在此对话框中的下拉列表中选取需要的纸张大小，并可在其下面的“图形单位”和“图纸尺寸”框中用毫米和英寸两种单位查看纸张的实际大小。

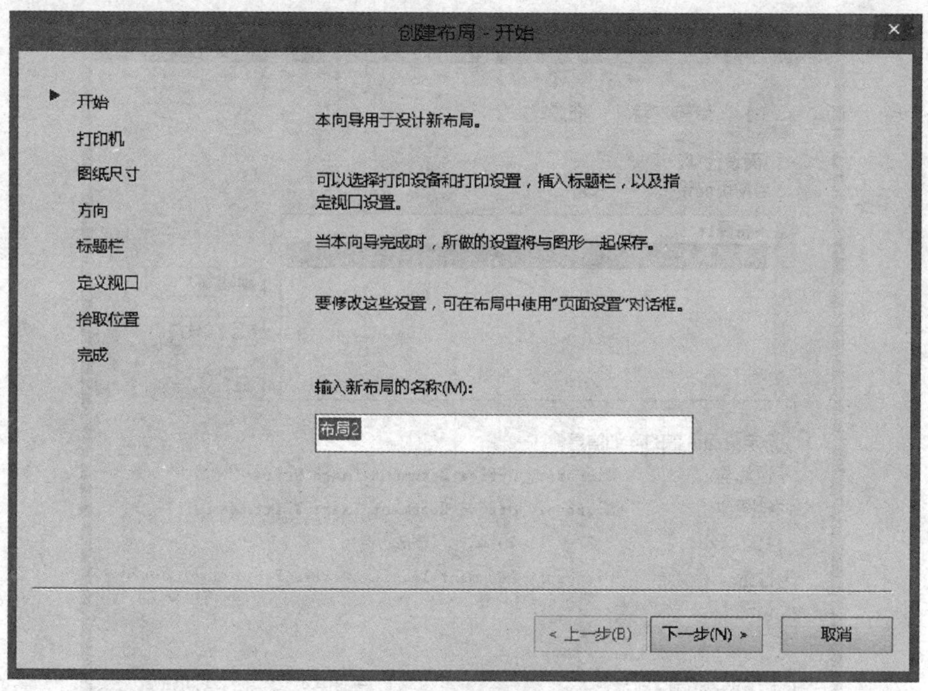


图11-2 “创建布局-开始”对话框

（4）选择好纸张大小后，单击“下一步”按钮，进入“创建布局-方向”对话框，选择在图纸上用横向或纵向打印图形。

（5）选择完打印方向后，单击“下一步”按钮，进入“创建布局-标题栏”对话框。在此对话框的列表框中选择合适的由标题栏和图框构成的标准图块，用图块（Block）或外部参照（Xref）的方式插入图形文件中。也可自行定义图框和标题栏，后续以块或外部参照的方式插入布局中。

（6）选择好标题栏和图块后，单击“下一步”按钮，进入“创建布局-定义视口”对话框。在此对话框中，选择需要的视口数。可以选择无、单个、标准工程三维视图及阵列，并在其右边的下拉列表中选择视口的缩放比例。

（7）选择好需要的视口后，单击“下一步”按钮，进入“创建布局-拾取位置”对话框。单击“选择位置”按钮，切换到绘图窗口，并指定视口的大小和位置。

（8）最后，单击“下一步”按钮，打开“创建布局-完成”对话框，单击“完成”按钮，完成设置工作。

## 二、布局的设置

布局设置是打印图形时用于定义图形输出的设置和选项。这些设置可以保存为命名页面设置。可以使用页面设置管理器将一个命名页面设置应用到多个布局，也可以从其他图形中输入命名页面设置并将其应用到当前图形的布局中。

1. 页面设置管理器

选择“文件”→“页面设置管理器”命令，或者在窗口底部的“布局”选项卡上右键单击布局名称，可打开“页面设置管理器”对话框，如图 11-3 所示。利用该对话框设置打印环境。

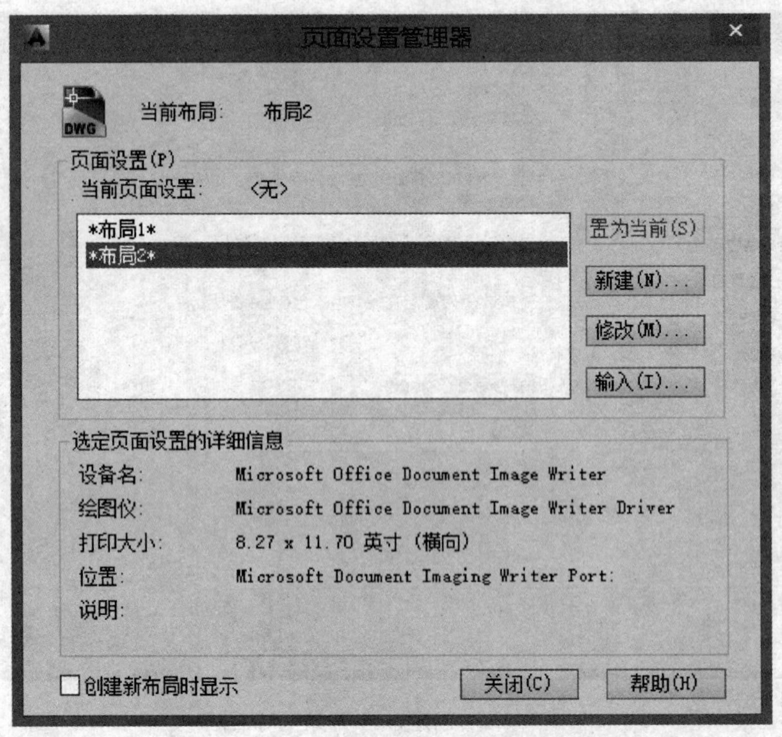


图 11-3 “页面设置管理器”对话框

在该对话框中的“当前页面设置”列表中列出了已经设置过的页面设置名称。选中一个布局后，通过单击“置为当前”按钮和“修改”按钮，可分别将选中的布局设置为当前布局和进行修改。在此对话框中，还可以创建新的页面设置。该窗口中显示的页面实际就是布局。

2. 创建新页面设置（新布局）

在“页面设置管理器”对话框中，单击“新建”按钮，打开如图 11-4 所示的“新建页面设置”对话框，在对话框中的“新页面设置名”文本框中输入新的页面设置名，然后单击“确定”按钮，打开如图 11-5 所示的当前布局的“页面设置-布局 2”对话框。

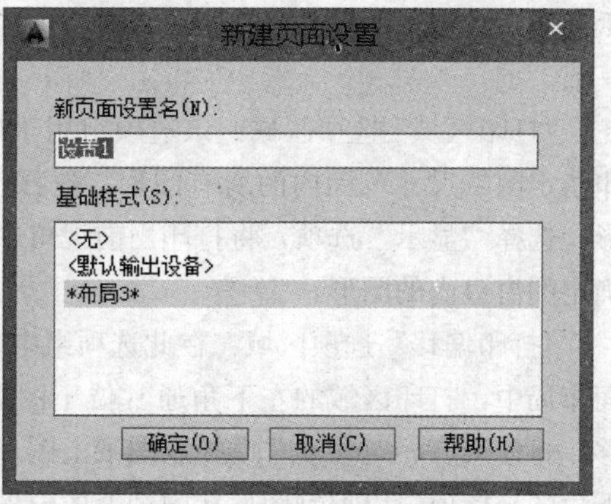


图 11-4　“新建页面设置”对话框

图 11-5 所示对话框中的主要选项功能如下：

“页面设置”区域：显示当前页面设置的名称。

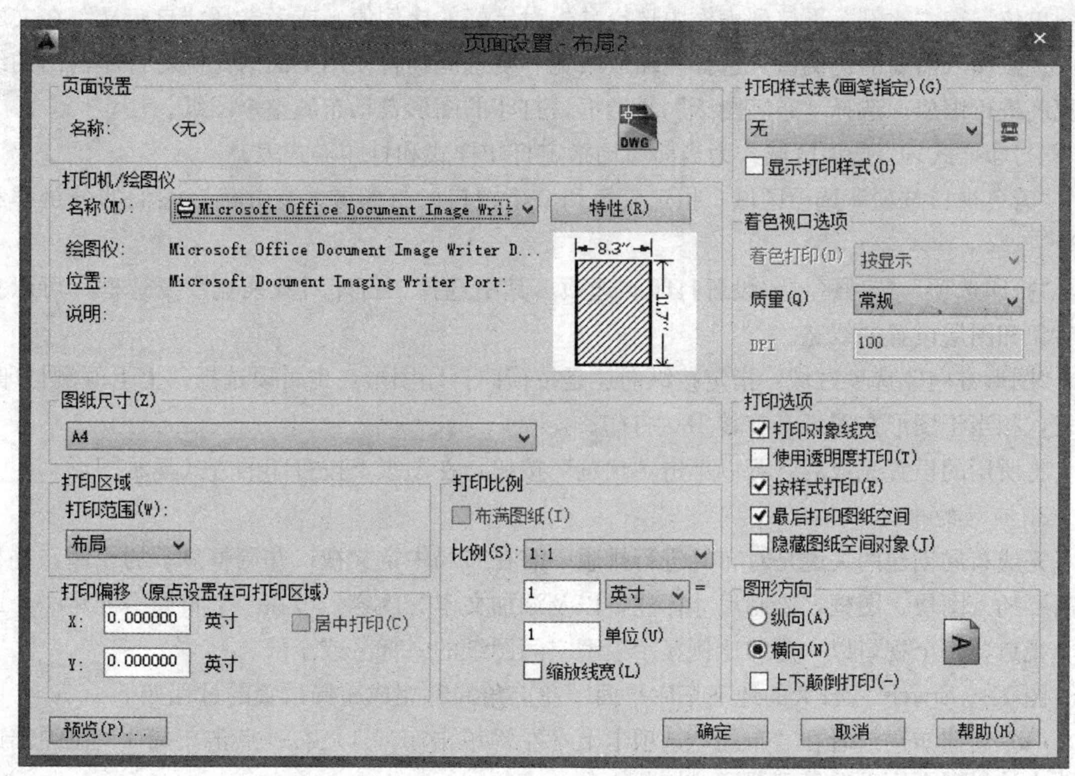


图 11-5　“页面设置-布局 2”对话框

“打印机/绘图仪”选项区域：选择所使用的打印机或绘图仪的名称、位置和说明。单击“特性”按钮，打开“打印机配置编辑器”对话框，可以对打印机进行详细配置。

“图纸尺寸”选项区域：在下拉列表中可选择纸张所采用的单位和选择需要的图纸幅面，该下拉列表中的内容与所选择的打印设备有关。必须设置正确的图纸尺寸以用于布局的设置。如果图纸列表中无需要的图纸尺寸，可单击打印机列表右侧的“特性”按钮，自定义图纸尺寸。自定义图纸的可打印区域时，可选择上下左右的打印边界为 0，则图纸大小与图框一致。

“打印区域”选项区域：该选项组用于确定出图的区域。默认选择“布局”选项，将打印指定图纸尺寸范围内的所有图形；选择“图形界限”选项，则打印图形界限内的所有图形；选择“显示”选项，将打印当前视口中的图形；选择“窗口”选项，则打印在屏幕上所确定的窗口内的图形。

“打印偏移”选项区域：在此选项组中，可以指定打印区域到图纸左下角的位移。在图面布局中，打印区域的左下角通常位于图纸可打印区域的左下角。指定一个正的或负的位移，将使两者相对移动，以控制图纸上图形的打印位置。在 X、Y 文本框中输入打印区域左下角的坐标值，以控制图形在图纸上的位置。若选择“居中打印”复选框，则图形打印在图纸中间。

“打印比例”选项区域：用于控制打印输出时的图形大小比例，即输出时 1mm 等于多少绘图单位。在“比例”下拉列表框中选择预先设定好的比例值，或者选择“自定义”在文本框中直接输入需要的比例值。选择“缩放线宽”复选框，将使用上面的比例对打印输出的线型宽度进行缩放。选择“布满图纸”复选框，打印的图形自动布满整个图纸。

“打印样式表”选项区域：为当前布局指定打印样式和打印样式表。

“着色视口选项”选项区域：指定着色和渲染视口的打印方式，并确定它们的分辨率和 DPI 值。

“打印选项”选项区域：设置打印的选项。其中选择“打印对象线宽”复选框，可以打印对象和图层设置的线宽。

“图形方向”选项区域：指定按纵向还是按横向打印图形，也可以选择“上下颠倒打印”方式，相当于图形在图纸上旋转 180°打印。

将所用的设置完成后，可以单击“预览”按钮，在图纸上按打印的方式显示图形。

3. 布局的排版

完成布局创建的关键是对布局进行排版，需在布局中定义视口并调整显示的比例，并根据需要插入图块、图框，绘制尺寸标注，以及添加文本等内容。可在一个布局中创建一个或多个视口，每个视口以一定的比例显示模型空间图纸的一部分或全部。

图 11-6 所示尺寸较大的地下车库平面图左上角局部完成布局设置的过程如下：

（1）新建布局或者在“布局”选项卡上（左键单击布局 1）右键点击布局 1，在弹出的菜单中选择“页面设置管理器”，见图 11-7。

（2）在页面设置管理器窗口中，选择当前页面（布局），并单击“修改”按钮。

（3）因加长图纸在默认打印图纸中没有，需自定义，选择“打印机”右侧的“特性”按钮，进行图纸尺寸自定义（见图 11-8）。本例中自定义 420mm 宽、743mm 长的图纸，可打印区域边界均为 0，并选择 1∶200 出图，打印区域为“布局”（见图 11-9）。打印样式选择“monochrome. ctb”，进行单色打印。本例打印到 pdf 格式的文件，后期图纸打印时，需给定 pdf 文件名及存放位置，默认文件名为图纸名称-布局名称 .pdf，存放在系统“文档”目录。

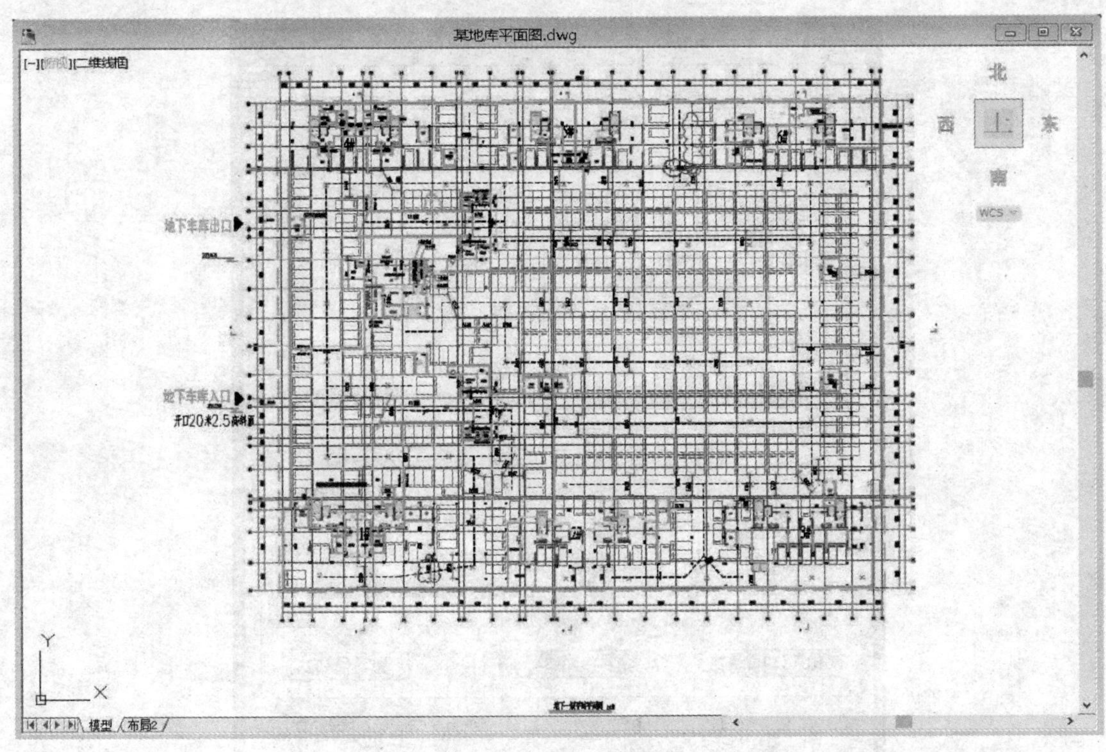


图 11-6　某地库平面图

（4）插入图框。图框一般不放置在模型空间图纸中，可采用块插入或者外部引用的方式插入图框，图框中各图纸需要修改的部分不作为块定义，以方便修改（见图 11-10）。

（5）新建视口。在“视图”菜单中，选择“视口”→“一个视口”新建一个视口。单击视口边线，按 Ctrl＋L 键调出视口特性编辑窗口，在“其他”选项卡中，调整视口标准比例为 1∶1（见图 11-11）。

（6）双击视口内部，选择当前视口，采用“平移”命令，平移视口内容至恰当位置，结束平移命令，鼠标移到视口外双击，则视口显示内容设置完成。完成视口设置后，单击视口边线，设置“显示锁定”为“是”，将显示锁定，避免误操作改变视口设置。

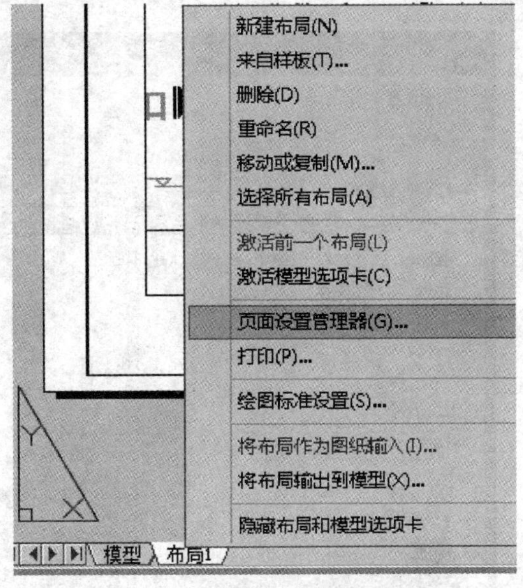


图 11-7　“布局”选项卡右键快捷菜单

**注 意**

第（5）、（6）为关键步骤，视口比例设置关系到出图比例，平移命令可避免鼠标直接平移时改变视口比例。

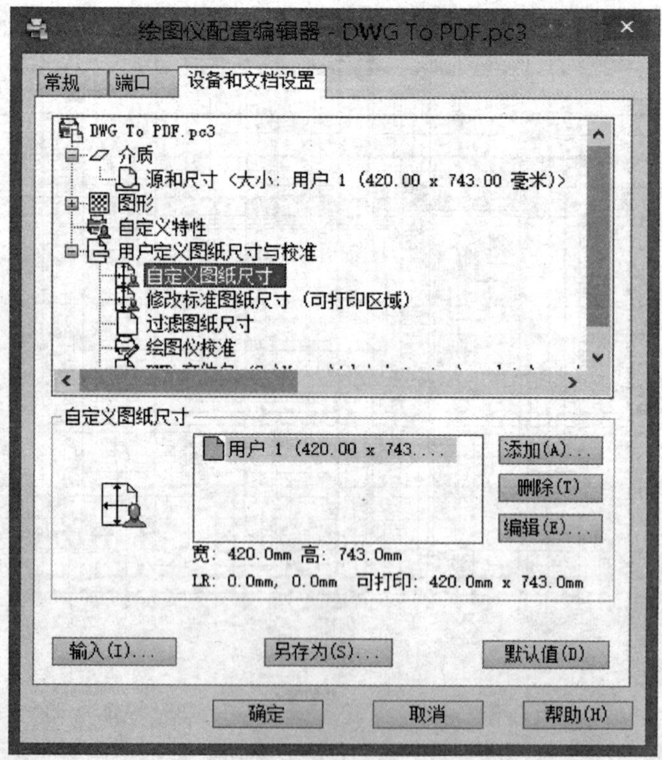


图 11-8 自定义图纸尺寸纸尺寸

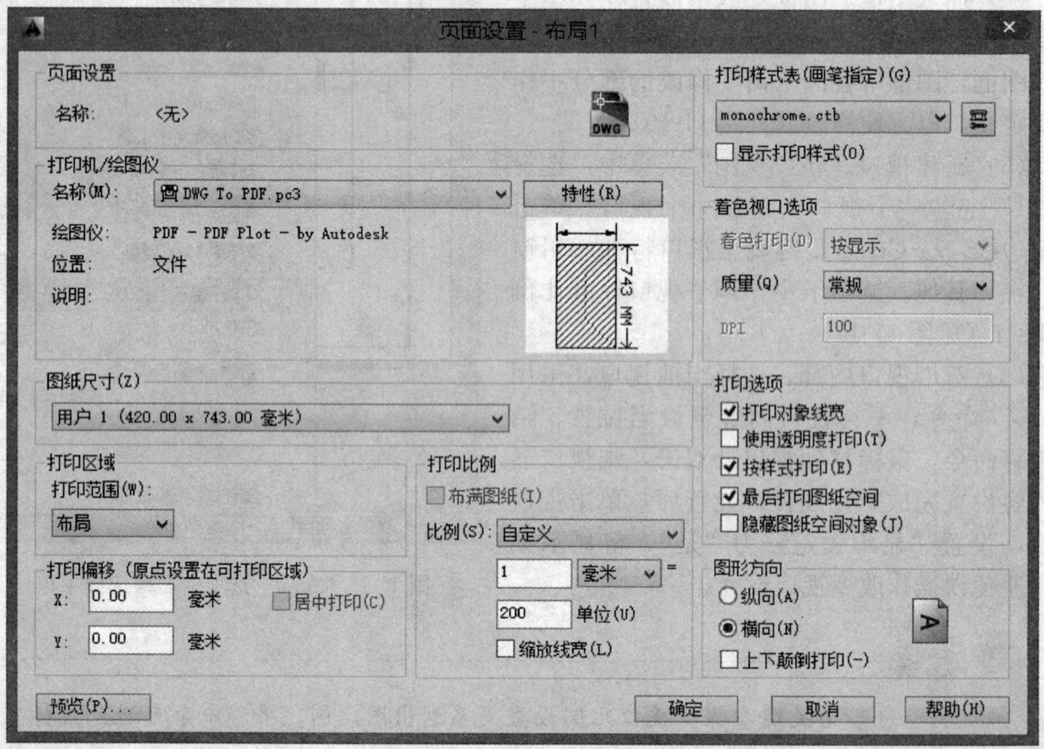


图 11-9 页面设置

图 11-10　插入图框后的布局

| 其他 | |
|---|---|
| 开 | 是 |
| 剪裁 | 否 |
| 显示锁定 | 否 |
| 注释比例 | 1:1 |
| 标准比例 | 1:1 |
| 自定义比例 | 1 |
| 每个视口都显... | 是 |
| 图层特性替代 | 否 |
| 视觉样式 | 二维线框 |
| 着色打印 | 按显示 |
| 已链接到图纸... | 否 |

图 11-11　视口标准比例的设置

（7）插入其他必要的内容，如本例中的图名，并进行必要的文字说明，标注尺寸。在图纸空间标注的尺寸不随视口比例发生变化。至此，完成布局的设置，可以对完成的布局进行打印等操作（见图 11-12）。

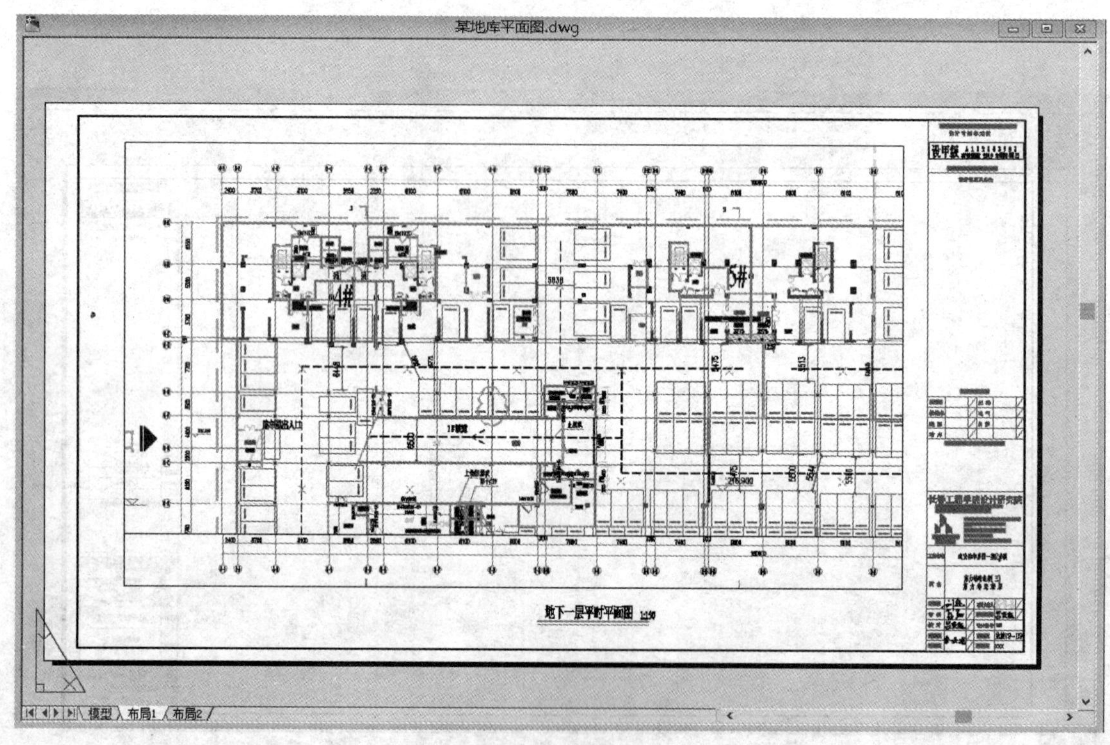


图 11-12　完成后的布局 1

## 第三节　打　印　图　形

在 AutoCAD 中创建图形后，通常要打印在图纸上，或者生成一张电子图纸从互联网上访问。根据需要可以打印一个或多个视口，或设置选项以决定打印内容和图像在图纸上的布置。

### 一、打印预览

在正式打印输出图形之前，需要使用打印预览功能查看输出图形的效果，以检查打印设置是否合适，如果不合适就要修改选项参数。

打印预览命令可以由以下方式调用：

- 输入命令：Preview
- 下拉菜单：文件→打印预览
- 工具栏："标准"工具栏中的按钮

执行打印预览命令后，AutoCAD 将按照当前的页面设置，绘图设备设置及绘图样式表等在屏幕上绘制出最终要输出的图纸，如图 11-13 所示。

在预览窗口中，光标变成了带有加号和减号的放大镜状，向上拖动光标可以放大图像，向下拖动光标可以缩小图像。要结束全部的预览操作，可直接按 Esc 键。

### 二、打印图形

在 AutoCAD 2014 中，可以使用"打印"对话框完成图形的打印。"打印"对话框可以通过以下方式调用：

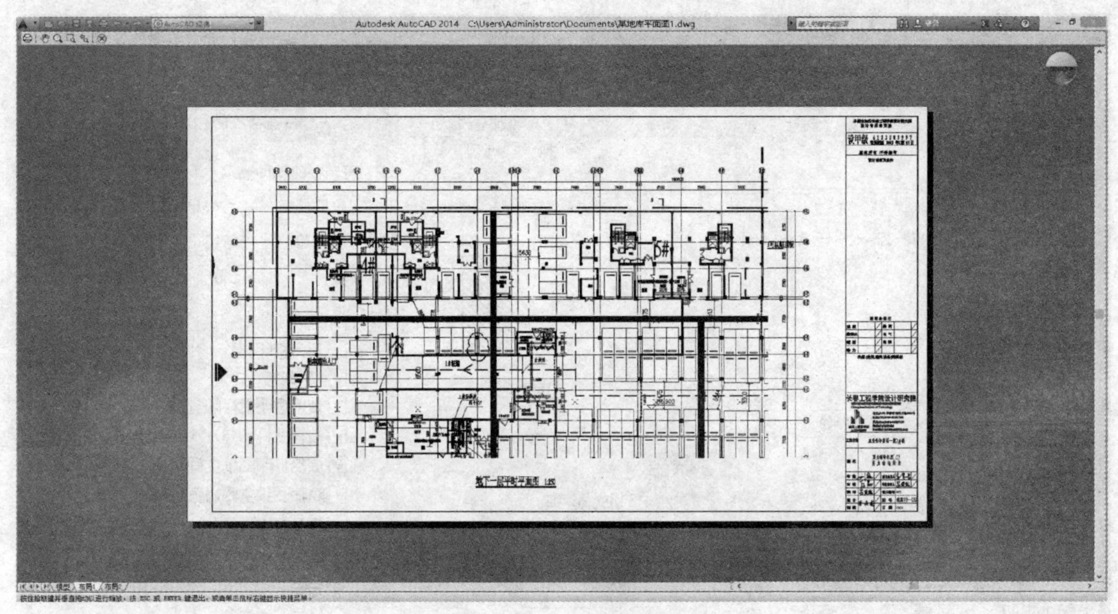

图 11-13　绘图输出结果预览

- 输入命令：Plot
- 下拉菜单：文件→打印
- 工具栏："标准"工具栏中的按钮

执行 Plot 命令后，系统将弹出如图 11-14 所示的"打印"对话框，对话框中的内容与"页面设置"对话框的内容基本相同，不同之处主要有以下选项：

"打印机/绘图仪"名称中的"DWG To PDF"是发布图纸成 pdf 的通用格式，方便在没有 AutoCAD 或 dwg 浏览程序的情况下查看、打印。该选项区域中的"打印到文件"复选框，是将选定的布局发送到打印文件，而不是发送到打印机。单击"确定"按钮后，需要指定 pdf 图纸的名称与存储位置。

"打印份数"文本框可以设置打印图纸的份数。

设置完成后，并经预览正确无误，就可以单击"确定"按钮，AutoCAD 将开始输出图形并动态显示绘图进度。如果图形输出时出现错误或要中断绘图，可按 Esc 键，AutoCAD 将结束图形输出。

**三、图形输出**

1. 发布 DWF 文件

现在，国际上通常采用 DWF（Drawing Web Format，图形网络格式）图形文件格式。DWF 文件可在任何装有网络浏览器和 Autodest WHIP 插件的计算机中打开、查看和输出。操作方式是在"文件"下拉菜单中单击"输出"，在文件类型选择框中选择"三维 DWF"，确定文件名称后，单击"保存"按钮即可完成发布。也可用类似的方式发布图纸为 WMF、BMP 等电子图形格式。在输出菜单中还可将模型生成其他程序的数据格式，如 BIM 软件 Bentley 所需的 dng 格式。

2. 将图形发布到 Web 页

在 AutoCAD 2014 中，选择"文件"→"网上发布"命令，即使不熟悉 HTML 代码，

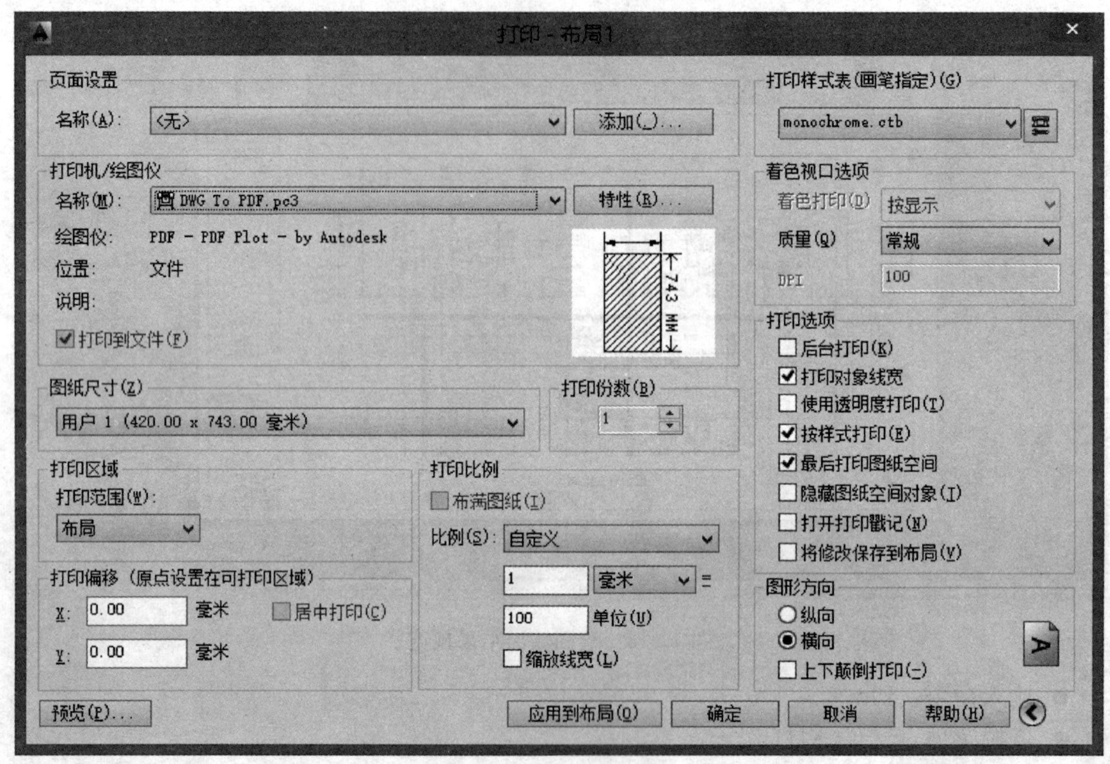


图 11-14 “打印”对话框

也可以方便、迅速地创建格式化 Web 页，该 Web 页包含有 AutoCAD 图形的 DWF、PNG 或 JPEG 等格式图像。一旦创建了 Web 页，就可将其发布到 Internet。

# 参 考 文 献

[1] 张云杰，张云静．AutoCAD 2014 中文版基础教程．北京：清华大学出版社，2014.
[2] CAD/CAM/CAE 技术联盟．AutoCAD 2014 中文版建筑设计从入门到精通．北京：清华大学出版社，2014.
[3] 王莹，隋艳娥，纪花．AutoCAD 基础与土木工程绘图．北京：中国电力出版社 2008.
[4] 姜勇，刘培晨．AutoCAD 2000 三维造型高级培训教程．北京：人民邮电出版社，2000.
[5] 孙江宏．实用 AutoCAD 2004 中文版学习教程．北京：高等教育出版社，2003.
[6] 高志清．AutoCAD 2002 机械及工程制图基础与提高．北京：中国水利水电出版社，2003.
[7] 朱世同．中文版 AutoCAD 2004 实用教程．北京：电子工业出版社，2004.
[8] 许小明，徐锡生．AutoCAD 2004 基础培训教程．北京：清华大学出版社，2004.
[9] 崔洪斌．中文版 AutoCAD 2005 实用培训教程．北京：清华大学出版社，2004.
[10] 蒋晓主．AutoCAD 2004 中文版通用实例教程．北京：机械工业出版社，2004.
[11] 郭玲文．AutoCAD 2005 实用教程．北京：机械工业出版社，2005.
[12] 刘瑞新，朱维克，于梅．AutoCAD 2005 中文版应用教程．北京：机械工业出版社，2005.
[13] 张轩．AutoCAD 2004 三维设计基础教程．北京：机械工业出版社，2005.
[14] 胡志勇，张志毅．计算机辅助设计基础．内蒙古：内蒙古大学出版社，2005.
[15] 张月．新编中文版 AutoCAD 2005 入门与提高．西安：西北工业大学音像电子出版社，2005.
[16] 郭强．AutoCAD 2006 短期培训教程．西安：西北工业大学出版社，2006.
[17] 彭英杰．AutoCAD 2006 完全自学手册．北京：兵器工业出版社，北京希望电子出版社，2006.
[18] 詹友刚．AutoCAD 2006 快速学习教程．北京：机械工业出版社，2006.
[19] 刘国彪，葛文艳．AutoCAD 2006 中文版精彩案例教程（软件篇）．北京：电子工业出版社，2006.
[20] 侯洪生．计算机绘图实用教程．北京：科学出版社，2006.
[21] 刘伟，祝凌云．AutoCAD 2006 中文版建筑绘图自学手册．北京：人民邮电出版社，2006.
[22] 徐建平，马利涛．精通 AutoCAD 2007 中文版．北京：清华大学出版社，2006.
[23] 薛焱，王新平．中文版 AutoCAD 2008 基础教程．北京：清华大学出版社，2007.
[24] 李云华．AutoCAD 建筑制图实用教程．北京：清华大学出版社，2007.
[25] 胡仁喜，赵永玲，李爱军．AutoCAD 2008 中文版建筑设计经典案例指导教程．北京：机械工业出版社，2008.
[26] 黄和平．中文版 AutoCAD 2008 实用教程．北京：清华大学出版社，2007.
[27] 何铭新．画法几何及土木工程制图习题集．武汉：武汉工业大学出版社，2000.
[28] 刘培晨，戈升涛，王玉敏．建筑与土木工程绘图习题精解．北京：人民邮电出版社，2002.
[29] 莱建平．土木工程制图习题集．北京：机械工业出版社，2005.
[30] 孙靖立．现代工程图学习题集．呼和浩特：内蒙古大学出版社，2005.